《物理实验教程丛书》编委会

主　编　叶　柳

副主编　（按姓氏笔画排序）

刘积学　张　杰　袁广宇

普通高等学校省级规划教材

物理实验教程丛书

第 2 版

近代物理实验

张子云 袁广宇 徐晓峰 李世刚 戴 鹏 编著

中国科学技术大学出版社

内 容 简 介

　　本书是参照教育部高等院校物理学与天文学教学指导委员会实验物理教学指导组1999年通过的《高校理科物理学专业(四年制)近代物理实验教学基本要求》规定的实验内容,结合目前的课程设置和学时安排等方面的实际情况而编写的.内容涉及原子物理、原子核物理、光学、真空与薄膜、微波、磁共振、X光技术、低温物理领域8个单元,共计39个实验项目.本书在介绍物理原理的同时,把计算机技术和现代电子技术融于实验教学中,有利于学生掌握现代测量的基本方法和技能.书中阐述的实验方法具体、翔实,实用性强,并且针对不同学时和实验条件,给出了不同的实验选用方案.

　　本书适合作为高等院校理工科本科生和硕士研究生的近代物理实验课程的教材或教学参考书,也可供从事科学实验的科技人员参考.

图书在版编目(CIP)数据

近代物理实验/张子云等编著. —2 版. —合肥:中国科学技术大学出版社,2015.9
(2021.12 重印)

(物理实验教程丛书/叶柳主编)
普通高等学校省级规划教材
ISBN 978-7-312-03784-9

Ⅰ. 近⋯　Ⅱ. 张⋯　Ⅲ. 物理学—实验—高等学校—教材　Ⅳ. O41-33

中国版本图书馆 CIP 数据核字(2015)第 201888 号

出版	中国科学技术大学出版社
	安徽省合肥市金寨路 96 号,230026
	http://press.ustc.edu.cn
	https://zgkxjsdxcbs.tmall.com
印刷	安徽省瑞隆印务有限公司
发行	中国科学技术大学出版社
经销	全国新华书店经销
开本	710 mm×960 mm　1/16
印张	22.75
字数	460 千
版次	2009 年 3 月第 1 版　2015 年 9 月第 2 版
印次	2021 年 12 月第 4 次印刷
定价	42.00 元

再 版 前 言

　　本书是在 2009 年出版的第 1 版图书的基础上,结合实验技术的发展和实验教学的需要重新修订而成的.在第 3 单元光学部分中,我们删去了彩色图片分色光栅调制黑白片的记录和重现实验,增加了阿贝成像原理和空间滤波实验、位置色差的测量及星点法观测光学系统单色像差实验、剪切干涉测量光学系统像差实验、晶体的电光效应实验以及晶体的声光效应和磁光效应五个实验.在第 4 单元真空与薄膜技术中,我们增加了表面磁光克尔效应实验和光纤光谱仪应用综合实验.在第 5 单元磁共振技术中,我们增加了核磁共振弛豫时间 T_1 和 T_2 的测量实验.我们新增加了第 8 单元低温物理部分.另外,我们还改正了书中的若干错误.

　　参加本次编写工作的有张子云、李爱侠、王翠平、叶柳、戴鹏、王银海等,最后由主编张子云统稿、核定.

　　感谢中国科学技术大学出版社的编辑在本书编写过程中所做的协调、联络工作.

　　由于编者学识和教学经验的限制,书中不当之处和错误在所难免,恳请广大读者批评指正.

编　者

2015 年 6 月

前　　言

　　物理实验不仅是物理学理论的基础,也是物理学发展的基本动力.在物理学中,每个概念的建立、每个定律的发现,都有其坚实的实验基础.科学技术的发展,尤其是核物理、激光技术、电子技术和计算机技术等的发展,越来越体现出物理实验技术的重要性,更反映了物理实验技术发展的新水平.基于这方面的原因,人们逐渐感到理工科及师范院校加强对学生进行物理实验训练的重要性.

　　物理实验教学的主要目的是:通过给学生创造一个良好的环境,使学生掌握物理实验的基础知识、基本方法和基本技能;培养学生强烈浓厚的学习兴趣以及发现问题、提出问题、分析问题、解决问题最终达到独立获取物理知识的能力;培养学生的创新意识、创新精神和创新能力;培养学生实事求是的科学态度、严谨细致的工作作风和坚韧不拔的意志品质.为今后从事物理学乃至相关领域的科学研究和技术开发打下坚实的基础.

　　为了进一步发展物理实验教学,构建具有特色的物理实验教学体系,深化物理实验教学改革,我们组织编写了这套《物理实验教程丛书》.本丛书各册的作者,都是在我省从事多年实验教学、在该领域有着多年科研经验的教师.全体编著者在编写过程中,参考了以往的实验教材,结合实验教学发展,更新了教学内容,加强了计算机在实验中的应用,突出科学性和实用性,力求实验内容更系统、更全面,更能满足我省各高校实验教学的需要.

　　本套教材共四册.第一、二册对应一、二、三级物理实验,第三册为《近代物理实验》,第四册为《物理演示实验》.在课程安排上,一级实验为各专业的普及课程,适用于理、工、医、农、商等各学科专业;二级实验主要适用于理工类专业的学生;三级实验主要对理科类学生开课;近代物理实验适用于理科物理类专业、信息类专业,也可作为一些理工科专业的选修课程;物理演示实验主要为文科学生开设,以提高文科学生的科学文化素养,同时也可作为物理教学过程的课堂教学实验演示.

　　本书为第三册《近代物理实验》,在物理实验教学中具有重要地位,内容覆盖了原子物理、原子核物理、光学、磁学、微波、真空、低温等方面,所涉及的实验仪器数量多、结构复杂,需要学生综合运用物理、电子、计算机等学科的知识.该书保留了在物理学发展史上堪称里程碑的著名物理实验,并着重介绍了近代的实验方法及应用广泛的实验技术.此教材的编写旨在通过近代物理实验教学,培养学生用实验的方法研究物理现象与物理规律的习惯,同时培养学生在科学实验中发现问题与解决问题的能力、严谨的科学态度及认真踏实的工作作风,为进一步的学习与工作打下坚实的基础.

本书编著期间参阅了许多兄弟院校的教材和仪器设备厂家的仪器使用说明,吸取了他们的宝贵经验,甚至引用了部分内容,考虑到一些院校教学设备的差异,既照顾到一般,也反映实验的发展;内容力求简明扼要,方法尽量灵活多样;对每一单元实验在物理学发展中的地位和作用,引言中都作了简要的叙述;实验中还设计了一些思考题,以启发学生独立思考,积极主动地自主学习.

本书由叶柳组织并负责统稿.参加编著工作的除署名编著者外,还有李爱侠、王翠平、张子云.娄明连教授、王银海教授在百忙中审阅了本书的部分初稿,编著者对此深表谢意.

在丛书的出版过程中,我们得到了不少同行的关心,并参阅和借鉴了不少学者的研究成果,在此一并表示感谢!衷心地期望本丛书的出版,能够得到广大读者的关注和指导,使其在深化物理实验教学改革和发展中,发挥它应有的作用.由于编著者水平有限、时间仓促,书中难免有错误和疏漏之处,敬请广大读者批评指正.

编　者

2008 年 12 月

目　　录

第1单元 原子物理

引 言

19 世纪末到 20 世纪初的几十年,是物理学发生伟大变革的年代,在此期间,人们在揭示物质微观结构奥秘的进程中,取得了一项又一项丰硕成果.1885 年,巴尔末发现氢光谱线系规律.1897 年,赫兹发现光电效应,汤姆孙发现电子并精确测量荷质比.1900 年,普朗克提出量子论.1911 年,卢瑟福在对 α 散射实验的 10 万多个数据分析计算的基础上提出了原子结构的核式模型.1913 年玻尔理论的发表,使人们对物质微观结构开始有了一个较完整的认识.

微观结构和运动不能直接观察,需要从反映这些信息的宏观现象和运动中去推究,但对微观体系不能要求按宏观规律来描述,客观现象与理论之间的尖锐矛盾,理论与实验之间的严重不符,导致了新的理论的诞生.玻尔理论在解释氢光谱规律方面取得了成功,但在复杂光谱和与谱线强度有关的其他问题上,玻尔理论遇到了极大困难.1924 年,德布罗意提出了对于光子成立的能量、动量与频率、波长之间的关系式,1927 年,戴维孙和盖末首先用实验证实了电子的波动性,这就导致了微观结构新理论——量子力学的诞生.上述历史过程表明,理论的建立需要有实验事实的证实与支持.原子物理方面的实验包括一些光谱实验.原子光谱的研究对原子物理和量子力学的发展起着重要作用.在这一单元,我们安排了一组原子物理实验,用实验方法来揭示原子物理与量子力学中的几个基本概念,其目的在于通过实验加深对原子、分子结构的了解,学习研究原子、分子微观结构的一些基本方法.进而透过这些实验,理解如何用实验手段重现物理现象,研究物理规律,这对于深刻理解物理实验在物理学发展过程中的地位和作用是很有帮助的.同时通过实验加深对原子物理、量子力学中的一些基本概念的理解.

实验 1-1 氢与氘原子光谱

氢原子是最简单的原子,从波长(或波数)大小的排列次序上其光谱线显示出简单的规律性.研究原子结构,人们很自然首先会关注氢原子.1885 年,巴尔末(J. J. Balmer)根据埃格斯充(A. J. Augstrom)对光谱线的精确测量,提出了氢原子光谱可见光区域光谱线波长的经验公式.氢光谱规律的发现为玻尔理论的建立提供了坚实的实验基础,对原子物理学和量子力学的发展起着重要作用.1932 年,尤里(H. C. Urey)根据里德伯常数随原子核质量不同而变化的规律,对重氢赖曼线系进行摄谱分析,发现氢的同位素——氘的存在.通过巴尔末公式求得的里德伯常数是物理学中少数几个最精确的常数之一,成为检验原子理论可靠性的标准和测量其他基本物理常数的依据.

【实验目的】

(1)本实验通过测量氢、氘灯光谱线的波长值,了解氢、氘原子光谱规律和原子分立能级结构间的内在联系,同时学会光谱分析的一般方法.

(2)通过本实验掌握测定里德伯常数及氢、氘原子核质量比的方法,并加深对氢光谱规律和同位素位移的理解.

(3)熟悉光栅光谱仪的性能与用法.

【实验仪器】

WPL 棱镜摄谱仪或 WGD-8A 型组合式多功能光栅光谱仪.

【实验原理】

氢原子是最简单的一种原子,它发出的光谱有明显的规律.瑞士物理学家巴尔末根据实验结果给出氢原子光谱在可见光区域的经验公式

$$\lambda_H = \lambda_0 \frac{n^2}{n^2 - 2^2} \tag{1-1-1}$$

式中 λ_H 为氢原子谱线波长,$\lambda_0 = 364.57$ nm 是经验常数,n 是连续整数 $3, 4, 5, \cdots$.

上式用波数 $\tilde{\nu}$ 表示,则有

$$\tilde{\nu}_H = R_H \left(\frac{1}{2^2} - \frac{1}{n^2} \right) \tag{1-1-2}$$

这里 R_H 是氢的里德伯常数.

与此类似,对于氘原子光谱有

$$\tilde{\nu}_D = R_D \left(\frac{1}{2^2} - \frac{1}{n^2} \right) \tag{1-1-3}$$

由于氢、氘核外都只有一个电子,所以光谱极为相似,但对应谱线的波长却稍有差别,这种差别称为"同位素位移". 显然,氢和氘光谱之间的差别在于它们的里德伯常数不同,这是由于二者的原子核质量的不同而引起的. 根据玻尔理论,对氢和类氢原子的里德伯常数的计算应为

$$R_Z = \frac{2\pi^2 m e^4 Z^2}{(4\pi\varepsilon_0)^2 h^3 c (1 + m/M)} \tag{1-1-4}$$

式中 M 为原子核质量,m 为电子质量,e 为电子电荷,h 为普朗克常数,ε_0 为真空介电常数,c 为光速,Z 为原子序数. 当 $M \to \infty$ 时,即假定原子核不动,上式为

$$R_\infty = \frac{2\pi^2 m e^4 Z^2}{(4\pi\varepsilon_0)^2 h^3 c} \tag{1-1-5}$$

于是式(1-1-4)可写为

$$R_Z = \frac{R_\infty}{1 + m/M} \tag{1-1-6}$$

按上式,氢和氘原子的里德伯常数可以分别写为

$$R_H = \frac{R_\infty}{1 + m/M_H} \tag{1-1-7}$$

$$R_D = \frac{R_\infty}{1 + m/M_D} \tag{1-1-8}$$

式中 M_H,M_D 分别为氢和氘的原子核质量.

由式(1-1-7)和(1-1-8)可得氢与氘原子核质量比

$$\frac{M_D}{M_H} = \frac{\dfrac{R_D}{R_H}}{\dfrac{M_H}{m}\left(1 - \dfrac{R_D}{R_H}\right) + 1} \tag{1-1-9}$$

式中 M_H/m 为氢原子核质量与电子质量之比,可采用公认值 1 836.15.

由此可知,只要通过实验测得氢与氘的巴尔末线系的前几条谱线的波长,就可由式(1-1-2)、(1-1-3)求得氢与氘的里德伯常数,以及由式(1-1-9)求得氢与氘的原子核质量比.

表 1-1-1 列出氢和氘的巴尔末线系前 10 条谱线的波长值.

表 1-1-1　氢、氘的巴尔末系的前 10 条谱线的波长

氢(H)		氘(D)	
符　　号	波长(nm)	符　　号	波长(nm)
H_α	656.280	D_α	656.100
H_β	486.133	D_β	485.999
H_γ	434.047	D_γ	433.928
H_δ	410.174	D_δ	410.062
H_ϵ	397.007	D_ϵ	396.899
H_ξ	388.906	D_ξ	388.799
H_η	383.540	D_η	383.435
H_θ	379.791	D_θ	379.687
H_l	377.063	D_l	376.962
H_k	375.015	D_k	374.915

氢的特征谱

紫外部分:赖曼系

$$\frac{1}{\lambda} = R_H \left(\frac{1}{1^2} - \frac{1}{n^2} \right), \quad n = 2,3,4,\cdots$$

可见光部分:巴尔末系

$$\frac{1}{\lambda} = R_H \left(\frac{1}{2^2} - \frac{1}{n^2} \right), \quad n = 3,4,5,\cdots$$

红外部分:帕邢系

$$\frac{1}{\lambda} = R_H \left(\frac{1}{3^2} - \frac{1}{n^2} \right), \quad n = 4,5,6,\cdots$$

布喇开系

$$\frac{1}{\lambda} = R_H \left(\frac{1}{4^2} - \frac{1}{n^2} \right), \quad n = 5,6,7,\cdots$$

蓬得系

$$\frac{1}{\lambda} = R_H \left(\frac{1}{5^2} - \frac{1}{n^2} \right), \quad n = 6,7,8,\cdots$$

汉弗莱斯系

$$\frac{1}{\lambda} = R_H \left(\frac{1}{6^2} - \frac{1}{n^2} \right), \quad n = 7,8,9,\cdots$$

【实验步骤与要求】

实验方法一

1. 实验仪器

摄谱仪(棱镜摄谱仪)、光谱投影仪、比长计、氢灯、氘灯和氦灯.

2. 实验内容

(1) 拍摄光谱.

移动哈特曼(Hartman)光阑,如图 1 - 1 - 1 所示,把氦光谱(比较光谱)、氢光谱和氘光谱并排地拍摄在一块谱板上.

(2) 与标准氦谱图对比辨认所拍摄的氦谱线的波长.

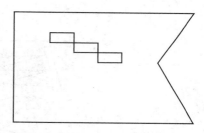

将拍摄后冲洗好的谱板放在光谱投影仪上,与标准氦谱图片进行对比,找出待测谱线中与标准氦谱图完全相同的光谱区域,对照标准氦谱图标出在待测光谱线附近的氦谱线波长值.

图 1 - 1 - 1 哈特曼光阑

(3) 用阿贝(Abbe)比长计精确测量氢、氘各条光谱线与标准氦谱线的距离,计算待测光谱线的波长值,由此计算其对应的里德伯常数.

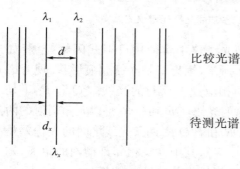

比较光谱

待测光谱

图 1 - 1 - 2 比较法

如图 1 - 1 - 2,把所拍摄的氦谱图上谱线波长标定后,就可作为已知波长,另一排的氢(氘)谱线是待测光谱. 在光谱片很小间隔范围内,摄谱仪的线色散可认为是常数,于是谱线间隔与谱线波长成正比. 设图中 λ_x 为待定氢谱线的波长,λ_1 和 λ_2 分别为待测谱线 λ_x 附近两侧的两条已标定的氦谱线的波长. 则有

$$\lambda_x = \lambda_1 + \frac{d_x}{d}(\lambda_2 - \lambda_1)$$

其中 d 和 d_x 值用阿贝比长计测出,即可算出待测谱线的波长值 λ_x 和对应的 R_x.

实验方法二

1. 实验仪器

采用 WGD-8A 型组合式多功能光栅光谱仪.

WGD-8A 型组合式多功能光栅光谱仪由光栅单色仪、接收单元、扫描系统、电子放大器、A/D 采集单元和计算机组成. 光学原理如图 1-1-3 所示. 入射狭缝、出射缝均为直狭缝, 在宽度范围 0～2 mm 内连续可调 (顺时针狭缝变宽, 逆时针狭缝变窄), 光源发出的光束进入狭缝 S_1, S_1 位于反射式准光镜 M_2 的焦面上, 通过 S_1 射入的光束经 M_2 反射成平行光束投向平面光栅 G (2 400 条/mm, 波长范围 200～660 nm) 上, 衍射后的平行光束经 M_3 成像在 S_2 (光电倍增管接收) 或 S_3 (CCD 接收) 上.

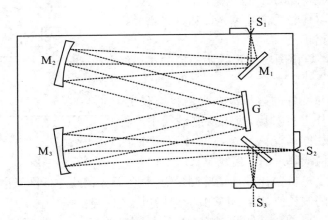

图 1-1-3 WGD-8A 型组合式多功能光栅光谱仪光路图

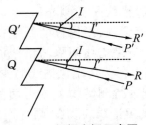

图 1-1-4 闪耀光栅示意图

在光栅光谱仪中常使用反射式闪耀光栅. 如图 1-1-4 所示, 锯齿型是光栅刻痕形状. 现考虑相邻刻槽的相应点上反射的光线. PQ 和 $P'Q'$ 是以 I 角入射的光线, QR 和 $Q'R'$ 是以 I' 角衍射的两条光线. PQR 和 $P'Q'R'$ 两条光线之间的光程差是 $b(\sin I + \sin I')$, 其中 b 是相邻刻槽间的距离, 称为光栅常数. 当光程差满足光栅方程

$$b(\sin I + \sin I') = k\lambda, \quad k = 0, \pm 1, \pm 2, \cdots$$

时, 光强有一极大值, 或者说将出现一条亮的光谱线.

对同一 k, 根据 I, I' 可以确定衍射光的波长 λ, 这就是光栅测量光谱的原理. 闪耀光栅将同一波长的衍射光集中到某一特定的 k 级上.

为了对光谱进行扫描,将光栅安装在转盘上,转盘由电极驱动.转动转盘,可以改变入射角 I,改变波长范围,实现较大波长范围的扫描.软件中的初始化工作,就是改变 I 的大小,改变测试波长范围.

2. 实验步骤

(1) 准备

① 将转换开关置"光电倍增管"挡(本实验用光电倍增管接收),接通电箱电源,将电压调至 $400\sim500$ V.根据光源等实际情况,调节 S_1,S_2,S_3 狭缝.顺时针旋转狭缝增大,反之减小.旋转一周狭缝宽度变化 0.5 mm.为保护狭缝,最大不超过 2.5 mm,也不要使狭缝刀口相接触.调节时动作要轻.

② 打开电脑,点击 WGD-8A 型组合式多功能光栅光谱仪控制处理软件,选择光电倍增管.

③ 初始化.屏幕显示工作界面,弹出对话框,让用户确认当前的波长位置是否有效、是否重新初始化.如果选择确定,则确认当前的波长位置,不再初始化;如果选择取消,则初始化,波长位置回到 200 nm 处.

④ 熟悉界面.工作界面主要由菜单栏、主工具栏、辅工具栏、工作区、状态栏、参数设置区以及寄存器信息提示区等组成.菜单栏中有"文件""信息/视图""工作""读取数字""数据图形处理""关于"等菜单项,与一般的 Windows 应用程序类似.

(2) 参数设置

工作方式和模式:所采集的数据格式,有能量、透过率、吸光度、基线.测光谱时选择能量.

间隔:两个数据点间的最小波长间隔,根据需要在 $0.01\sim1.00$ nm 之间选择.

工作范围:在起始、终止波长($200\sim660$ nm)和最大、最小值 4 个编辑框中输入相应的值,以确定扫描时的范围.

负高压:设置提供给倍增管的负高压大小,设 $1\sim8$ 共 8 挡.

增益:设置放大器的放大率,设 $1\sim8$ 挡.

采集次数:在每个数据点,采集数据区平均的次数.拖动滑块,可在 $1\sim1\,000$ 次之间改变.

在参数设置区中,选择"数据"项,在"寄存器"下拉列表框中选择某一寄存器,在数据框中显示该寄存器的数据.参数设置区中,"系统""高级"两个选项一般不用改动.

（3）波长定标

① 将汞灯置于狭缝 S_1 前,使光均匀照亮狭缝.

② 用鼠标点击"新建",再点击"单程"进行扫描,工作区内显示汞灯谱线图.

③ 下拉菜单"读取数据"—"寻峰"—"自动寻峰",在对话框中选择好寄存器,进行寻峰,读出波长,与汞灯已知谱线(附后)波长进行比较.

④ 下拉菜单"工作"—"检索",在对话框中输入需校准的波长值,当提示框自动消失时,波长被校准.

（4）氢(氘)原子光谱的测量

将光源换成氢(氘)灯,测量氢(氘)光谱的谱线.注意:换灯前,先关闭原来的光源,选择待测光源,再开启光源.

进行单程扫描,获得氢(氘)光谱的谱线,通过"寻峰"求出巴尔末线系前 3～4 条谱线的波长.

注意:在单程扫描过程中发现峰值超过最大值,可点击"停止",然后寻找最高峰对应的波长,进行定波长扫描.同时调节狭缝,将峰值调到合适位置,然后将波长范围设置成 200～660 nm,再单程扫描.扫描完毕,保存文件.

3. 实验要求

（1）熟悉 WGD-8A 型多功能光栅光谱仪的结构、工作原理及软件操作系统.

（2）用汞灯对光栅光谱仪进行定标,保存定标前后的谱图.

（3）测量氢(氘)光谱的谱线,通过"寻峰"求出巴尔末线系前 3～4 条谱线的波长.保存谱图,计算各谱线的里德伯常数 $R_H(R_D)$,然后求出平均值.

（4）计算普适里德伯常数 R_∞,并与理论值比较,求相对误差.

附:汞灯标准谱线

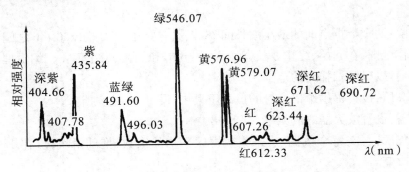

图 1-1-5　汞灯标准谱线

【思考题】

(1) 氢原子在可见区、红外区、紫外区的所有谱线系可统一用一个简单公式表达

$$\tilde{\nu}=R_H\left(\frac{1}{n_{0i}^2}-\frac{1}{n^2}\right)$$

式中 $n_{0i}=1,2,3,\cdots;n=n_{0i}+1,n_{0i}+2,\cdots.$ 如何选定各氢光谱线的 n 的可能值? 其值正确性如何判断? 怎样求得 n_{0i}?

(2) 光谱中若出现不属于氢的谱线,应如何判断?

(3) 巴尔末线系极限波长是多大?

(4) R_β(486.133 nm)谱线附近的色散率是多大?

(5) 氢光谱中,怎样判断你所看到的是氢原子发出的而不是氢分子发出的? 请问氢分子光谱与氢原子光谱有什么不同?

实验 1 - 2　塞 曼 效 应

1896 年,荷兰物理学家塞曼(P. Zeeman)根据物理学家法拉第的想法,探测磁场对光谱线的影响,发现钠双线在磁场中的分裂. 洛伦兹根据经典电子论解释了分裂为 3 条的正常塞曼效应. 这个效应被誉为继 X 射线之后物理学最重要的发现之一,由此塞曼和洛伦兹共同获得了 1902 年的诺贝尔物理学奖. 塞曼效应证实了原子具有磁矩和空间量子化,使我们对物质的光谱、原子和分子的结构有了更多的了解. 至今塞曼效应仍是研究能级结构的重要方法之一.

【实验目的】

(1) 通过观察塞曼效应现象,了解塞曼效应的基本原理.

(2) 掌握法布里-泊罗标准具的原理及使用.

(3) 熟练掌握光路的调节.

(4) 了解采用 CCD 及计算机进行实验处理的方法.

【实验仪器】

WPZ - Ⅱ型塞曼效应仪或 WPZ - Ⅲ型塞曼效应仪.

【实验原理】

当发光的光源置于足够强的外磁场中时,由于磁场的作用,每条光谱线分裂成波长很接近的几条偏振化的谱线,分裂的条数随能级的类别而不同,这种现象称为塞曼效应.

正常塞曼效应谱线分裂为 3 条,而且两边的两条与中间的频率差正好等于 $eB/(4\pi mc)$,可用经典理论给予很好的解释. 但实际上大多数谱线的分裂多于 3 条,谱线的裂距是 $eB/(4\pi mc)$ 的简单分数倍,称反常塞曼效应,它不能用经典理论解释,只有用量子理论才能得到满意的解释.

1. 原子的总磁矩与总动量矩的关系

塞曼效应的产生是由于原子的总磁矩(轨道磁矩和自旋磁矩)受外磁场作用的结果. 在忽略核磁矩的情况下,原子中电子的轨道磁矩 $\boldsymbol{\mu}_L$ 和自旋磁矩 $\boldsymbol{\mu}_S$ 合成为原子的总磁矩 $\boldsymbol{\mu}$,与电子的轨道角动量 $\boldsymbol{P}_L$、自旋角动量 $\boldsymbol{P}_S$ 合成的总角动量 $\boldsymbol{P}_J$ 之间的关系,可用矢量图 1 - 2 - 1 来计算.

已知

$$\boldsymbol{\mu}_L = \frac{e}{2m}\boldsymbol{P}_L, \quad \boldsymbol{P}_L = \frac{h}{2\pi}\sqrt{L(L+1)} \tag{1-2-1}$$

$$\boldsymbol{\mu}_S = \frac{e}{m}\boldsymbol{P}_S, \quad \boldsymbol{P}_S = \frac{h}{2\pi}\sqrt{S(S+1)} \tag{1-2-2}$$

式中 L, S 分别表示轨道量子数和自旋量子数,e, m 分别为电子的电荷和质量.

由于原子的总磁矩 $\boldsymbol{\mu}$ 不在总角动量 $\boldsymbol{P}_J$ 的延长线上,$\boldsymbol{\mu}$ 绕 $\boldsymbol{P}_J$ 的延长线旋进.$\boldsymbol{\mu}$ 在 $\boldsymbol{P}_J$ 方向上分量 $\boldsymbol{\mu}_J$ 对外的平均效果不为零,在进行矢量叠加运算后,得到有效 $\boldsymbol{\mu}_J$ 为

$$\boldsymbol{\mu}_J = g\frac{e}{2m}\boldsymbol{P}_J \tag{1-2-3}$$

其中 g 为朗德因子. 在 LS 耦合情况下

$$g = 1 + \frac{J(J+1) - L(L+1) + S(S+1)}{2J(J+1)} \tag{1-2-4}$$

如果知道原子态的性质,它的磁矩就可以通过式(1 - 2 - 3)、(1 - 2 - 4)计

算出来.

2. 在外磁场作用下原子能级的分裂

当原子放在外磁场中时,原子的总磁矩 $\boldsymbol{\mu}_J$ 将绕外磁场 $\boldsymbol{B}$ 的方向做旋进(图 1-2-2),使原子获得了附加的能量

$$\Delta E = Mg \frac{he}{4\pi m} B \qquad (1-2-5)$$

M 称为磁量子数,只能取 $M=J,J-1,\cdots,-J$,共 $2J+1$ 个值.

这说明在稳定磁场作用下,由原来的一个能级分裂成 $2J+1$ 个能级,每个能级的附加量由式(1-2-5)计算,它正比于外磁场强度 B 和朗德因子 g.

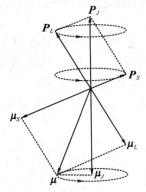

图 1-2-1　角动量和磁矩矢量图

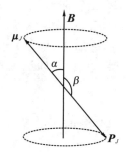

图 1-2-2　角动量旋进

3. 能级分裂下的跃迁

设某一光谱线是由能级 E_2 和 E_1 之间的跃迁而产生的,则其谱线的频率 ν 同能级有如下关系

$$h\nu = E_2 - E_1$$

在外磁场作用下,上下两能级分别分裂为 $2J_1+1$ 个和 $2J_2+1$ 个子能级,附加能量分别为 $\Delta E_1,\Delta E_2$,从上能级各子能级到下能级各子能级的跃迁产生的光谱线频率 ν',应满足下式

$$\begin{aligned}
h\nu' &= (E_2+\Delta E_2)-(E_1+\Delta E_1)\\
&= (E_2-E_1)+(\Delta E_2-\Delta E_1)\\
&= h\nu + (M_2 g_2 - M_1 g_1)\frac{eh}{4\pi m}B \qquad (1-2-6)
\end{aligned}$$

即

$$\nu'-\nu = (M_2 g_2 - M_1 g_1)\frac{e}{4\pi m}B$$

换以波数差来表示$\left(V=\dfrac{\nu}{c}\right)$

$$\Delta V = V' - V = (M_2 g_2 - M_1 g_1)\frac{e}{4\pi mc}B$$
$$= (M_2 g_2 - M_1 g_1)\mathscr{L} \qquad\qquad (1-2-7)$$

其中 $\mathscr{L}=\dfrac{eB}{4\pi mc}$ 称为洛伦兹单位. $\mathscr{L}=46.67B$, B 的单位是 T(特斯拉), $\mathscr{L}$ 的单位是 m^{-1}, 也正是正常塞曼效应中谱线分裂的裂距.

　　M 值的改变需满足选择定则:

　　(1) $\Delta M=0$, 谱线为平面偏振光, 电矢量平行于磁场方向. 若平行于磁场观察, 见不到该谱线, 垂直于磁场观察, 为振动平行于磁场的线偏振光. 此种谱线称为 π 成分.

　　(2) $\Delta M=\pm1$ 的谱线称为 σ 成分. 垂直于磁场观察时为振动垂直于磁场的线偏振光. 沿磁场正向观察, $\Delta M=+1$ 为右旋圆偏振光, $\Delta M=-1$ 为左旋圆偏振光.

　　当 $g_1=g_2=1$ 时, 从式(1-2-7)可知, 总自旋量子数 S 为 0, $J=L$. 这意味着原子总磁矩唯一由电子轨道磁矩决定, 这时原子磁矩与磁场相互作用能量为

$$\Delta E = M\frac{e}{4\pi mc}B$$

塞曼能级跃迁谱线的频率为

$$\nu = \nu_0 \pm \nu_L \quad (\text{当 } \Delta M=\pm1 \text{ 时})$$
$$\nu = \nu_L \quad (\text{当 } \Delta M=0 \text{ 时})$$

式中 $\nu_0=(E_2-E_1)/h$, 为拉莫尔旋进频率, $\nu_L=eB/(4\pi m)$.

　　跃迁谱线对称分布在 ν_0 两侧, 其间距等于 ν_L. 即没有外加磁场时的一条谱线, 在磁场作用下分裂成频率为 ν_0 和 $\nu_0\pm\nu_L$ 三条谱线, 这就是正常塞曼效应. 由此可见, 原子内纯电子轨道运动的塞曼效应为正常塞曼效应.

　　根据式(1-2-7)可知: 正常塞曼效应所分裂的裂距为一个洛伦兹单位, 即 $\Delta V=\dfrac{e}{4\pi mc}B$, 我们将波数差 ΔV 换成波长差 $\Delta\lambda$, 则

$$\Delta\lambda = \lambda^2\Delta V = \lambda^2\frac{eB}{4\pi mc} \qquad\qquad (1-2-8)$$

设 $\lambda=500$ nm, 磁场强度 $B=1$ T, 则 $\Delta\lambda=0.01$ nm, 由此可知, 塞曼效应分裂的波长差的数值是很小的. 欲观察如此小的波长差, 普通棱镜摄谱仪是不能胜任的, 必须使用高分辨本领的光谱仪器. 我们所使用的是法布里-泊罗标准具和联合装置来进行观察和测量. 下面简单介绍法布里-泊罗标准具的结构和原理.

　　F-P 标准具的结构为两块平面玻璃板, 平板的表面涂以多层介质薄膜, 以提高反射率. 两块板的中间放一玻璃环, 其厚度为 d, 装于固定的载架中. 该装置应用

于多光束干涉中,其干涉条纹为一组明暗相间、条纹清晰、细锐的同心圆环,其经典用处是作为高分辨本领的光谱仪器.

F-P 标准具的光路图如图 1-2-3 所示. 当单色平行光束 S_0 以小角度 θ 入射到标准具的 M 平面时,入射光束 S_0 经过 M 表面及 M′ 表面多次反射和透射,形成一系列相互平行的反射光束,这些相邻光束之间有一定的光程差 Δl,而且有

$$\Delta l = 2nd\cos\theta$$

式中 d 为平板之间的间距,n 为两平板之间介质的折射率(标准具在空气中使用,$n=1$),θ 为光束入射角. 这一系列互相平行并有一定光程差的光在无穷远处或用透镜汇聚在透镜的焦平面上发生干涉,光程差为波长整数倍时产生干涉极大值.

$$2d\cos\theta = K\lambda$$

式中 K 为整数,称为干涉序. 由于标准具的间距是固定的,在波长不变的条件下,不同的干涉序 K 对应不同的入射角 θ. 在扩展光源照明下,F-P 标准具产生等倾干涉,故它的干涉条纹是一组同心圆环.

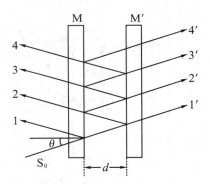

图 1-2-3　标准具光路

由于标准具是多光束干涉,干涉花纹的宽度是非常细锐的,花纹越细锐表示仪器的分辨能力越高.

标准具测量波长差的公式

$$2d\left(1 - \frac{D^2}{8f^2}\right) = K\lambda \tag{1-2-9}$$

式中 D 表示圆环的直径,f 为透镜的焦距,d 为 F-P 间的距离.

由上式可见,公式左边第二项的负号表明直径愈大的干涉环纹序愈低. 同理,对于同一级序的干涉环直径大的波长小.

对于同一波长相邻级项 K 和 $K-1$ 圆环直径分别为 D_K 和 D_{K-1},其直径平方差用 ΔD^2 表示,由式(1-2-9)可得

$$\Delta D^2 = D_{K-1}^2 - D_K^2 = 4\lambda f^2/d \tag{1-2-10}$$

由上式知，ΔD^2 是与干涉级项 K 无关的常数.

对于同一级项不同波长 λ_a，λ_b，λ_c 而言，相邻两个环的波长差 $\Delta\lambda_{ab}$ 的关系由式 $(1-2-9)$ 得

$$\Delta\lambda_{ab}=\lambda_a-\lambda_b=\frac{d(D_b^2-D_a^2)}{4f^2K}$$

$$\Delta\lambda_{bc}=\lambda_b-\lambda_c=\frac{d(D_c^2-D_b^2)}{4f^2K}$$

式 $(1-2-10)$ 代入上式可得

$$\Delta\lambda_{ab}=\lambda_a-\lambda_b=\frac{\lambda(D_b^2-D_a^2)}{K(D_{K-1}^2-D_K^2)} \qquad (1-2-11)$$

$$\Delta\lambda_{bc}=\lambda_b-\lambda_c=\frac{\lambda(D_c^2-D_b^2)}{K(D_{K-1}^2-D_K^2)} \qquad (1-2-12)$$

本实验对应圆环直径见图 $1-2-4$.

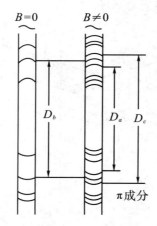

$B=0$ 　　$B\neq0$

D_b 　D_a 　D_c

π 成分

图 1 - 2 - 4　塞曼分裂对应圆环图

由于 F-P 标准具中，大多数情况下，$\cos\theta=1$，所以

$$K=2d/\lambda$$

于是有

$$\Delta\lambda_{ab}=\lambda_a-\lambda_b=\frac{\lambda^2(D_b^2-D_a^2)}{2d(D_{K-1}^2-D_K^2)} \qquad (1-2-13)$$

$$\Delta\lambda_{bc}=\lambda_b-\lambda_c=\frac{\lambda^2(D_c^2-D_b^2)}{2d(D_{K-1}^2-D_K^2)} \qquad (1-2-14)$$

用波数表示为

$$\Delta V_{ab}=V_a-V_b=\frac{D_b^2-D_a^2}{2d(D_{K-1}^2-D_K^2)}=\frac{\Delta D_{ab}^2}{2d\Delta D^2} \qquad (1-2-15)$$

$$\Delta V_{bc} = V_b - V_c = \frac{D_c^2 - D_b^2}{2d(D_{K-1}^2 - D_K^2)} = \frac{\Delta D_{bc}^2}{2d\Delta D^2} \qquad (1-2-16)$$

由上式可知,波长差或波数差与相应干涉圆环的直径平方差成正比.

本实验是以汞放电管为光源,研究波长为 546.1 nm 的绿光谱线的塞曼分裂.谱线是从 $\{6s7s\}^3P_1$ 到 $\{6s6p\}^3P_2$ 能级跃迁产生的.我们将对应于各能级的量子数和 g, M, Mg 值列于表 $1-2-1$.

表 1-2-1

	L	J	S	g	M	Mg
初态 $^3S_1$	0	1	1	2	1,0,1	2,0,−2
末态 $^3P_2$	1	2	1	−3/2	2,1,0,−1,−2	3,3/2,0,−3/2,−3

在外磁场作用下能级的分裂如图 $1-2-5$.

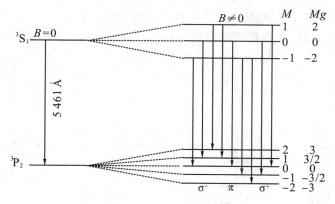

图 1-2-5　汞谱线在磁场中的塞曼分裂

由图可见,Hg 的 546.1 nm 谱线分裂为 9 条等间距的谱线,相邻间距为 1/2 个洛伦兹单位.当垂直于磁场方向观察时(称横效应),将看到 π 分支线.而沿磁场方向观察时(称纵效应),将观察到左旋和右旋偏振光.

【实验装置】

汞放电管及激发电源、电磁铁与电源、法布里-泊罗标准具、滤色片、偏振片、透镜、接收系统(小型棱镜摄谱仪或 CCD 与计算机相结合的图像采集系统).

图 $1-2-6$ 是用 F-P 标准具和小型摄谱仪观察塞曼效应的实验装置.

在本实验中我们着重介绍用 CCD 和计算机结合观察塞曼效应的方法,实验装置如图 1－2－7 所示.

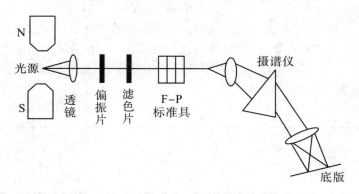

图 1－2－6　塞曼效应实验装置示意图一

光源用水银放电管,由专用电源点燃;N,S 为电磁铁的磁极,电磁铁用稳压电源供电;L_1 为会聚透镜,使通过标准具的光强增强;F－P 为法布里-泊罗标准具;偏振片用以在垂直磁场方向观察时鉴别 π 成分和 σ 成分;后部分是 CCD 图像采集处理部分.

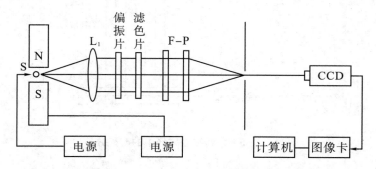

图 1－2－7　塞曼效应实验装置示意图二

电荷耦合器件 CCD(Charge Coupled Device)具有光电转换、电荷存储和电荷传输的功能. 由面阵 CCD 制成的摄像头,可把经镜头聚焦到 CCD 表面的光学图像扫描变换为相应的电信号,经编码后输出 PAL 或其他制式的彩色全电视视频信号,此视频信号可由监视器或多媒体计算机接受并播放.

本实验中用 CCD 作为光探测器,通过图像卡使 F－P 标准具的干涉图样成像在计算机显示器上,实验者可使用本实验专用的实时图像处理软件读取实验数据.

【实验步骤与要求】

观察汞 546.1 nm 的塞曼分裂现象,测量塞曼分裂的谱线直径,算出荷质比,并与理论值比较.

实验步骤如下:

(1) 按图安装仪器,调整光路,使之共轴.

(2) 调节 F-P 标准具内表面的平行度.方法是先移动透镜,使入射光尽量为平行光束,即光源在透镜的前焦平面上,再调节标准具上的 3 个微调螺丝,使干涉圆上、下、左、右各方向条纹宽度均匀细锐.

(3) 接通电磁铁,缓慢增大激磁电流,这时,从显示屏上可观察到细锐的干涉环逐渐变粗,然后发生分裂.随着激磁电流的逐渐增大,谱线的分裂宽度也在不断增宽,当激磁电流达到适当数值时,谱线分裂得很清晰、细锐.当旋转偏振片为 $0°$, $45°,90°$ 各不同位置时,可观察到偏振性质不同的 π 成分和 σ 成分.保存下 π 成分的干涉图样,以备后面的数据处理.

(4) 分别测量连续两个圆环 D_a,D_b,D_c 的值.算出 $D_{K-1}^2-D_K^2$, $D_b^2-D_a^2$, $D_c^2-D_b^2$ 的平均值,用式 $(1-2-15)$,$(1-2-16)$ 求出塞曼分裂的波数差 ΔV_{ab} 和 ΔV_{bc} 值.

(5) 实验值与理论值比较.由式 $(1-2-7)$

$$\Delta V=(M_2 g_2-M_1 g_1)\frac{Be}{4\pi mc}$$

计算出 e/m 的实验值.B 为实验时的磁场强度,ΔV 为 ΔV_{ab},ΔV_{bc} 的平均值.

理论值:

$$e/m=1.758\,819\,62\times10^{11}\ \mathrm{C\cdot kg^{-1}}$$

【思考题】

(1) 理论上 F-P 标准具两相对反射面距离处处相等,实验中往往不相等.如何判断两反射面是否处处相等? 如果不相等,如何判断哪边 d 大,哪边 d 小?

(2) 为什么改变磁感应强度 $\boldsymbol{B}$,会看到相邻两级谱线的重叠?

(3) 何为正常塞曼效应? 何为反常塞曼效应?

(4) 绘出你所研究的原子光谱线在磁场中的塞曼分裂图.

(5) 怎样观察和鉴别塞曼分裂谱线中的 π 成分和 σ 成分?

实验 1 - 3　夫兰克-赫兹实验

　　1914 年,夫兰克(J. Franck)和赫兹(G. Hertz)研究充汞放电管的气体放电现象时,发现透过汞蒸气的电子流随电子的能量显现出周期性变化,同年又拍摄到汞发射光谱的 253.7 nm 谱线,并提出了原子中存在着"临界电位". 1920 年,夫兰克及其合作者对原先的装置做了改进,测得了亚稳能级和较高的激发能级,进一步证实了原子内部能量是量子化的,从而确定了原子能级的存在. 为此,夫兰克和赫兹获得了 1925 年诺贝尔物理学奖.

【实验目的】

　　(1) 了解夫兰克-赫兹实验的原理.
　　(2) 学会使用夫兰克-赫兹实验仪.
　　(3) 测量汞原子第一激发电位,证明原子能级的存在.
　　(4) 了解电子与原子碰撞和能量交换过程的微观图像,以及影响这个过程的主要物理因素.

【实验原理】

　　玻尔提出的原子理论指出:原子只能较长地停留在一些稳定状态(简称为定态).原子在这种状态时,不发射或吸收能量.各定态有一定的能量,其数值是彼此分隔的.原子的能量不论通过什么方式发生改变,它只能从一个定态跃迁到另一个定态.原子从一个定态跃迁到另一个定态而发射或吸收辐射时,辐射频率是一定的.如果用 E_m 和 E_n 分别代表有关两定态的能量,辐射的频率 ν 决定于如下关系

$$h\nu = E_m - E_n \qquad\qquad (1 - 3 - 1)$$

式中,普朗克常数 $h = 6.63 \times 10^{-34}$ J·s. 为了使原子从低能级向高能级跃迁,可以通过具有一定能量的电子与原子相碰撞进行能量交换的办法来实现.

　　设初速度为零的电子在电位差为 V_0 的加速电场作用下,获得能量 eV_0. 当具有这种能量的电子与稀薄气体的原子发生碰撞时,就会发生能量交换. 如以 E_1 代表汞原子的基态能量,E_2 代表汞原子的第一激发态能量,那么当汞原子吸收从电子传递来的能量恰好为

$$eV_0 = E_2 - E_1 \qquad\qquad (1-3-2)$$

时,汞原子就会从基态跃迁到第一激发态,而且相应的电位差称为汞的第一激发电位(或称汞的中肯电位).测定出这个电位差 V_0,就可以根据式(1-3-2)求出汞原子的基态和第一激发态之间的能量差了(其他元素气体原子的第一激发电位亦可依此法求得).夫兰克-赫兹实验的原理如图 1-3-1 所示.在充汞的夫兰克-赫兹管中,电子由热阴极发出,阴极 K 和第一栅极 G1 之间的加速电压主要用于消除阴极电子散射的影响,阴极 K 和栅极 G2 之间的加速电压 V_{G2K} 使电子加速.在板极 A 和第二栅极 G2 之间加有反向拒斥电压 V_{G2A}.管内空间电位分布如图 1-3-2 所示.

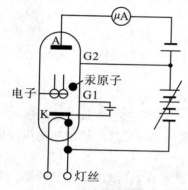

图 1-3-1　夫兰克-赫兹实验原理图

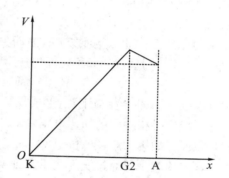

图 1-3-2　夫兰克-赫兹管管内电位分布

电子通过 KG2 空间进入 G2A 空间时,如果有较大的能量($\geqslant eV_{G2A}$),就能冲过反向拒斥电场而到达板极形成板流,为微电流计 ⑩A 表检出.如果电子在 KG2 空间与汞原子碰撞,把自己一部分能量传给汞原子而使后者激发的话,电子本身所剩余的能量就很小,以致通过第二栅极后已不足于克服拒斥电场而被折回到第二栅极,这时,通过微电流计 ⑩A 表的电流将显著减小.

实验时,使 V_{G2K} 电压逐渐增加并仔细观察电流计的电流指示.如果原子能级确实存在,而且基态和第一激发态之间有确定的能量差的话,就能观察到如图 1-3-3 所示的 I_A-V_{G2K} 曲线.

图 1-3-3 所示的曲线反映了汞原子在 KG2 空间与电子进行

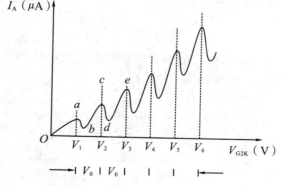

图 1-3-3　I_A-V_{G2K} 的曲线

能量交换的情况. 当 KG2 空间电压逐渐增加时,电子在 KG2 空间被加速而获得越来越大的能量. 但起始阶段,由于电压较低,电子的能量较小,即使在运动过程中它与原子相碰撞也只有微小的能量交换(为弹性碰撞). 穿过第二栅极的电子所形成的板极电流 I_A 将随第二栅极电压 V_{G2K} 的增加而增大(如图 1-3-3 的 Oa 段). 当 G2K 间的电压达到汞原子的第一激发电位 V_0 时,电子在第二栅极附近与汞原子相碰撞,将自己从加速电场中获得的全部能量交给后者,并且使后者从基态激发到第一激发态. 而电子本身由于把全部能量给了汞原子,即使穿过了第二栅极也不能克服反向拒斥电场而被折回第二栅极(被筛选掉),所以板极电流将显著减小(图 1-3-3 所示的 ab 段). 随着第二栅极电压的不断增加,电子的能量也随之增加,在与汞原子相碰撞后还留下足够的能量,可以克服反向拒斥电场而达到板极 A,这时电流又开始上升(bc 段). 直到 G2K 间电压是二倍汞原子的第一激发电位时,电子在 G2K 间又会因二次碰撞而失去能量,因而又会造成第二次板极电流的下降(cd 段). 同理,当 G2K 之间电压满足

$$V_{G2K} = nV_0, \quad n = 1, 2, 3, \cdots \tag{1-3-3}$$

时板极电流 I_A 都会相应下跌,形成规则起伏变化的 I_A-V_{G2K} 曲线. 而各次板极电流 I_A 达到峰值时相对应的加速电压差 $V_{n+1} - V_n$,即两相邻峰值之间的加速电压差值就是汞原子的第一激发电位值 V_0.

本实验就是要通过实际测量来证实原子能级的存在,并测出汞原子的第一激发电位(公认值为 $V_0 = 4.9$ V).

原子处于激发态是不稳定的. 在实验中被慢电子轰击到第一激发态的原子要跃迁回基态,进行这种反跃迁时,就应该有 eV_0 电子伏特的能量发射出来. 反跃迁时,原子是以放出光量子的形式向外辐射能量. 这种光辐射的波长满足下列关系

$$eV_0 = h\nu = h\frac{c}{\lambda} \tag{1-3-4}$$

对于汞原子

$$\lambda = \frac{hc}{eV_0} = \frac{6.63 \times 10^{-34} \times 3.00 \times 10^8}{1.6 \times 10^{-19} \times 4.9} \text{ (m)} = 250 \text{ (nm)}$$

如果夫兰克-赫兹管中充以其他元素,则用该方法均可以得到它们的第一激发电位(如表 1-3-1 所示).

表 1-3-1　　几种元素的第一激发电位

元素	钠(Na)	钾(K)	锂(Li)	镁(Mg)	汞(Hg)	氦(He)	氖(Ne)
V_0(V)	2.12	1.63	1.84	3.2	4.9	21.2	18.6
λ(nm)	589.8 589.6	766.4 769.9	670.78	457.1	250	58.43	64.02

【实验装置】

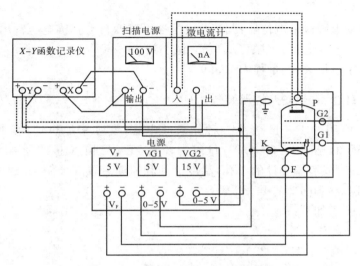

图 1 - 3 - 4 测量汞第一激发电位连线图

1. F - H 管电源组

用来提供 F - H 管各极所需的工作电压,性能要求如下:

(1) 灯丝电压 V_F,直流 1～5 V 连续可调电压.

(2) 0～5 V 输出,直流 0～5 V 连续可调电压.

(3) 0～15 V 输出,直流 0～15 V 连续可调电压.

2. 扫描电源和微电路放大器

提供 0～90 V 的可调直流电压或慢扫描输出锯齿波电压,作为 F - H 管的加速电压,供手动测量或函数记录仪测量. 微电流放大器用来检测 F - H 管的板流. 性能要求如下:

(1) 具有"手动"、"自动扫描"两种工作方式,"手动"测量时,输出加速电压为 0～90 V 连续可调.

(2) "自动扫描"测量时,可输出周期变化的锯齿波扫描电压,扫描电压的上限幅度可调节. 自动 2 挡的扫描周期比自动 1 挡的长,可用于慢速记录高激发能级曲线.

(3) 微电路放大器测量范围为 10^{-8} A,10^{-7} A,10^{-6} A 3 挡.微电流指示表头:若量程选在 10^{-8} 挡时,即表示满刻度指示为 $1×10^{-8}$ A,其他量程挡依此类推.

(4) 极性选择开关:可改变微电流放大器输出电压的极性.

(5) 手动调节电位器:在手动工作方式中,调节此电位器,可输出 0~90 V 的加速电压.

(6) 自动上限调节电位器:调节此电位器可改变自动扫描电压输出的上限值.如在用充汞 F‐H 管时,上限可从 90 V 调小到 50~60 V.

(7) 数字电压表:满量程为 199.9 V.

3. F‐H 管,加热炉及控温装置

实验中使用的 F‐H 管是一种充汞放电管,安装于加热炉内.前面板画有 F‐H 管示意图,见图 1‐3‐1.F‐H 管内各电极已引到前面板的瓷接线柱和 BNC 插头上.炉顶有安装温度计的小孔,温度计须和控温装置配合使用.通过后面板的玻璃窗口可观察到内部的 F‐H 管.

其性能要求如下:

(1) 谱峰数≥15 个.

(2) 控温范围:(120~200 ℃)±3 ℃.

【实验步骤与要求】

(1) 打开控温仪电流开关,旋转控温旋钮,设定温度 $T=180$ ℃.

(2) 用导线将各仪器正确连接起来.

(3) 将 V_F 和"手动调节"电位器旋转到最小,扫描选择置"手动"挡,极性选择置"负"挡.

(4) 待炉温达到预热温度后(以温度盘指针为准),接通两台仪器的电源,按 F‐H 管上标签中参考电压数据,分别调节好 V_{F1},V_{G1},V_{G2}.扫描选择置"自动"挡,定性观察板流的变化.

(5) 扫描选择置"手动"挡,缓慢调节"手动调节"电位器,从 0 V 至 70 V(须小于 70 V!)逐渐增大加速电压 V_{G2K},定性观察板流的变化,粗测"峰"、"谷"的位置.注意选择微电流测试仪的量程和倍率($×10^{-7}$ 或 $×10^{-8}$),使板流最大值不超过量程.

(6) 在粗测调整适宜的基础上,从 V_{G2K} 最小开始逐点记录 V_{G2K} 和 I_A 值.V_{G2K} 每隔 0.5 V 记录一次,在电流变化较大时,应增加测量点,宜每隔 0.1 V 或 0.2 V 记录一次,直到 11 个峰数.

（7）用逐差法算出汞原子第一激发电位，并与公认值（4.9 V）相比较，算出测量相对误差和不确定度范围.以 I 为纵坐标，V_{G2K}（或 V_{G2}）为横坐标，画出此温度下的 I-V_{G2K}（或 I-V_{G2}）曲线.

（8）（选做）改变温度，分别测出 190 ℃，170 ℃时 I-V_{G2K} 曲线.以 I 为纵坐标，V_{G2K}（或 V_{G2}）为横坐标，在同一张坐标纸上画出不同温度下的 I-V_{G2K}（或 I-V_{G2}）曲线.分析讨论温度对实验曲线的影响.

注意事项：

（1）仪器连接正确后方可开启电源.

（2）由于实验时加热炉外壳温度较高，要防止烫伤，导线不要碰到加热炉.

（3）在测量过程中，当加速电压加到较大时，若发现电流表突然大幅度量程过载，应立即将加速电压减小到零，然后检查灯丝电压是否偏大，或适当减小灯丝电压（每次减小 0.1～0.2 V 为宜），再进行一次全过程测量.若在全过程测量中，电流表指示偏小，可适当加大灯丝电压（每次增大 0.1～0.2 V 为宜）.

（4）为达到理想的 I_A-V_{G2K} 曲线的第一峰值及谷值，炉温宜低些（选为 140 ℃），并把测量放大器的灵敏度适当提高（量程用 10^{-8} A 挡）.

（5）使用示波器或记录仪时，炉温应尽可能高些，否则易造成管内电量击穿，但温度最好不要超过 200 ℃，否则实验结果不理想.

【思考题】

（1）实验中得到的 I_A-U_{G2K} 曲线为什么呈周期变化？

（2）选择不同的 U_{G2A} 和 U_{G1K}，它们对 I_A-U_{G2K} 曲线会产生什么影响？

（3）本实验产生误差的主要因素有哪些？

第 2 单元　原子核物理

引　言

  自 1896 年贝克勒尔(H. Becquerel)发现天然放射性以来,至今人类在探索原子世界方面取得了巨大成功. 1911 年卢瑟福提出了原子的核式模型被实验证实后,人们明确了原子与原子核是两个不同层次的微观粒子. 此后人们一直在努力探索原子核的结构、组成以及在这一几何尺寸内的各种相互作用力,形成了物理学发展的主流方向之一.

  1919 年,卢瑟福用 α 粒子轰击氮核,打出质子,进行了第一次人工核反应,从此用射线和高能粒子轰击原子核进行核反应的方法成为研究原子核的主要手段,这就导致了各种类型加速器的诞生. 1934 年,居里夫人发现了人工放射性,从此人工生产的放射性同位素开始问世. 1939 年,哈恩和斯特拉斯曼发现重核裂变现象,开启了人类利用原子能的大门. 1942 年,费米建立起第一个链式反应堆,成为人类利用原子能的开始. 1952 年第一颗氢弹爆炸成功,人们开始研究可控的热核反应. 1954 年,苏联建立起第一个原子能核电站,开辟了人类和平利用原子能的新时代.

  核物理实验技术是在研究核衰变、核反应过程中发展起来的新技术. 它在原子能工业的工艺流程分析、环境保护、医疗、农业、天体物理、材料科学、固体物理、考古等学科领域和生产实践中有着广泛的应用. 正因为如此,在近代物理实验教学中,核物理实验被列为教学内容之一. 通过这些实验,可了解核技术的原理、核衰变的规律、探测核衰变的方法以及核辐射防护等基础知识.

一、基本概念和基础知识

1. 核衰变

  理论和实验研究表明,原子核同原子一样,它可以处于各种能态之中. 当原子核从高能态跃迁至低能态时就会辐射 α,β,γ,X 等射线. 目前发现的两千余种核素中,绝大多数核素是不稳定的. 它们自发地放出射线,由一种核素变成另一种核素. 原子核的这种自发的衰变过程称为原子核的放射性衰变,也称为核蜕变.

2. 放射性衰变的规律

随着原子核的衰变,放射性物质中所包含的该种原子核的数目会逐渐减少. 例如,把具有 α 放射性的氡 $^{222}_{86}\mathrm{Rn}$ 单独存放,实验测定,4 天后氡核的数目大约减少一半,8 天后减少到原来的 1/4,经 12 天后减少到原来的 1/8,1 个月后还不到原来的 1%. 以时间为横坐标,以 t_0 时刻与 t 时刻核数目 N_0 与 N 的比值 N/N_0 为纵坐标作图,可得如图 2-0-1 所示曲线.

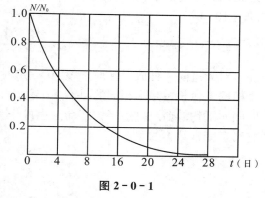

图 2-0-1

根据数据拟合发现,放射性原子核数目是按指数规律减少的.

在放射性物质的样品中,每一个原子核都有一定的衰变概率. 在某一时刻,具体哪一个原子核发生衰变,事先无法知道,但只要放射性核的数目足够多,作为一个整体,它的衰变规律是完全确定的.

3. 衰变常量

若用 N 表示 t 时刻放射性样品中原子核的数目,由上述实验推断,在 $t+\mathrm{d}t$ 的时间内发生衰变的原子核的数目为 $\mathrm{d}N$,则 $\mathrm{d}N$ 正比于 N 和 $\mathrm{d}t$. 即

$$-\mathrm{d}N=\lambda N\mathrm{d}t \tag{2-0-1}$$

式中 λ 为比例常数,$\mathrm{d}N$ 代表 N 的减少量,所以是负值. 把上式积分得

$$N=N_0\mathrm{e}^{-\lambda t} \tag{2-0-2}$$

N_0 是 $t=0$ 时刻放射性核的数目. $N=N_0\mathrm{e}^{-\lambda t}$ 就是放射性物质衰变规律的数学表达式,它表明放射性原子核的数目是按指数规律衰减的. 由式(2-0-1)得

$$\lambda=\frac{-\mathrm{d}N/\mathrm{d}t}{N} \tag{2-0-3}$$

由此可见,λ 的物理意义是单位时间内衰变的核数目与该时刻核数目之比. λ 反映的是放射性核数衰变快慢的特征常数,称衰变常数. 实验表明,每一种放射性核素都有确定的 λ 值,与周围温度、压力、磁场、化合物成分等外界因素无关.

4. 半衰期 T

放射性核素衰减到原来数目的一半所需的时间称放射性核素的半衰期. 若用 T 表示半衰期,按定义,$t=T$ 时,$N=\dfrac{N_0}{2}$,利用前面介绍的 $N=N_0 e^{-\lambda t}$ 公式,可得

$$T=\frac{\ln 2}{\lambda}=\frac{0.693}{\lambda} \tag{2-0-4}$$

这就是衰变常数 λ 和 T 的关系式. 不同核素的半衰期差别很大,短的不到 1 μs,长的达 10^{15} 年.

5. 平均寿命 τ

对大量同一种放射性原子核,在一定时间内有的核先衰变,有的核后衰变,各个核的寿命长短是不相同的,从 $t=0$ 到 $t=\infty$ 都有可能. 所有放射性核平均生存的时间叫平均寿命. 显然,平均寿命 τ 也可作为表征放射性衰变快慢的一个物理量. 它和衰变常数 λ 的关系为

$$\tau=\frac{1}{\lambda}=1.44T \tag{2-0-5}$$

二、核辐射的探测——射线探测器

原子核发生衰变时会发出 α,β,γ,X 等各种射线和粒子,因为它们的尺度非常小,即使用最先进的电子显微镜也不能观察到. 人们根据射线与物质相互作用的规律,设计研制了各种类型的射线探测器. 探测器大致可分为两大类型,即径迹型和信号型.

(1) 径迹型探测器能给出粒子运动的径迹,有的还能测出粒子的速度、性质. 如核乳胶、固体径迹探测器、威尔逊云室、气泡室,这些探测器大多用于高能物理实验.

(2) 信号型探测器是当一个辐射粒子到达探测器时,探测器能够给出一个信号. 根据工作原理不同,又可分以下几种:① 气体探测器;② 半导体探测器;③ 闪烁探测器.

闪烁探测器的工作物质是有机或无机的晶体,射线与闪烁体相互作用,会使其电离激发而产生荧光,从闪烁体出来的光子与光电倍增管的光阴极发生光电效应而击出光电子,光电子在光电倍增管中倍增,形成电子流并在阳极负载上产生电信号,如 NaI(Tl) 单晶射线探测器常用来作为探测 γ 射线和 X 射线.

三、核辐射的计量与单位

自放射性现象被发现后,在放射学领域先后建立了一些专用单位,其中一些量的概念和定义日趋完善,另一些量或单位趋于淘汰.从 1984 年开始,在我国包括辐射量在内的所有计量单位都采用国际单位制(SI),部分计量单位暂时与 SI 单位并用.下面介绍核辐射的计量与单位.

1. 放射性活度(放射源强度)

放射性核素在单位时间内发生核衰变的次数,称为放射源的活度(也称放射性强度),用符号 A 表示,

$$A = \frac{dN}{dt}$$

放射性强度的国际单位是贝克勒尔(Becquerel),简称贝可(Bq).1 Bq 表示 1 秒钟内发生 1 次核衰变,即 1 Bq＝1 s^{-1}.

暂时允许与国际单位并用的另一单位称居里(Ci),1 Ci 相当于 1 g 镭 $^{226}_{88}$Ra 在 1 s 内核衰变次数,即 1 Ci＝3.7×10^{10} s^{-1}.由此可得

$$1 \text{ Ci} = 3.7 \times 10^{10} \text{ Bq}$$

需要指出的是放射性活度只描述放射源在每秒钟内发生衰变的次数,并不表示放射出的粒子数的多少,因为有的核衰变一次只放出一个粒子,而有些核放出不止一个粒子.

2. 照射量(辐射量)

照射量是辐射场的一种量度,表征 X 和 γ 射线在空气介质中的电离能力.它仅适用于 X,γ 射线及空气介质,而不能用于其他类型的辐射和介质.照射量的定义是:在标准状态下 1 cm^3 的空气中产生 1 静电单位电荷(正离子或电子)的辐射量,单位为伦琴,用符号 R 表示.在国际单位制中,照射量的单位是 C·kg^{-1}.C 为以库仑为单位的电量,kg 为质量单位千克.由于 1 静电单位电量为 0.333×10^{-9} C,在标准状态下 1 cm^3 空气的质量为 0.001 293 g,所以得

$$1 \text{ R} = 2.58 \times 10^{-4} \text{ C} \cdot \text{kg}^{-1}$$

照射量是辐射场强弱的标志.一般测量辐射场强弱的辐射仪常以 mR 为单位来刻度.

3. 照射率

照射率是指单位时间内的照射量,记作 P_L,单位常采用 R·h^{-1} 或 μR·s^{-1} 等.

若放射源为点式源,它的活度为 A(单位 Ci),与它距离为 L(单位 m)处的照射率

$$P_L = \frac{A \cdot \varGamma}{L^2}$$

式中 $\varGamma$ 为常数,它表示 1 Ci 的源在距源 1 m 处时给出的以 R·h^{-1}(伦琴/小时)为单位的射线照射率.各种放射性同位素 γ 射线的 $\varGamma$ 常数有表可查.(放射性辐射防护手册.北京:人民出版社,1959.)

4. 吸收剂量 D

各种射线对物质的作用与单位物质从射线吸收的能量有关.所谓剂量是指单位质量的被照射物质所吸收的能量值,记作

$$D = \frac{E}{M}$$

式中 D 为吸收剂量, M 是被照射物质的质量, E 是它所吸收的全部射线能量.在国际单位制中, D 的单位是焦耳/千克,称为戈瑞(Gray),用符号 Gy 表示.

吸收剂量的专用单位是拉德,符号为 rad.它的定义是:任何 1 kg 物质当吸收射线能量为 1/100 J 时的辐射剂量.

$$1 \text{ rad} = 0.01 \text{ J} \cdot \text{kg}^{-1} = 0.01 \text{ Gy}$$
$$1 \text{ Gy} = 100 \text{ rad}$$

5. 剂量当量 H

一般来说,即使受相同剂量的照射,导致的生物效应的严重程度及发生概率大小会因射线种类不同、照射条件差异而不同.按照上述照射量和吸收剂量的概念并不能确切反映出各种射线对人机体的危害程度.因此在辐射防护中又引入了剂量当量的概念.它与吸收剂量的关系是

$$H = QD$$

式中 Q 是相对生物效应因数.对于 β 和 γ 射线, Q 取 1;对于慢中子, Q 取为 4~5;对于快中子, Q 约为 10;对于能量从 5~10 MeV 的 α 粒子, Q 在 10~20 之间.

H 的国际单位是希沃特(Sievert),用符号 Sv 表示,暂与国际单位并用的单位是雷姆,用符号 rem 表示,

$$1 \text{ rem} = Q \times 1 \text{ rad}$$

剂量当量与吸收剂量有相同的量纲,所以剂量当量的 SI 单位也是 J·kg^{-1},

$$1 \text{ Sv} = 1 \text{ J} \cdot \text{kg}^{-1}$$
$$1 \text{ rem} = 0.01 \text{ Sv}, \quad 1 \text{ Sv} = 100 \text{ rem}$$

以上介绍的 5 个概念是放射学中常用的.在使用中,有时用国际单位,也有人

习惯使用专用单位. 现列出 5 个辐射量的单位对照表, 以方便读者查阅 (见表 2－0－1).

表 2－0－1　常用辐射计量国际单位与专用单位对照表

辐射计量名称	SI 名称	SI 单位	历史上专用单位名称	国际单位与历史专用单位换算关系
放射性活度（强度）A	贝可（Bq）	秒$^{-1}$（s^{-1}）	居里（Ci）	1 Bq＝2.7×10^{-11} Ci 1 Ci＝3.7×10^{10} Bq
照射量 Z		库仑·千克$^{-1}$（C·kg^{-1}）	伦琴（R）	1 R＝2.58×10^{-4} C·kg^{-1}
照射率 P_L			伦琴·小时$^{-1}$（R·h^{-1}）	
吸收剂量 D	戈瑞（Gy）	焦耳·千克$^{-1}$（J·kg^{-1}）	拉德（rad）	1 Gy＝100 rad 1 rad＝0.01 Gy
剂量当量 H	希沃（Sv）	焦耳·千克$^{-1}$（J·kg^{-1}）	雷姆（rem）	1 Sv＝100 rem 1 rem＝0.01 Sv

四、在有放射性环境下工作时的安全操作与防护

随着核辐射的广泛应用, 人们与各种射线打交道的机会也越来越多, 过量的辐射照射会造成人体的损伤. 但辐射是可以防护的, 我们只要以科学的态度严肃认真地对待它, 就会是安全的. 对核辐射, 不能麻痹大意, 也不要过分紧张, 谈"核"色变.

在核物理实验中, 所用放射源基本分两类. 一类是将放射性物质放在密封的容器中, 在正常使用情况下无放射性物质的泄漏, 称封闭源; 另一类是将放射性物质粘附在托盘上(有时在源的活性面上覆盖一层极薄的有机膜), 这类放射源称开放式源. 一般 γ 源属封闭式, 而 α 和 β 源多为后者. 开放源在使用的过程中, 放射性物质有可能向周围环境扩散. 在实验教学中, 放射源的活度一般在微居里至毫居里级.

1. 外照射防护的基本原则和措施

外照射就是射线从外部照射人体组织. 其防护的原则和措施是:

(1) 控制时间

接触射线的时间越短, 人体的接受的照射量就越少, 因而要求操作前做好准备工作, 操作尽可能简单快捷, 避免在辐射场中过多的停留.

（2）控制距离

人体受到的照射率是与距离平方成反比的,因此增大放射源与人体的距离,可以显著减少人体对放射线的接收剂量.

（3）实施屏蔽

根据射线通过物质后能量和强度会损失的特点,在人体与放射源之间设置屏蔽可以有效地减少辐射对人体的伤害.常用的屏蔽材料有砖、水泥、有机玻璃及铅、铁、铝等金属.

2. 内照射防护的原则和措施

所谓内照射就是放射性物质侵入体内（吞入、吸入或通过伤口侵入）,射线从内部照射.一般来说内照射的危害比外照射更大,除医疗目的外,应严格禁止放射物进入体内.其防护原则是:

（1）在操作放射源时需在通风橱中进行,并要戴上手套和口罩.

（2）在放射性工作场所内,严禁进食、吸烟、饮水和存放食物,要正确使用防护用品,操作结束后必须洗手.

（3）如面部、手部有伤口,应暂时停止从事可能受到放射性污染的工作.

3. 放射源的安全操作

（1）放射源应在固定的并加了铅屏蔽的地方存放.实验结束后把源立即归还原处.

（2）任何形式封装的放射源,均不得用手接触其活性区.

（3）操作 α, β, γ, X 射线源时,应戴防护眼镜,切忌用眼睛直视活性区,以免损伤角膜.

对于外照射,只要不超过一定限量是允许的.目前,现行职业放射性工作人员的外照射最大允许剂量标准为每年 0.05 Sv,一般居民相当于每周 0.001 Sv. 对 α 粒子,即使最高能量的 α 粒子,在空气中射程不过几厘米,所以在任何放射性活度水平下均无显著的辐射危害,但却要重视它的污染危险.

实验 2 - 1　G - M 计数管和核衰变的统计规律

探测核辐射的仪器多种多样,其中使用最早、最广泛的是盖革-缪勒（Geiger - Muller）计数管,简称 G - M 计数管.

　　G-M计数管结构简单,易于加工,并可封装不同材料的窗口,具有输出信号幅度大的优点,不仅在原子能利用和放射性测量方面有广泛的应用,在核物理实验教学上更是不可缺少的探测器.

【实验目的】

（1）了解 G-M 计数管的基本性能.
（2）学会正确使用 G-M 计数管.
（3）了解并验证原子核衰变及放射性计数的统计性质.

【实验原理】

一、G-M 计 数 器

　　G-M计数器是核辐射测量中最基本的气体探测器之一,它主要用来测量 γ 射线和 β 射线的强度,也可用于测量 α 射线和 X 射线.它具有结构简单、使用方便、造价低廉的特点.G-M计数器通常由 G-M 计数管、高压电源及定标器等组成,如图 2-1-1 所示.

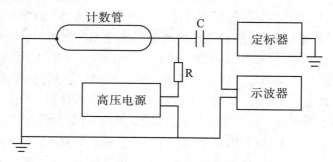

图 2-1-1　G-M计数器

　　G-M计数管在射线作用下可以产生电脉冲,高压电源提供计数管的工作电压,而定标器则用来记录计数管输出的脉冲数.G-M计数管按用途分为 γ 计数管、β 计数管等.常见的是圆管形 γ 计数管（图 2-1-2(a)）和钟罩形 β 计数管（图 2-1-2(b)）.

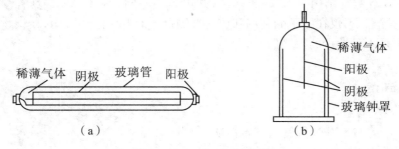

图 2-1-2　G-M 计数管

尽管形状各异,但其阳极均为细金属丝,阴极为外圆筒,管内充有一定量的惰性气体(如氩气、氖气).

1. G-M 计数管的工作原理

用 G-M 计数管作测量时,计数管两电极间加以几百至一千多伏高压,于是在两极间产生一个轴对称电场,愈靠近阳极,电场愈强. 当射线进入计数管内,将引起管内气体电离. α、β 射线直接引起气体电离,γ 射线则主要利用与阴极相互作用产生的光电子、康普顿电子等来引起气体电离. 由于气体的电离,在管内产生了大量的电子-正离子对,这些电子-正离子对在计数管两极间的电场作用下,分别向正、负两极运动. 电子在电场作用下,加速向阳极运动,并在很短的时间内可能得到很大的动能,这些电子又会与气体分子碰撞引起气体分子的电离,产生新的电子-正离子对,使电子增殖. 电子的这种链式增殖会很快地相继发展下去,从而使电子在阳极附近的极小区域(约 0.1 mm)内产生爆发性增殖,这称为电子雪崩. 与此同时,也有大量的气体分子受到电子碰撞被激发,这些受激发的气体分子退激及离子复合时均会放出大量的光子,这些光子会在计数管阴极和气体分子上打出光电子来,光电子在电场作用下同样会产生新的电子雪崩. 依此类推,计数管被入射粒子触发后就会不断地产生雪崩过程,很快地(约 10^{-7} s)导致全管放电.

经过多次雪崩后,在阳极丝周围形成了大量的离子对. 由于电子的漂移速度较快(约 10^4 m·s^{-1}),电子很快被阳极收集,而正离子由于质量大,向阴极运动速度慢(漂移速度约 10 m·s^{-1})而滞留在阳极丝附近,形成了一个圆筒形的空间电荷区,称为正离子鞘. 随着正离子鞘的形成和增厚,阳极附近的电场将逐渐减弱,最后导致雪崩过程的停止. 此后,正离子鞘在电场作用下向阴极运动.

计数管的两极间具有一定的电容,加上高电压就使两极带有一定量的电荷. 随着电子和正离子鞘向两极运动,两极上的电荷量减小,阳极电位降低,于是高压电源通过电阻 R 向计数管充电,使阳极电位得到恢复,从而在阳极上得到一个负电压脉冲. 此脉冲的幅度只决定于正离子鞘的总电荷, 而与入射粒子引起的初始离子对数目无关. 换言之, 在一定的外加电压下, 不论射线在计数管内打出多少正负离子对, 最后形成的正离子鞘总是一样的. 因此, G–M 计数管不能区分不同种类、不同能量的粒子, 只要射入的粒子引起电离, 就可以被记录. 随着正离子鞘在电场作用下向阴极的移动, 在输出电路中形成一个脉冲信号. 然而整个过程并未到此结束. 当正离子鞘向阴极逐渐靠近, 阳极附近的电场又逐渐恢复, 而正离子到达阴极时, 它具有一定的动能, 能从阴极打出电子, 这种电子经过电场加速又会引起计数管的放电而输出另一个脉冲. 如果不采取措施加以制止, 上述过程会反复进行, 结果是一个入射粒子将产生一连串的脉冲信号, 从而使计数管无法再记录第二个入射粒子.

　　为了使第一次放电后不再引起下一次放电, 需要在计数管的工作气体中加入少量能使放电猝熄的其他气体, 如有机气体乙醇、乙醚 (含量 10%～20%) 和卤素气体氯、溴 (含量 0.1%～1%) 等. 猝熄气体的分子具有多原子结构, 其电离电位比惰性气体分子低. 当第一次放电后形成的正离子鞘向阴极运动时, 与猝熄气体分子相碰撞, 很容易使后者电离, 惰性气体离子吸收其放出的电子而成为中性的分子. 于是到达阴极时几乎全是猝熄气体的正离子, 它们在阴极上吸收电子后, 不再打出电子, 所吸收的能量将消耗于其自身离解, 成为小分子. 于是, 第二次放电被猝熄. G–M 计数管按其所充猝熄气体的性质, 可以分为有机管和卤素管两类.

2. G–M 计数管的工作特性

（1）计数管的死时间

　　用触发扫描示波器观察计数管的输出波形, 如图 2–1–3 所示. 由图可以看出, 第一个大脉冲后有一系列由小逐渐增大的脉冲. 在第一个大脉冲的宽度 t_D 之内不能再形成脉冲. 因为此时正离子鞘离阳极还很近, 管内电场较弱, 这时即使有带电粒子射入也不能引起放电. 计数管这段不起作用的时间 t_D 称为死时间, 一般为 $100\ \mu s$ 左右. 正离子鞘继续向阴极运动, 再经过 t_R 时间到达阴极, 这时计数管恢复

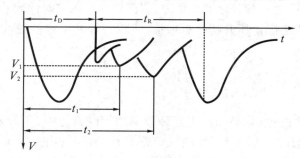

图 2–1–3　计数管输出波形

到放电以前的状态,此后入射粒子产生的脉冲的幅度与最初一样. t_R 称为计数管的恢复时间. 实际上记录脉冲时,电子线路(例如定标器)有一定的甄别阈 V_d,计数管不能记录粒的一段时间是大于死时间 t_D,而小于时间 $t_D + t_R$. 计数管不能计数的实际时间称为失效时间. 失效时间除决定于计数管的工作电压外,还与定标器的甄别阈 V_d 的大小有关.

（2）G-M 计数管的坪曲线

正常的 G-M 计数管,在强度不变的放射源照射下,测量计数率随外加电压的变化,应得到如图 2-1-4 所示的曲线,称为坪曲线.

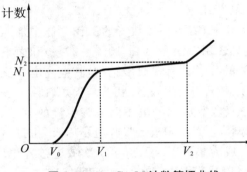

图 2-1-4　G-M 计数管坪曲线

当外加电压较小时,计数管并不计数,因为此时阳极附近的场强还不足以引起雪崩过程,放电脉冲很小,不能触发定标器. 当电压增加到某一数值 V_0 时,定标器开始计数. V_0 称为起始电压,它的值与管内惰性气体的成分和压力,猝熄气体的含量及阳极丝的直径等有关,一般有机管为 800～1 000 V,卤素管为 300～600 V. 随着电压的升高,计数率迅速增大. 这是因为这时计数管输出的脉冲幅度受离子复合、气体放大倍数和雪崩次数涨落等影响有大有小,只有幅度高的脉冲才能被定标器记录下来,随着电压升高,脉冲幅度也增大,这样就有更多的脉冲被记录,因而记数率随电压升高而增加. 从 V_1 开始继续增加电压到 V_2,在这范围内,入射粒子只要电离一个气体分子,就会引起计数管全管放电,脉冲的出现不再与初始离子数有关,电压的变化只改变脉冲大小并不增加脉冲个数,所以计数率基本保持不变. 曲线的这一段称为坪区,对应的电压差 $V_2 - V_1$ 叫坪长,坪长越长,计数管的性能越好. 计数管的工作电压通常选在距离坪的起端三分之一到二分之一坪长之间的地方,以减少高压漂移对计数的影响.

在坪区,计数率随电压升高略有增加,表现为坪有一定的坡度. 为表征坡度的大小,定义坪斜为

$$T = \frac{N_2 - N_1}{\frac{1}{2}(N_1 + N_2)(V_2 - V_1)} \times 100\% \qquad (2-1-1)$$

坪斜 T 表示当坪长每加 1 V 时,引起计数率增加的百分率,一般要求 $T < 0.1\%$. 当计数管外加电压超过 V_2 时,坪曲线急剧上升,表明管内发生了连续放电,这会大大减少计数管的使用寿命,因此在使用 G-M 计数管时,必须避免这种情况的发生.

二、核衰变统计规律与放射性测量的统计误差

在重复的放射性测量中,即使保持完全相同的实验条件,每次的测量结果也并不完全相同,而是围绕着其平均值上下涨落,有时甚至有很大的差别,这种现象就叫作放射性计数的统计性.放射性计数的这种统计性反映了放射性原子核衰变本身固有的特性,与使用的测量仪器及技术无关.

1. 核衰变的统计规律

放射性原子核的衰变过程是相互独立、彼此无关的,每个核什么时候衰变纯属偶然.但实验表明,对大量核而言,其衰变遵从指数规律 $e^{-\lambda t}$ 衰减,λ 称为衰变常数,它与放射源的半衰期 T 之间满足关系:$\lambda = \dfrac{\ln 2}{T}$.

对于随机现象,最基本的统计规律是二项式分布.设在 $t=0$ 时,放射性核总数为 N_0,在 t 时间内将有一部分核发生衰变,任何一个核在 t 时间内衰变的概率为 $1-e^{-\lambda t}$,不衰变的概率为 $e^{-\lambda t}$,则在 t 时间内有 N 个核发生衰变的概率为

$$P(N) = \frac{N_0!}{(N_0-N)!\ N!}(1-e^{-\lambda t})^N (e^{-\lambda t})^{N_0-N} \qquad (2-1-2)$$

实际使用时,二项式分布不便于计算.由于对放射性原子核来说,N_0 总是一个很大的数目,在这种情况下,二项式分布可以简化为泊松分布或正态分布.

2. 泊松分布与正态分布

当 $N_0 \gg 1$,且测量时间 t 远小于放射源的半衰期 T,即 $\lambda t \ll 1$(例如 $N_0 > 100$,$\lambda t < 0.01$)时,二项式分布可近似为泊松分布,即

$$P(N) = \frac{\overline{N}^N e^{-\overline{N}}}{N!} \qquad (2-1-3)$$

泊松分布给出了对满足一定条件的放射性核素进行多次重复测量,其计数的平均值为 $\overline{N}$ 时,计数 N 的测量出现的概率.

当 $\overline{N} \gg 1$(例如 $\overline{N}=20$)时,泊松分布实际应用很不方便,这时可简化为正态分布(又称高斯分布),即

$$P(N) = \frac{1}{\sqrt{2\pi \overline{N}}} e^{-\frac{(N-\overline{N})^2}{2\overline{N}}} \qquad (2-1-4)$$

正态分布是二项式分布的一种极限情况,它在核辐射测量中尤为重要,因为在大多数情况下都可采用正态分布来分析计数的统计误差.

3. 放射性测量中统计误差的表示

由于放射性衰变存在统计涨落,当我们在相同的条件下对衰变作重复测量时,

测得的计数并不相同,而是在某个平均值 $\overline{N}$ 附近形成一个分布曲线,这样的分布曲线当 $\overline{N}$ 的值较小时是泊松分布,当 $\overline{N}$ 的值较大时,泊松分布可以用正态分布来代替. 通常把 $\overline{N}$ 看作测量的最可几值,把涨落带来的误差称为统计误差,它的大小用标准误差来描述.

为了得出统计分布平均数 $\overline{N}$,严格说必须做无限多次的测量,这事实上是不可能的. 实际测量中总是按一定的精度要求进行有限次测量. 通常在做核衰变计数测量时,将一次测量值 N 当作平均值,而 $\sqrt{N}$ 称为标准误差,测量结果记为 $N \pm \sqrt{N}$,其相对标准误差为

$$\frac{\Delta N}{N} = \frac{\sqrt{N}}{N} = \frac{1}{\sqrt{N}} \tag{2-1-5}$$

相对标准误差直接反映出测量的精度. 显然核衰变测量的统计误差决定于测量的总计数 N 的大小,计数 N 越大,测量的绝对误差越大而相对误差却越小,测量的精确度就越高.

三、放射性测量中数据分布规律的检验

有时,需要对放射性测量的数据进行分布规律的检验,以确定数据的可靠性,同时可以帮助检查测量仪器和测量条件是否正常和稳定,从而帮助分析和判断在测量中除统计误差外是否还存在其他的系统误差和偶然误差因素.

数据分布规律检验的基本做法是比较测量数据应有的一种理论分布和实测数据分布之间的差异,然后从某个概率意义上说明这种差异是否显著. 差异显著,则否定原来的理论分布,从而说明测得的数据中存在问题. 反之,则接受理论分布,认为测量数据正常.

频率直方图可以形象地表明数据的分布状况. 通过将频率直方图与理论分布曲线相比较,可以定性判断测量数据分布是否合理,以及是否存在其他不可忽略的偶然误差因素. 当把实验上测得的一组数据 $N_i (i=1, 2, \cdots, k)$ 与正态分布比较时,首先求出其平均值 $\overline{N}$ 和标准误差 σ,

$$\overline{N} = \frac{1}{k} \sum_{i=1}^{k} N_i$$

$$\sigma = \sqrt{\frac{1}{k-1} \sum_{i=1}^{k} (N_i - \overline{N})^2} \tag{2-1-6}$$

然后对测量数据 N_i 按下述区间来分组,各区间的分界点为

$$\overline{N} \pm \frac{1}{4}\sigma, \ \overline{N} \pm \frac{3}{4}\sigma, \ \overline{N} \pm \frac{5}{4}\sigma, \cdots \tag{2-1-7}$$

各区间的中间值为

$$\overline{N}, \ \overline{N} \pm \frac{1}{2}\sigma, \ \overline{N} \pm \sigma, \ \overline{N} \pm \frac{3}{2}\sigma, \ \cdots \tag{2-1-8}$$

统计测量结果出现在各区间内的次数 K_i 或频率 K_i/K,以次数 K_i 或频率 K_i/K 为纵坐标,以各区间的中间值为横坐标,就可以作出频率直方图.将所得到的频率直方图与以平均值为 $\overline{N}$、标准误差为 $\sqrt{\overline{N}}$ 的正态分布曲线相比较,就可对实验数据的分布作出定性判断.当 $\overline{N}$ 值较小,把实验数据与泊松分布比较时,统计测量值取每一个可能值(正整数)出现的频率,画出频率直方图,然后与平均值为 $\overline{N}$ 的泊松分布比较.

【实验装置】

实验装置方框图见图 2-1-1,它包括 G-M 计数管、直流高压稳压电源、定标器、示波器和放射源,计数管和放射源已置于铅室内.定标器的工作原理和使用方法简介如下.

1. 定标器的工作原理

定标器是核物理实验中的基本仪器之一,其作用是记录在设定时间内的脉冲数,并把测量结果用数字显示出来,它主要由输入电路、计数显示系统、定时系统和控制系统组成(见图 2-1-5).

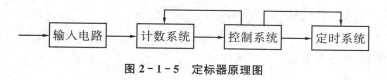

图 2-1-5　定标器原理图

输入电路包括衰减器、射极跟随器、甄别器和倒向成形放大器等,其作用是将进入定标器的脉冲信号波形改造成极性和幅度都满足计数系统要求的脉冲,并将幅度较小的杂乱信号如噪声等甄别掉.甄别器的甄别阈可由仪器面板上的"甄别阈"电位器调节.计数系统由计数门、十进制计数器、译码显示器组成,它在控制系统的控制下有秩序地完成脉冲的记录和显示任务.定时系统包括时钟信号发生器、定时门和分频电路等,其作用是提供测量时间的定时控制.

控制系统工作状态分自动、半自动、手动三种.在手动状态,操作者按"计数"开关,控制单元发出开门信号同时开启计数门与定时门,计数系统开始记录输入的脉冲数目.当按下"停止"钮时,控制单元发出关门信号,同时关闭计数门和定时门,显示系统将此段时间记录的计数显示出来.在手动状态,计数时间由操作者控制,进行下一次测量之前需按"复位"钮. 在半自动状态,操作者预先选定时间,按下"计数"开关后,定时系统有时钟信号进入分频电路,测量时间等于选定时间时,分频电路送出定时信号,控制单元发出关门信号,使计数停止并显示. 在此工作状态,准备下次测量需按"复位"钮. 在自动状态,操作与半自动相同,只是分频电路送入控制单元的定时信号除给计数系统关门外,还经延迟后送入复位电路,自动复位并开始下次测量.

2. 定标器的使用方法

（1）定标器自检：接通电源后,各数码管应亮. 将"工作选择"置于"自检"挡,并选用"自动"工作状态,按一次计数后,即可用不同的时间间隔来检查各单元的计数. 若仪器可自动计数,自动停止,自动复位,并且显示的计数值与说明书上规定的值相一致,则说明仪器工作正常.

（2）外给脉冲检查：把仪器的信号输入插孔用电缆和外部信号源连接,"工作选择"置于"工作"挡,选用"手动"工作状态,按一下"计数",数码管应有计数. 调节"甄别阈"旋钮,当阈电压低于外给脉冲时,仪器应正常计数,高于外给脉冲时,仪器应不计数.

（3）若定标器正常,则可将其与其他仪器相配进行测量. 测量中要选择合适的甄别阈,太低则外界干扰大,会造成虚假计数,太高则会提高探测器的阈电压及工作电压,甚至造成测量误差. 此外,还要注意输入极性的选择. G-M 计数管和闪烁探头的输出均为负脉冲,所以"输入极性"应选"-".

【实验步骤与要求】

（1）测量 G-M 计数管的坪曲线

先熟悉实验装置,尤其要熟悉定标器的使用方法. 测量坪曲线时,要缓慢增加电压,先找到阈电压,然后按一定的电压间隔测量计数,直至坪区终止. 应根据实验要求的精度,正确选择测量时间. 根据测量数据,画出坪曲线,确定阈电压、坪长、坪斜和适宜的工作电压范围.

（2）用示波器观测 G-M 计数管的死时间、恢复时间

将高压慢慢上升到 G-M 计数管的起始电压 V_0,从示波器上读出此时的脉冲幅度,即定标器的甄别阈 V_d. 将高压上升到工作电压,调节示波器,以获得较稳定的图形,从示波器上读出死时间 t_D,恢复时间 t_R. 改变工作电压,观察脉冲波形的变化,记录现象并予以分析.

（3）验证泊松分布

换一弱放射源（或直接测本底），在工作电压下测量计数 1 分钟. 根据所得计数率的大小，选择一个测量时间，使每次测量得到的平均值在 3～7 之间. 固定测量时间，重复测量计数 500 次以上，用频率直方图检验计数值是否符合泊松分布.

（4）观测测量时间、测量次数对计数率标准误差的影响.

【思考题】

（1）G - M 计数管为什么不能鉴别粒子能量？

（2）为什么计数管的中央丝极加正电压？

（3）测坪曲线时，为什么应保持放射源和计数管的几何位置不能改变？

（4）关于计数管死时间的计算做了哪些近似计算？ 如果严格讨论，结果是怎样的？

实验 2 - 2　NaI(Tl) 单晶 γ 闪烁谱仪与 γ 能谱的测量

原子的能级跃迁产生光谱，原子核的能级跃迁能产生 γ 射线，测量 γ 射线的能量分布，可确定原子核激发态的能级，研究核衰变现象，这对放射性分析、同位素应用及鉴定核素等都有重要意义. γ 射线强度按能量的分布即 γ 能谱. 测量 γ 能谱常用的仪器是闪烁 γ 能谱仪. 该能谱仪的主要优点是：既能探测各种类型的带电粒子，又能探测中性粒子；既能测量粒子强度，又能测量粒子能量；并且探测效率高，分辨时间短. 它在核物理研究和放射性同位素的测量中得到了广泛的应用.

【实验目的】

（1）了解 NaI(Tl) 闪烁谱仪的原理、结构与特性.

（2）掌握 NaI(Tl) 闪烁谱仪的使用方法，鉴定谱仪的能量分辨率和线性.

（3）通过对 γ 射线能谱的测量，加深对 γ 射线与物质相互作用规律的理解.

【实验原理】

一、闪烁谱仪结构框图及工作原理

NaI(Tl)闪烁探测器的结构如图 2 - 2 - 1 所示.整个谱仪由探头(包括闪烁体、光电倍增管、射极跟随器)、高压电源、线性放大器、多道脉冲幅度分析器等组成.

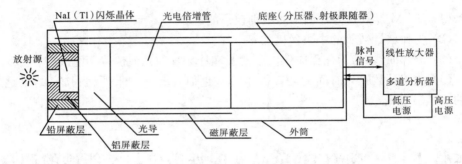

图 2 - 2 - 1　NaI(Tl)闪烁谱仪示意图

首先介绍闪烁探测器的基本组成部分和工作过程.

1. 基本组成部分

闪烁探测器由闪烁体、光电倍增管和相应的电子放大器件 3 个主要部分组成.

(1)闪烁体:闪烁体是用来把射线的能量转变成光能的.闪烁体分无机闪烁体和有机闪烁体两大类.实际运用中依据不同的探测对象和要求选择不同的闪烁体.本实验中采用含 Tl(铊)的 NaI 晶体作 γ 射线的探测器.

碘化钠闪烁晶体能吸收外来射线能量使原子、分子电离和激发、退激时发射出荧光光子,因 NaI(Tl)晶体的密度较大,而且高原子序数的碘占重量的 85%,所以对 γ 射线的探测效率特别高,又因发射光谱最强波长为 415 nm 左右,故能与光电倍增管的光谱响应较好匹配.

(2)光电倍增管:光电倍增管是一个电真空器件,它的结构如图 2 - 2 - 2 所示.由光阴极、若干个打拿极和阳极组成,通过高压电源和分压电阻使阳极、各打拿极和阴极间建立从高到低的电位分布.当闪烁光子入射到光阴极上,由于光电效应就会产生光电子,这些光电子受极间电场加速和聚焦,在各级打拿极上发生倍增(一个光电子最终可产生 $10^4 \sim 10^9$ 个电子),最后被阳极收集.大量电子会在阳极负载上建立起电信号,通常为电流脉冲或电压脉冲,然后通过起阻抗匹配作用的射极跟随器,由电缆将信号传输到电子学仪器中去.

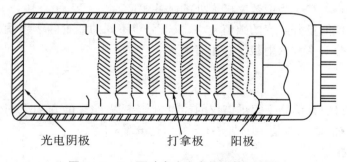

光电阴极　　　　打拿极　阳极

图 2 - 2 - 2　百叶窗式光电倍增管示意图

实用时常将闪烁体、光电倍增管、分压器及射极跟随器安装在一个暗盒中,统称探头.探头中有时在光电倍增管周围包以起磁屏蔽作用的屏蔽筒,以减弱环境中磁场的影响.电子仪器的组成单元则根据闪烁探测器的用途而异,常用的有高、低压电源,线性放大器,单道或多道脉冲分析器等.

归结起来,闪烁探测器的工作可分为 5 个相互联系的过程:

① 射线进入闪烁体,与之发生相互作用,闪烁体吸收带电粒子能量而使原子、分子电离和激发;

② 受激原子、分子退激时发射荧光光子;

③ 利用反射物和光导将闪烁光子尽可能多地收集到光电倍增管的光阴极上,由于光电效应,光子在光阴极上击出光电子;

④ 光电子在光电倍增管中倍增,数量由 1 个增加到 $10^4 \sim 10^9$ 个,电子流在阳极负载上产生电信号;

⑤ 此信号由电子仪器记录和分析.

2. NaI(Tl)单晶 γ 闪烁谱仪的主要指标

(1) 能量分辨率

由于单一能量带电粒子在闪烁体内损失能量引起的闪烁发光所放出的荧光光子数有统计涨落,一定数量的荧光光子打在光电倍增管光阴极上产生的光电子数目有统计涨落,这就使同一能量的粒子产生的脉冲幅度不是同一大小而近似为高斯分布.能量分辨率的定义是

$$\eta = \frac{\Delta E}{E} \times 100\% \qquad (2-2-1)$$

由于脉冲幅度与能量有线性关系,并且脉冲幅度与多道道数成正比,故又可以写为

$$\eta = \frac{\Delta CH}{CH} \times 100\% \qquad (2-2-2)$$

ΔCH 为记数率极大值一半处的宽度(或称半宽度),记作 $FWHM$(full width at half maximum). CH 为记数率极大处的脉冲幅度.

　　显然谱仪能量分辨率的数值越小,仪器分辨不同的能量的本领就越高,而且可以证明能量分辨率和入射粒子能量有关:

$$\eta = \frac{1}{\sqrt{E}} \times 100\% \qquad\qquad (2-2-3)$$

　　通常 NaI(Tl)单晶 γ 闪烁谱仪的能量分辨率以 ^{137}Cs 的 0.662 MeV 单能 γ 射线为标准,它的值一般是 10% 左右,最好可达 6%～7%.

　　(2) 线性

　　能量的线性就是指输出的脉冲幅度与带电粒子的能量是否有线性关系,以及线性范围的大小.

　　NaI(Tl)单晶的荧光输出在 150 keV$<E_\gamma<$6 MeV 的范围内和射线能量是成正比的. 但是 NaI(Tl)单晶 γ 闪烁谱仪的线性好坏还取决于闪烁谱仪的工作状况. 例如当射线能量较高时,由于光电倍增管后几个联极的空间电荷影响,线性会变坏. 为了检查谱仪的线性,必须用一组已知能量的 γ 射线,在相同的实验条件下,分别测出它们的光电峰位,作出能量-幅度曲线,称为能量刻度曲线(或能量校正曲线). 用最小二乘法进行线性回归,线性度一般在 0.99 以上. 对于未知能量的放射源,由谱仪测出脉冲幅度后,利用这种曲线就可以求出射线的能量.

　　(3) 谱仪的稳定性

　　谱仪的能量分辨率及线性的正常与否与谱仪的稳定性有关. 因此在测量过程中,要求谱仪始终能正常地工作,如高压电源、放大器的放大倍数,以及多道或单道脉冲分析器的甄别阈和道宽. 如果谱仪不稳定,则会使光电峰的位置变化或峰形畸变. 在测量过程中要经常核对 ^{137}Cs 的峰位,以验证测量数据的可靠性. 为避免电子仪器随温度变化的影响,在测量前仪器必须预热半小时.

二、单道脉冲幅度分析器和多道脉冲幅度分析器的工作原理

　　单道脉冲幅度分析器(简称"单道")是分析射线能谱的一种仪器.

　　所谓射线的能谱,是指各种不同能量粒子的相对强度分布,把它画到以能量 E 为横坐标、单位时间内测到的射线粒子数为纵坐标的图上是一条曲线. 根据这条曲线,我们可以清楚地看到此种射线中各种能量的粒子所占的百分比. 这一任务可以用单道或多道脉冲幅度分析器来完成.

　　那么,单道是如何测出能谱的?

　　我们知道闪烁探测器可将入射粒子的能量转换为电压脉冲信号,而信号幅度大小与入射粒子能量成正比,因此只要测到不同幅度的脉冲数目,也就得到了不同

能量的粒子数目. 由于 γ 射线与物质相互作用机制的差异, 从探测器出来的脉冲幅度有大有小, 单道就起到从中"数出"某一幅度脉冲数目的作用.

单道里有一个甄别电压 V_0(此电压可以连续调节), 称为阈值, 它就像一道屏障一样, 将所有低于 V_0 的信号都挡住了, 只有大于 V_0 的信号才能通过. 但这样只解决了一半问题, 因为在通过的信号中实验者只知道它们都比 V_0 高, 具体的幅度还是不能确定. 因此在单道中还有一个窗宽 ΔV, 使幅度大于 $V_0 + \Delta V$ 的脉冲亦被挡住, 只让幅度为 $V_0 \sim V_0 + \Delta V$ 的信号通过(有的单道是 $V_0 - \Delta V/2 \sim V_0 + \Delta V/2$); 当我们把 ΔV 取得很小时, 所通过的脉冲数目就可以看成是幅度为 V_0 的脉冲数目.

简单地说, 单道脉冲分析器的功能是把线性脉冲放大器的输出脉冲按高度分类. 若线性脉冲放大器的输出是 $0 \sim 10$ V, 如果把它按脉冲高度分成 500 级, 或称为 500 道, 则每道宽度为 0.02 V, 也就是输出脉冲的高度按 0.02 V 的级差来分类. 在实际测量能谱时, 我们保持道宽 ΔV 不变(道宽的选择必须恰当, 过大会使谱畸变, 分辨率变坏, 能谱曲线上实验点过少; 过小则使每道的计数减小, 统计涨落增大, 或者使测量时间相应增加), 逐点增加 V_0, 这样就可以测出整个谱形.

上面所描述的情况可以称为单道工作在微分状态下. 当单道工作在积分状态下时, 只要脉冲高度大于阈值电压单道就输出一个脉冲, 即记录大于某一高度的所有脉冲数目.

单道是逐点改变甄别电压进行计数, 测量不太方便而且费时, 因而在本实验装置中采用了多道脉冲分析器. 多道脉冲分析器的作用相当于数百个单道分析器与定标器, 它主要由 $0 \sim 10$ V 的 A/D 转换器和存储器组成, 脉冲经过 A/D 转换器后即按高度大小转换成与脉高成正比的数字输出, 因此可以同时对不同幅度的脉冲进行计数, 一次测量可得到整个能谱曲线, 既可靠方便又省时.

三、γ 全能谱图分析

当核辐射的能量全部耗尽在闪烁体内时, 探测器输出脉冲幅度与入射粒子能量成正比, 因此可以根据对脉冲幅度谱的分析来测定核粒子的能谱.

1. 响应问题

下面介绍 NaI(Tl)闪烁 γ 射线能谱仪对 ^{137}Cs 的单能 γ 射线($E_\gamma = 0.662$ MeV)的响应问题, 即对测得的脉冲幅度谱的形状进行分析.

γ 射线与物质相互作用时可能产生 3 种效应: 光电效应、康普顿效应和电子对效应. 这 3 种效应产生的次级电子在 NaI(Tl)晶体中产生闪烁发光, 如图 2-2-3 所示.

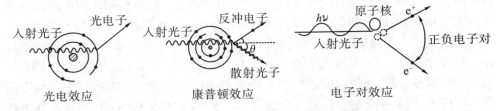

光电效应　　　　　　　　康普顿效应　　　　　　　电子对效应

图 2-2-3　γ射线与物质相互作用的 3 种效应

由于单能 γ 射线所产生的这 3 种次级电子能量各不相同,甚至对康普顿效应是连续的,因此相应一种单能 γ 射线,闪烁探头输出的脉冲幅度谱也是连续的.

γ 射线与闪烁体发生光电效应时,γ 射线产生的光电子动能为

$$E_e = E_\gamma - E_i \tag{2-2-4}$$

其中 E_i 为 K,L,M 等壳层中电子的结合能. 在 γ 射线能区,光电效应主要发生在 K 壳层,此时 K 壳层留下的空穴将为外层电子所填补,跃迁时将放出 X 光子,其能量为 E_X. 这种 X 光子在闪烁晶体内很容易再产生一次新的光电效应,将能量又转移给光电子. 上述两个过程几乎是同时发生的,因此闪烁体得到的能量将是两次光电效应产生的光电子能量和

$$E = (E_\gamma - E_i) + E_X = E_\gamma \tag{2-2-5}$$

所以,由光电效应形成的脉冲幅度就直接代表了 γ 射线的能量.

在康普顿效应中,γ 光子把部分能量传递给次级电子,自身则被散射. 反冲电子(次级电子)动能为

$$E_e \approx \frac{E_\gamma}{1 + \dfrac{1}{2E_\gamma(1-\cos\theta)}} \tag{2-2-6}$$

散射光子能量可近似写成

$$E'_\gamma \approx \frac{E_\gamma}{1 + 2E_\gamma(1-\cos\theta)} \tag{2-2-7}$$

式(2-2-6)、(2-2-7)中 θ 为散射 γ 与入射 γ 射线的夹角(散射角).

当 $\theta = 180°$ 时,即光子向后散射,称为反散射光子,此时

$$E_{e\,max} \approx \frac{E_\gamma}{1 + \dfrac{1}{4E_\gamma}} \tag{2-2-8}$$

$$E'_\gamma(\theta = 180°) \approx \frac{E_\gamma}{1 + 4E_\gamma} \tag{2-2-9}$$

当 γ 射线能量超过 $2m_ec^2$(1.022 MeV)时,γ 光子受原子核或电子的库仑场的作用可能转化成正、负电子对. 入射 γ 射线的能量越大,产生正、负电子对的几率也越大. 在物质中正电子的寿命是很短的,当它在物质中消耗尽自己的动能后,便同

物质原子中的轨道电子发生湮没反应而变成一对能量各为 0.511 MeV 的 γ 光子.

2. NaI(Tl)谱仪测得的¹³⁷Cs 的 γ 能谱

如图 2-2-4 所示,测得的 γ 能谱有 3 个峰和 1 个平台. 最右边的峰 A 称为全能峰,这一脉冲幅度直接反映 γ 射线的能量即 0.662 MeV;上面已经分析过,这个峰中包含光电效应及多次效应的贡献,本实验装置的闪烁探测器对 0.662 MeV 的 γ 射线能量分辨率为 7.5%.

平台状曲线 B 是康普顿效应的贡献,其特征是散射光子逃逸后留下一个能量从 0 到 $E_\gamma/[1+1/(4E_\gamma)]$ 的连续的电子谱.

峰 C 是反散射峰,由 γ 射线透过闪烁体射在光电倍增管的光阴极上发生康普顿反散射或 γ 射线在源及周围物质上发生康普顿反散射,而反散射光子进入闪烁体通过光电效应而被记录所致. 这就构成反散射峰.

可以根据式(2-2-9)算出反散射峰能量为

$$E_\gamma'(\theta=180°)\approx\frac{E_\gamma}{1+4E_\gamma}=\frac{0.662}{1+4\times0.662}=0.184(\text{MeV})$$

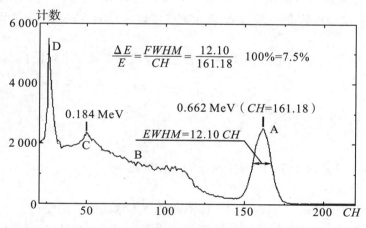

图 2-2-4　NaI(Tl)闪烁谱仪测得的¹³⁷Cs γ 能谱

峰 D 是 X 射线峰,它是由 ¹³⁷Ba 的 K 层特征 X 射线贡献的. ¹³⁷Cs 的 β 衰变体 ¹³⁷Ba 的 0.662 MeV 激发态在放出内转换电子后造成 K 空位,外层电子跃迁后产生此 X 光子.

【实验装置】

(1) γ 放射源¹³⁷Cs 和⁶⁰Co.

（2）200 μm Al 窗 NaI(Tl)闪烁探头.

（3）高压电源、放大器、多道脉冲幅度分析器.

【实验步骤与要求】

（1）连接好实验仪器线路,经教师检查同意后接通电源.

（2）开机预热后,选择合适的工作电压使探头的分辨率和线性都较好.

（3）把 γ 放射源^{137}Cs 和^{60}Co 放在探测器前,调节高压和放大倍数,分别使^{137}Cs和^{60}Co 能谱的最大能峰位于多道脉冲分析器分析范围.

（4）分别测^{137}Cs 和^{60}Co 的全能谱并分析谱形,指明光电峰、康普顿峰和反散射峰.

（5）利用多道数据处理软件对所测得的谱形进行数据处理,分别进行光滑化、寻峰、半宽度记录、峰面积计算、能量刻度、感兴趣区处理等工作并求出各光电峰的能量分辨率.

（6）根据实验测得的相对于 0.662 MeV,1.17 MeV,1.33 MeV 的光电峰位置,用多道数据处理软件作 E-CH 能量刻度曲线(0.184 MeV 的^{137}Cs 反散射峰也可记录在内).

（7）对所测结果运用最小二乘拟合法,求回归系数,并判断闪烁探测器的线性.

【思考题】

（1）简单描述 NaI(Tl)闪烁探测器的工作原理.

（2）反散射峰是如何形成的?

（3）若只有^{137}Cs 源,能否对闪烁探测器进行大致的能量刻度?

（4）NaI(Tl)单晶 γ 闪烁谱仪的能量分辨率定义是什么? 如何测量? 能量分辨率的好坏有何意义?

（5）为什么要测量 NaI(Tl)单晶 γ 闪烁谱仪的线性? 线性指标有何意义?

（6）叙述定标曲线方程的意义.

（7）如果高压比较高,在多道分析器的分析范围内将看不到能峰,而在最高道数会有很高的计数,为什么?

（8）能量分辨率与哪些量有关? 谱仪线性主要与哪些量有关?

实验 2-3　验证快速电子的动量与动能的相对论关系

相对论是现代物理学的重要基石. 它的建立是 20 世纪自然科学最伟大的发现之一,对物理学乃至哲学都有深远影响. 本实验利用半圆聚焦 β 磁谱仪,通过测定快速电子的动量值和动能值,来验证动量和动能之间的相对论关系.

【实验目的】

(1) 学习半圆聚焦 β 磁谱仪的工作原理.
(2) 通过对快速电子的动量值和动能值的测定,验证动量和动能之间的相对论关系.

【实验原理】

经典力学总结了低速物体的运动规律,它反映了牛顿的绝对时空观,认为时间和空间是两个独立的概念,彼此之间没有联系,同一物体在不同惯性参照系中观察到的运动学量(如坐标、速度)可通过伽利略变换而互相联系,这就是力学相对性原理,一切力学规律在伽利略变换下是不变的.

19 世纪末至 20 世纪初,人们在试图将伽利略变换和力学相对性原理推广到电磁学和光学时遇到了困难. 实验证明对高速运动的物体伽利略变换是不正确的,实验还证明在所有惯性参照系中,光在真空中的传播速度均为同一常数. 在此基础上,爱因斯坦于 1905 年提出了狭义相对论. 狭义相对论基于以下两个假设:① 所有物理定律在所有惯性参考系中均有完全相同的形式——爱因斯坦相对性原理;② 在所有惯性参考系中光在真空中的速度恒定为 c,与光源和参考系的运动无关——光速不变原理,并据此导出洛伦兹变换.

在洛伦兹变换下,对静止质量为 m_0、速度为 v 的物体,狭义相对论定义的动量 p 为

$$p = \frac{m_0}{\sqrt{1-\beta^2}} v = mv \qquad (2-3-1)$$

式中 $m = m_0 / \sqrt{1-\beta^2}$, $\beta = v/c$. 相对论的能量 E 为

$$E = mc^2 \qquad (2-3-2)$$

这就是著名的质能关系.mc^2 是运动物体的总能量,当物体静止时 $v=0$,物体的能量为 $E_0=m_0c^2$,称为静止能量,两者之差为物体的动能 E_k,即

$$E_k=mc^2-m_0c^2=m_0c^2\left(\frac{1}{\sqrt{1-\beta^2}}-1\right) \tag{2-3-3}$$

当 $\beta\ll1$ 时,式(2-3-3)可展开为

$$E_k=m_0c^2\left(1+\frac{v^2}{2c^2}+\cdots\right)-m_0c^2\approx\frac{1}{2}m_0v^2=\frac{p^2}{2m_0} \tag{2-3-4}$$

即得经典力学的动量-能量关系.

由式(2-3-1)和(2-3-2)可得

$$E^2-c^2p^2=E_0^2 \tag{2-3-5}$$

这就是狭义相对论的动量与能量关系.而动能与动量的关系为

$$E_k=E-E_0=\sqrt{c^2p^2+m_0^2c^4}-m_0c^2 \tag{2-3-6}$$

这就是我们要验证的狭义相对论的动量与动能的关系.对高速电子,其关系如图 2-3-1所示,图中 pc 用 MeV 作单位,电子的 $m_0c^2=0.511$ MeV.

为便于计算,式(2-3-4)可化为

$$E_k=\frac{p^2c^2}{2m_0c^2}=\frac{p^2c^2}{2\times0.511} \tag{2-3-7}$$

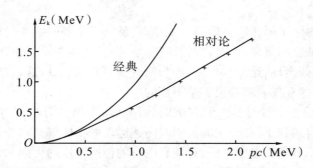

图 2-3-1　经典力学与狭义相对论的动量-动能关系

　　放射性核素的原子核放射出 β 粒子而变为原子序数差 1、质量数相同的核素,称为 β 衰变.测量 β 粒子的荷质比可知 β 粒子是高速运动的电子,其速度与 β 粒子的能量有关,高能 β 粒子的速度可接近光速.

　　β 衰变可看成核中有一个中子转变为质子的结果,在发射 β 粒子的同时还发出一个反中微子 $\bar{\nu}$.反中微子是一个静止质量近似为 0 的中性粒子.衰变中释放出的衰变能 Q 将被 β 粒子、反中微子 $\bar{\nu}$ 和反冲核三者分配.因为 3 个粒子之间的发射角度是任意的,所以每个粒子所携带的能量并不固定,β 粒子的动能可在 0 至 Q 之间变化,形成一个连续谱.图 2-3-2(a)为本实验所用的 $^{90}_{38}\text{Sr}-^{90}_{39}\text{Y}$ β 源的衰变图.$^{90}_{38}\text{Sr}$

的半衰期为 28.6 年,它发射的 β 粒子的最大能量为 0.546 MeV. $^{90}_{38}$Sr 衰变后成为 $^{90}_{39}$Y, $^{90}_{39}$Y 的半衰期为 64.1 小时,它发射的 β 粒子的最大能量为 2.27 MeV. 因而 $^{90}_{38}$Sr-$^{90}_{39}$Y 源在 0～2.27 MeV 的范围内形成一连续的 β 谱,其强度随动能的增加而 减弱,如图 2-3-2(b)所示.

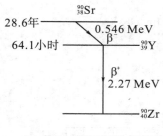

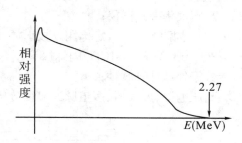

(a) $^{90}_{38}$Sr-$^{90}_{39}$Y β 源的衰变图　　　　　(b) $^{90}_{38}$Sr-$^{90}_{39}$Y 的 β 能谱

图 2-3-2

　　为了测得电子的动能和动量,本实验采用半圆聚焦 β 磁谱仪(图 2-3-3).放射源射出的高速 β 粒子(电子)经准直后垂直射入一均匀磁场中,粒子因受到与运动方向垂直的洛伦兹力的作用而做圆周运动.如果不考虑其在空气中的能量损失(一般情况下为小量),则粒子具有恒定的动量数值而仅仅是方向不断变化.设均匀磁场的磁感应强度为 **B**,电子的速度为 **v**,由于 **v**⊥**B**,故电子受到的洛伦兹力 **f**⊥**v**,有

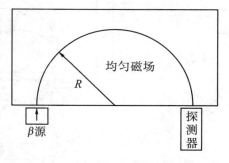

图 2-3-3　半圆形 β 磁谱仪示意图

$$f = evB = mv^2/R \qquad\qquad (2-3-8)$$

式中 e 为电子电荷,R 为电子运动轨道的半径,所以

$$p = mv = eBR \qquad\qquad (2-3-9)$$

式(2-3-9)是本实验测量电子动量的依据.磁感应强度 B 可以用特斯拉计(或称高斯计)测得,R 为源与能量探测器间距的一半,电子的动能 E_k 可用闪烁晶体探测器与多道分析器组成的能谱仪测得,闪烁能谱仪可用^{137}Cs 源和^{60}Co 源进行定标.

　　β 源射出的 β 粒子具有连续的能量分布,因此移动探测器在不同位置,就可测得一组不同的能量值与对应的动量值,这样就可以用实验方法验证相对论动能与动量的对应关系式(2-3-6),并与经典关系式(2-3-7)进行比较.

【实验装置】

实验装置主要由以下部分组成:

(1) 半圆聚焦 β 磁谱仪;

(2) β 放射源 ^{90}Sr – ^{90}Y,定标用 γ 放射源 ^{137}Cs 和 ^{60}Co;

(3) 200 μm Al 窗 NaI(Tl)闪烁探头;

(4) 数据处理计算软件;

(5) 高压电源、放大器、多道脉冲幅度分析器.

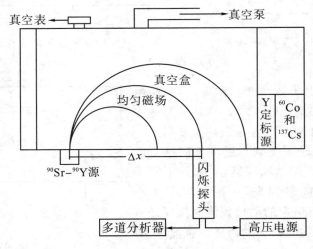

图 2 – 3 – 4　实验装置示意图

实验装置如图 2 – 3 – 4 所示,均匀磁场中置一真空盒,用一机械真空泵使盒中气压降到 1~0.1 Pa,目的是提高电子的平均自由程以减少电子与空气分子的碰撞.真空盒面对放射源和探测器的一面是用极薄的高强度有机塑料薄膜密封的.β 粒子穿过薄膜时所损失的能量可根据表 2 – 3 – 1 来修正.

^{90}Sr – ^{90}Y 源经准直后垂直射入真空室.探测器是掺 Tl 的 NaI 闪烁计数器.闪烁体前有一厚度约 200 μm 的 Al 窗用来保护 NaI 晶体和光电倍增管.β 粒子穿过 Al 窗后将损失部分能量,其数值与膜厚和入射的 β 粒子动能有关.表 2 – 3 – 2 为入射动能为 $E_{k,i}$ 的 β 粒子穿过 200 μm 厚 Al 窗后的动能 $E_{k,t}$ 之间的关系表,单位为 MeV.实验中可按表 2 – 3 – 2 用线性内插的方法从粒子穿过 Al 窗后的动能 $E_{k,t}$ 算出粒子的入射动能 $E_{k,i}$.

表 2 - 3 - 1　β粒子通过有机薄膜前后能量(分别为 E_1,E_2)关系

E_1(MeV)	0.382	0.581	0.777	0.973	1.173	1.367	1.567	1.752
E_2(MeV)	0.365	0.571	0.770	0.966	1.166	1.360	1.557	1.742

表 2 - 3 - 2　β粒子的入射动能 $E_{k,i}$ 与透射动能 $E_{k,t}$ 的关系(200 μm Al)

$E_{k,i}$	$E_{k,t}$	$E_{k,i}$	$E_{k,t}$	$E_{k,i}$	$E_{k,t}$	$E_{k,i}$	$E_{k,t}$	$E_{k,i}$	$E_{k,t}$	$E_{k,i}$	$E_{k,t}$
0.317	0.200	0.595	0.500	0.887	0.800	1.184	1.100	1.489	1.400	1.789	1.700
0.404	0.300	0.690	0.600	0.988	0.900	1.286	1.200	1.583	1.500	1.889	1.800
0.497	0.400	0.790	0.700	1.090	1.000	1.383	1.300	1.686	1.600	1.991	1.900

　　式(2 - 3 - 9)中 $p=eBR$ 成立的条件是均匀磁场,即 B 为常量.实际上由于工艺的限制,仪器中央磁场的均匀性较好,边缘部分均匀性较差.幸而边缘部分对入射和出射处结果的影响较小,由它引起的系统误差在合理的范围内,这样就可以用实验方法确定测量范围内动能与动量的对应关系,进而验证相对论给出的这一关系的理论公式的正确性.

【实验步骤与要求】

　　(1) 检查仪器线路连接是否正确,然后开启高压电源,开始工作.

　　(2) 调整高压和放大数值,使测得的^{60}Co 的 1.33 MeV 峰位道数在一个比较合理的位置(建议:在多道脉冲分析器总道数的 50%～70% 之间,这样既可以保证测量高能 β粒子(1.8～1.9 MeV)时不越出量程范围,又充分利用多道分析器的有效探测范围).

　　(3) 选择好高压和放大数值后,稳定 10～20 min.

　　(4) 闪烁计数器能量定标.用^{137}Cs 和^{60}Co 的 3 个光电峰和 1 个反散射峰对多道分析器定标.用线性拟合的方法求出.

　　(5) 移动探测器测定 β能谱的峰位,并记录相应的源与探测器的间距 2R.

　　(6) 根据能量定标公式及 β能谱峰位算出 β粒子的动能.计算时需对 Al 膜引起的能量损失作修正.

　　(7) 用式(2 - 3 - 9)算出 β粒子的动量值.

　　(8) 在动量(用 pc 表示)-动能(用 E_k 表示)关系图上标出实测数据点.在同一图上画出经典力学与相对论的理论曲线.

　　(9) 对实验结果分析.

【思考题】

(1) 观察狭缝的定位方式,试从半圆聚焦 β 磁谱仪的成像原理来论证其合理性.

(2) 试比较 pc-E_k 坐标图上的理论曲线与实验曲线,进行讨论,并给出结论.

(3) 为什么用 γ 放射源进行能量定标的闪烁探测器可以直接用来测量 β 粒子的能量?

(4) 若在测 β 能谱时移去真空盒,在大气中测量上述的动量-动能关系,结果将如何变化?

第 3 单元 光   学

引   言

    自从 1960 年第一台红宝石激光器问世以来,作为一种新型的光源,它具有突出的方向性、单色性、相干性以及高亮度等特点,引起了人们的极大兴趣. 这些年来,激光从原理、器件到实际应用得到了迅猛的发展. 目前,人们已经获得了在气体、液体、固体以及半导体等材料中的激光输出;有上万条的激光谱线及许多连续可调节的波段,其波长几乎遍及了从真空紫外到远红外的整个光谱范围;激光最大的连续输出功率达数万瓦,脉冲峰值输出功率达 10^{13} W;有频率稳定度达 10^{-12} 的高稳频激光器,也有持续时间只有 10^{-13} s 的超短脉冲激光器. 激光已深入到许多学科领域,有的已形成了新的科学分支,如非线性光学、傅里叶光学和全息术等,在计量科学、通信、化学、生物、材料加工、军事、医学、农业等领域也得到日益深入和广泛的应用. 可以预料,激光及其应用将得到越来越深入的发展.

    早在激光器出现以前,为了提高电子显微镜的分辨本领,1948 年盖伯提出了著名的全息术实验原理. 由于当时实验条件的限制,有十几年的时间这方面的工作进展并不显著. 20 世纪 60 年代激光的出现为全息术提供了理想的光源,从此全息术的研究工作进入了一个新的阶段,相继出现了许多全息方法,开辟了全息应用的新课题,有的已收到了实际应用的效果,如全息术在显微技术、干涉计量、信息的存储和处理等方面的应用. 傅里叶光学是现代光学的重要分支,图像的光学信息处理是它的重要应用之一. 光学信息处理的基本做法是根据对图像的处理要求,制作合适的空间滤波器,然后用这个滤波器对图像的频谱加以改造,从而提取所需要的信息. 在实际操作中经常利用透镜实现图像空间与频谱空间的傅里叶变换和逆变换以达到信息处理的目的.

    光学研究既要有严密的理论基础,又要有精密的实验条件,光学是理论和应用结合得很紧密的一门学科. 在近代物理实验中,光学所研究的内容和范围主要是近代光学,它涉及光的反射和折射、干涉和衍射、辐射和吸收、色散和散射,以及透明晶体光学等现象.

在这一单元里,我们将研究全息技术、激光技术、傅里叶光学、像差理论,还安排了有关光学现象与电磁现象相联系、与薄膜测量相结合的实验项目,用以拓展学生的知识面,加深学生对光学现象的理解,更好地将光学现象应用于实际工作中.

实验 3 – 1　法拉第效应

1845 年英国科学家法拉第(M. Faraday)在探索电磁现象和光学现象之间的联系时,发现了一种现象:当一束平面偏振光穿过介质时,如果在介质中沿光的传播方向加上一个磁场,就会观察到光经过样品后偏振面转过一个角度,亦即磁场使介质具有了旋光性,这种现象后来就称为法拉第效应.

法拉第效应有许多方面的应用,它可以作为物质结构研究的手段,如根据结构不同的碳氢化合物的法拉第效应的表现不同来分析碳氢化合物;在半导体物理的研究中,它可以用来测量载流子的有效质量和提供能带结构的知识;特别是在激光技术中,利用法拉第效应的特性,制成了光波隔离器或单通器,这在激光多级放大技术和高分辨激光光谱技术中都是不可缺少的器件. 此外,在激光通信、激光雷达等技术中,也应用了基于法拉第效应的光频环行器、调制器等.

【实验目的】

(1) 通过本实验了解法拉第效应原理.
(2) 掌握法拉第旋光角的测量方法.

【实验原理】

一、法拉第效应实验规律

(1) 当磁场不是非常强时,法拉第效应中偏振面转过的角度 θ,与沿介质厚度方向所加磁场的磁感应强度 B 及介质厚度 L 成正比,即

$$\theta = VBL \qquad (3-1-1)$$

或

$$\theta = V \int_0^L B \mathrm{d}l$$

式中比例常数 V 叫作费尔德常数.

几乎所有的物质都存在法拉第效应,对于不同的物质偏振面旋转的方向可能不同. 设想磁场 B 是由绕在样品上的螺旋线圈产生的. 习惯上规定:振动面的旋转方向和螺旋线圈中电流方向一致,称为正旋($V>0$);反之,叫作负旋($V<0$). V 由物质和工作波长决定,它表征物质的磁光特性.

（2）对于每一种给定的物质,法拉第旋转方向仅由磁场方向决定,而与光的传播方向无关,不管传播方向与 B 同向或反向,这是法拉第磁光效应与某些物质的固有旋光效应的重要区别. 固有旋光效应的物质旋光方向与光的传播方向有关,对固有旋光效应而言,随着顺光线和逆光线方向观察,线偏振光的振动面的旋向是相反的,因此,当光波往返两次穿过固有旋光物质时,则会一次沿某一方向旋转,另一次沿相反方向旋转,结果是振动面复位,即振动面没有旋转. 而法拉第效应则不然,在磁场方向不变的情况下,光线往返穿过磁致旋光物质时,法拉第转角将加倍,即转角为 2θ. 利用法拉第旋向与光传播方向无关这一特性,可令光线在介质中往返数次,从而使效应加强.

（3）与固有旋光效应类比,法拉第效应还有旋光色散,即费尔德常数 V 随波长 λ 而变. 一束白色线偏振光穿过磁致旋光物质,紫光的振动面要比红光的振动面转过的角度大,这就是旋光色散.

实验表明,磁致旋光物质的费尔德常数 V 随波长 λ 的增加而减小. 旋光色散曲线又称法拉第旋转谱.

法拉第效应示意图如图 3-1-1 所示。

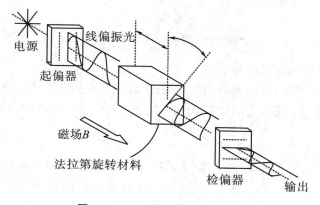

图 3-1-1　法拉第效应示意图

二、法拉第效应实验原理

1. 法拉第效应的旋光角

一束平面偏振光可以分解为两个同频率、等振幅的左旋和右旋圆偏振光. 设线偏振光的电矢量为 E, 角频率为 ω, 可以把 E 看作左旋圆偏振光 E_L 和右旋圆偏振光 E_R 之和, 通过磁场中的磁性物质(以下简称为介质)时, E_L 的传播速度为 v_L, E_R 的传播速度为 v_R. 通过长度 D 的介质后, E_L 与 E_R 之间产生相位差

$$\theta = \omega(t_R - t_L) = \omega\left(\frac{D}{v_R} - \frac{D}{v_L}\right) = \frac{\omega D}{c}(n_R - n_L) \qquad (3-1-2)$$

式中 t_R, n_R 为 E_R 光通过介质的时间和折射率, t_L, n_L 为 E_L 光通过介质的时间和折射率, c 为真空中的光速.

当它们穿过介质重新合成为平面偏振光时, 出射的线偏振光相对于入射介质前的线偏振光转过一个角度

$$\alpha_F = \frac{\theta}{2} = \frac{\omega D}{2c}(n_R - n_L) \qquad (3-1-3)$$

α_F 即为法拉第效应的旋光角.

2. 法拉第效应旋光角的计算

电子磁矩为

$$\boldsymbol{\mu} = -\frac{e}{2m}\boldsymbol{L}$$

式中 e, m 为电子电荷和质量, L 为电子轨道角动量. 在磁场 B 的作用下, 电子磁矩具有势能

$$\Psi = -\boldsymbol{\mu} \cdot \boldsymbol{B} = \frac{e}{2m}\boldsymbol{L} \cdot \boldsymbol{B} = \frac{eB}{2m}L_B$$

式中 L_B 为 L 在磁场方向的分量.

在磁场的作用下, 当左旋圆偏振光通过样品时, 光把电子从基态激发到较高能级, 跃迁时轨道电子吸收光的能量, 电子的能级结构不变, 势能增加了

$$\Delta\Psi_L = \frac{eB}{2m}\Delta L_B = \frac{eB}{2m}\hbar$$

可以认为, 用能量为 $\hbar\omega$ 的左旋圆偏振光子激发电子, 电子在磁场中的能级结构与用能量为 $(\hbar\omega - \Delta\Psi_L)$ 的光子激发电子时, 电子在没有磁场时的能级结构相同, 即

$$n_L(\hbar\omega) = n(\hbar\omega - \Delta\Psi_L)$$

或写作

$$n_L(\omega) = n\left(\omega - \frac{\Delta\Psi_L}{\hbar}\right)$$

$$\approx n(\omega) - \frac{dn}{d\omega}\frac{\Delta\Psi_L}{\hbar}$$

$$\approx n(\omega) - \frac{dn}{d\omega}\frac{eB}{2m}$$

对于右旋圆偏振光,由类似的推导可得

$$\Delta\Psi_R = -\left(\frac{eB}{2m}\right)\hbar$$

$$n_R(\omega) \approx n(\omega) + \frac{dn}{d\omega}\frac{eB}{2m}$$

则

$$n_R(\omega) - n_L(\omega) = \frac{eB}{m}\frac{dn}{d\omega} \qquad (3-1-4)$$

将式(3-1-4)代入式(3-1-3)得

$$\alpha_F = \frac{DeB}{2mc}\omega\,\frac{dn}{d\omega} = \left(-\frac{e}{2mc}\right)\lambda\,\frac{dn}{d\lambda}DB = V_{(\lambda)}DB \qquad (3-1-5)$$

式中

$$V_{(\lambda)} = -\frac{e}{2mc}\lambda\,\frac{dn}{d\lambda}$$

称为费尔德常数,它反映了介质材料的一方面特性.式(3-1-5)适用于国际单位制,B 的单位是 T(特斯拉),1 T$=10^4$ Gs(高斯).式(3-1-5)就是计算法拉第效应旋光角的公式,它表示旋光角与磁场强度及介质长度成正比,且与入射光波长及介质的色散有关.

法拉第效应测试仪结构示意图如图 3-1-2 所示.

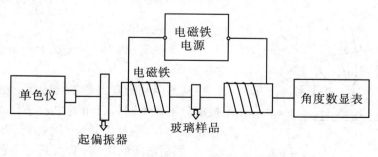

图 3-1-2　法拉第效应测试仪结构示意图

【实验装置】

（1）光源系统

光源产生复合白光，通过单色仪可获得波长 360～800 nm 的单色光. 单色光经过偏振片变成平面偏振光.

（2）磁场和样品介质

激磁电流与磁场强度的关系曲线如图 3-1-3 所示.

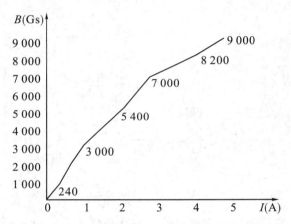

图 3-1-3　激磁电流与磁场强度的关系曲线

直流电磁铁磁极柱直径 40 mm，磁路中有直径 60 mm 通光孔，因此能保证入射光的光轴方向与磁场 B 的方向一致，磁极间隙为 11 mm.

样品介质为玻璃呈棱镜片（顶角为 60°）的形状，样品固定在电磁铁两极之间的夹具上.

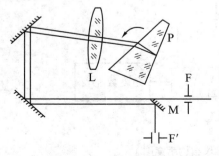

图 3-1-4　光路原理图

（3）小型单色仪

可变狭缝，高 10 mm、宽 0～3 mm；鼓轮格值 0.01 mm.

从照明系统发出的复合光束，光束被色散棱镜分解成不同折射角的单色平行光，又经过物镜聚焦，由小反射镜 M 反射到出射狭缝 F′ 处，F′ 限制谱线的宽窄，从而获得单色光束. 旋转棱镜，在 F′ 处可获得不同波长的单色光束（图 3-1-4）.

表 3-1-1 列举了可见波长部分实测数据.

表 3-1-1   可见波长部分实测数据

波长 （μm）	鼓轮读数 棱镜（60°）	波长 （μm）	鼓轮读数 棱镜（60°）
0.404 7	1.827	0.577 0	4.890
0.407 7	1.950	0.579 0	4.909
0.434 1	2.704	0.587 6	4.990
0.435 8	2.742	0.589 3	5.000
0.486 1	3.770	0.656 3	5.490
0.546 1	4.580	0.667 8	5.556

【实验步骤与要求】

一、仪器操作

（1）打开光源及检偏角度测试仪的电源，预热 5 min，使仪器工作状态处于稳定.

（2）首先将起偏器手柄（标记为红点）、连接座的标记（为红点）及电磁铁一端的标记（为红点），三点调成一直线.

（3）选择适当的狭缝宽度和鼓轮读数.

（4）灵敏度旋钮，顺时针为增加，逆时针为减少，灵敏度的高低直接反映在数显表的数字跳动的快慢. 在测量前，验证一下灵敏度旋钮的位置是否合适. 可通过加磁场来检验. 把稳流电源接至电磁铁，将电流值分别从 1 A，2 A，…一直调到 5 A，观察其数显表的示值应呈线性增加，这说明角度表的灵敏度旋钮的位置合适. 注意同一波长情况下，一经调定，在整个测量过程中即不应再动此旋钮.

（5）把检偏测角的手轮顺时针旋转到头后，再逆时针旋转两周后，按一下清零按钮. 微动调零手钮，使数显表的示值为零，即可进行测量.

二、实验内容

1. 测量法拉第效应偏振面旋转角 θ 与外加磁场电流 I 的关系曲线

（1）打开电源，逐渐增加电流至 1 A，数显表示值应为两位数.

（2）旋转检偏器手轮，使角度表读数增加，直到数显表读数为零，记录检偏角度表数值,这就是法拉第效应角 θ.

以上过程每增加 1 A 电流,重复测量 3 次,求平均值,以减小误差.

2. 测量法拉第效应偏振面旋转角 θ 和波长的关系曲线

测量过程基本同上,在电流不变的基础上,每更改一次鼓轮读数,记录检偏角度数值. 重复测量 3 次,求平均值.

3. 检验实验精度,计算电子荷质比 e/m

本实验样品为 ZF3 重火石玻璃制成的三角形棱镜,四面抛光,可将它置于分光仪上,用最小偏向角法测量折射率. 测量时,以单色仪出射光为光源,测出波长 λ 与最小偏向角 $\theta_{\min}$ 的对应数值,由

$$n = \frac{\sin \dfrac{\alpha + \theta_{\min}}{2}}{\sin \dfrac{\alpha}{2}}$$

求得对应各波长的折射率,作出 λ-n 关系曲线,再算出 λ-$\dfrac{\mathrm{d}n}{\mathrm{d}\lambda}$ 关系曲线.

$$\frac{\mathrm{d}n}{\mathrm{d}\lambda} = \frac{\cos \dfrac{\theta_{\min} + \alpha}{2}}{2\sin \dfrac{\alpha}{2}} \cdot \frac{\Delta\theta_{\min}}{\Delta\lambda}$$

代入上面的公式,即可求出电子的荷质比

$$\frac{e}{m} = \frac{2c\alpha_{\mathrm{F}}}{D\lambda B \dfrac{\mathrm{d}n}{\mathrm{d}\lambda}}$$

三、实验数据的处理

对于每个给定的条件,重复测量 3 次,结果求平均. 将数据输入 Excel 绘制出平滑曲线图.

测量原始条件为狭缝宽度:0.02 mm,鼓轮读数:2.000 mm.

四、注意事项

(1)磁极间距要固定好,使刚好能放下样品又不使样品受压力.

(2)施加或撤除磁化电流时,应先将电源输出电位器逆时针旋回到零,以防止接通或切断电源时磁体电流的突变.

(3)为了保证能重复测得磁感应强度及与之相应的磁体激磁电流的数据,磁

体电流应从零上升到正向最大值,否则要进行消磁.

(4) 测量过程中,不能直接关闭直流恒流电源,要逐渐减小电流直到为零.

(5) 必须使用交流稳压净化电源. 电压的波动对数值表和光源入射光强产生影响,测量存在误差,使数值表的读数不准确.

(6) 关启单色仪入射狭缝时,切勿过零.

(7) 数据表显示溢出,可关小单色仪入射狭缝.

(8) 数显表未与主机相连之前切勿接通电源,以免烧坏仪器.

【思考题】

(1) 实验误差主要来源是什么? 如何改进?

(2) 利用法拉第效应特性,可以做成一个装置,安在门窗上,由室内可看到室外景物,而由室外却完全看不到室内物体. 试设计一个实验方案.

(3) 法拉第旋转角与什么因素有关?

实验 3-2 椭圆偏振法测量薄膜厚度和折射率

椭圆偏振测量是研究两介质界面或薄膜中发生的现象及其特性的一种光学方法,其原理是利用偏振光束在界面或薄膜上的反射或透射时出现的偏振变换现象. 椭圆偏振测量的应用范围很广,如半导体、圆晶、金属、介电薄膜、玻璃(或镀膜)、激光反射镜、大面积光学膜、有机薄膜等,以及介电、非晶半导体、聚合物薄膜等,它也可用于薄膜生长过程的实时监测等测量. 这种测薄膜厚度方法的优点是:能测很薄的膜厚(达 1 nm 左右),测量精度高,能同时测膜厚和折射率,测量是非破坏性的.

【实验目的】

(1) 熟悉椭偏仪的结构和使用方法.

(2) 学会使用椭偏仪测量薄膜厚度和折射率.

【实验原理】

激光器发出的光经过平行光管成为平行光束,又经过起偏器变成线偏振光,通过 1/4 波片 θ 后通常为一椭圆偏振光（简称椭偏光），投射到样品表面，光经过透明薄膜反射后，其偏振态即振幅与相位发生变化. 只要调节起偏器 P 和 1/4 波片 θ 的相对方位，即可使透明薄膜反射后的椭圆偏振光被补偿成线偏振光，调节检偏器 A 可得到消光位置，用以确定振幅衰减量，最后获得薄膜的厚度和折射率.

反射型椭偏仪的基本原理是：用一束椭圆偏振光照射到样品上，由于样品对入射光中平行于入射面的电场分量（以下简称 P 分量）和垂直于入射面的电场分量（以下简称 S 分量）有不同的反射、透射系数，因此从样品上反射的光，其偏振状态相对于入射光要发生变化.

入射光在两个界面来回反射和折射，总反射光由多束光合成. 把光的电矢量和磁矢量各分为两个分量，把光波在入射面上的分量称为 P 分量或 P 波，垂直面射入的叫 S 分量或 S 波.

如图 3-2-1 所示，入射光可分为 E_{1S} 和 E_{1P} 两个分量，经过折射和反射之后，总的反射光也可分为 E'_S 和 E'_P 两个分量.

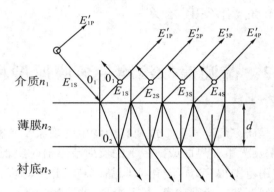

图 3-2-1　光在介质薄膜上的折射和反射

$$\begin{cases} E_S = E_{1S} + E_{2S} + E_{3S} + \cdots \\ E_P = E_{1P} + E_{2P} + E_{3P} + \cdots \end{cases}$$

在反射光中，相邻两束光之间的相位差为

$$2\delta = \frac{4\pi}{\lambda} n_2 d \cos\theta_2$$

设

$$R_P = \frac{E'_P}{E_{1P}}, \quad R_S = \frac{E'_S}{E_{1S}}$$

R_S, R_P 分别称为 S 光（垂直分量）和 P 光（平行分量）的总反射系数.

因为 R_S, R_P 一般为复数，故

$$\frac{R_S}{R_P} = \frac{|R_S|e^{i\Delta_S}}{|R_P|e^{i\Delta_P}} = \left|\frac{E'_S}{E'_P} \cdot \frac{E_{1P}}{E_{1S}}\right|e^{i(\Delta_S - \Delta_P)} = \frac{\left|\dfrac{E'_S}{E'_P}\right|}{\left|\dfrac{E_{1S}}{E_{1P}}\right|}e^{i(\Delta_S - \Delta_P)} \qquad (3-2-1)$$

令

$$\tan \Psi = \frac{\left|\dfrac{E'_S}{E'_P}\right|}{\left|\dfrac{E_{1S}}{E_{1P}}\right|}$$

来表征反射波对入射波的相对振幅的变化.

引入相应的 θ 表示入射光和反射光中 S 波、P 波的相位,经反射系统后,相位差变化

$$\Delta_S - \Delta_P = \Delta = (\theta'_S - \theta'_P) - (\theta_S - \theta_P)$$

$\tan \Psi e^{i\Delta}$ 称为反射系数比,$\tan \Psi$ 相当于模,规定 Ψ 在 $0 \sim \pi/2$ 之间取值.

R_S 和 R_P 的比值反映了与反射有关的光学参量信息,通过测量 Ψ、Δ,可以得出 δ 和 n_2 等参数.

反射椭偏测量法的光路如图 3-2-2 所示.

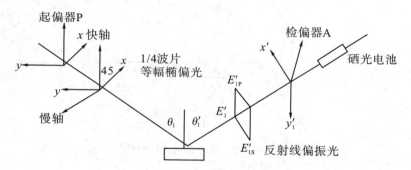

图 3-2-2　反射椭偏仪的光路图

图中 x、x' 轴在入射面内,且分别垂直于入射光和反射光传播方向,y、y' 轴垂直于入射面.

单色光经起偏器后成线偏振光,1/4 波片与 x 轴成 45° 夹角,以获得等幅椭偏入射光.

在图 3-2-2 中,E_0 为单色光经起偏器以后的线偏振光,E_0 经过与 P 平面成 45° 角的 $\lambda/4$ 波片以后,在其快慢轴上分量为

$$E_{快} = E_0 e^{i\frac{\pi}{2}} \cos (P - 45°) \qquad (3-2-2)$$
$$E_{慢} = E_0 \sin (P - 45°) \qquad (3-2-3)$$

这两个分量分别在 x、y 轴上投影合成 E_x、E_y,即是 E_{1P} 和 E_{1S}.

$$E_{1P} = E_x = E_{快} \cos 45° - E_{慢} \sin 45°$$

$$= \frac{\sqrt{2}}{2} E_0 [e^{i\frac{\pi}{2}} \cos (P-45°) - \sin (P-45°)] \tag{3-2-4}$$

$$\begin{cases} E_{1P} = \frac{\sqrt{2}}{2} E_0 e^{i\frac{\pi}{2}} e^{i(P-45°)} = \frac{\sqrt{2}}{2} E_0 e^{i(\frac{\pi}{4}+P)} \\ E_{1S} = E_Y = \frac{\sqrt{2}}{2} E_0 e^{i(\frac{3\pi}{4}-P)} \end{cases} \tag{3-2-5}$$

从上式可知, E_{1P} 和 E_{1S} 位相差为 $2P - \frac{\pi}{2}$, 振幅为 $\frac{\sqrt{2}}{2} |E_0|$, 即为所需的等幅椭圆偏振光.

如果 $\lambda/4$ 波片的快轴与 x 成 $-45°$ 角, 同样也可获得等幅椭偏光(图 3-2-3), 此时振幅仍为 $\frac{\sqrt{2}}{2} |E_0|$, 相位差变为 $\frac{\pi}{2} - 2P$.

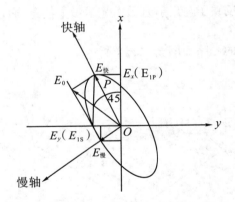

图 3-2-3 等幅椭偏光的获得

当由式(3-2-5)给出的椭圆偏振光以 θ_1 的入射角入射到待测样品的表面后, 则反射后总的 E'_P、E'_S 分量为

$$\begin{cases} E'_P = |E'_P| e^{i\beta'_P} \\ E'_S = |E'_S| e^{i\beta'_S} \end{cases} \tag{3-2-6}$$

根据公式(3-2-1)、(3-2-5)、(3-2-6)有

$$\begin{cases} \tan \Psi = \left| \dfrac{E'_P}{E'_S} \right| \\ \Delta = (\beta'_S - \beta'_P) + \left(2P - \dfrac{\pi}{2}\right) \end{cases} \tag{3-2-7}$$

我们希望反射光成为线偏振光, 即 E_S 和 E_P 的相位差为 $K\pi$, 取值有

$$\beta'_S - \beta'_P = \begin{cases} \pi \\ 0 \end{cases}$$

所以,转动起偏器总可以找到某个方向,使反射光成为线偏振光,即当

$$\Delta = \begin{cases} \dfrac{P}{2} - \pi \\ \dfrac{P}{2} + \pi \end{cases} \qquad (3-2-8)$$

时,起偏器转到 P 方位角时,可使经过样品的反射光成为线偏振光,因此由起偏器的方位角 P 便可确定 Δ,至于经样品反射后的线偏振光的方向是由式(3-2-7)确定的. 利用检偏器,转动其方位,当检偏器方位角 A 与反射线偏振光振动方向垂直时,光束不能通过,出现消光,此时

$$A = \arctan \dfrac{R_S}{R_P} = \Psi \qquad (3-2-9)$$

因此,在图 3-2-2 的装置中只要使 1/4 波片的快轴与 x 轴的夹角为 $\pi/4$,然后测出消光时起、检偏器方位角,便可按式(3-2-8)、(3-2-9),求出(Ψ,Δ),从而完成总反射系数比的测量,同时借助计算机程序,可得出待测薄膜的厚度和折射率.

【实验装置】

椭圆偏振光实验仪器构造如图3-2-4 所示.

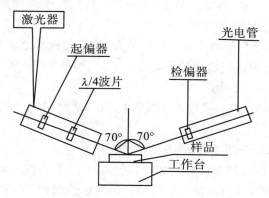

图 3-2-4 椭偏仪结构图

【实验步骤与要求】

测量 K9 玻璃衬底上薄膜厚度和折射率.

(1) 用自准直法调好分光计,使望远镜和平行光管共轴并与载物台平行.

(2) 分光计度盘的调整:调游标与刻度盘零线至适当位置,当望远镜转过一定角度时不致无法读数.

(3) 检偏器读数头位置的调整和固定.

① 检偏器读数头套在望远镜筒上,90°读数朝上,位置基本居中.

② 附件黑色反光镜置于载物台中央,将望远镜转过 66°(与平行光管成 114°夹角),使激光束按布儒斯特角(约 57°)入射到黑色反光镜表面并反射入望远镜到达半反目镜上成为一个圆点.

③ 转动整个检偏器读数头,调整与望远镜筒的相对位置(此时检偏器读数应保持 90°不变),使半反目镜内的光点达到最暗.这时检偏器的透光轴一定平行于入射面,将此时检偏器读数头的位置固定下来(拧紧 3 颗平头螺钉).

④ 适当旋转激光器在平行光管中的位置,使目镜中光点最暗(或检流计值最小),然后固定激光器.

(4) 起偏器读数头位置的调整与固定.

① 将起偏器读数头套在平行光管镜筒上,此时不要装上 1/4 波片,0°读数朝上,位置基本居中.

② 取下黑色反光镜,将望远镜系统转回原来位置,使起偏器、检偏器读数头共轴,并令激光束通过中心.

③ 调整起偏器读数头与镜筒的相对位置(此时起偏器读数应保持 0°不变),找出最暗位置.定此值为起偏器读数头位置,并将 3 颗平头螺钉拧紧.

(5) 1/4 波片零位的调整.

① 起偏器读数保持 0°,检偏器读数保持 90°,此时白屏上的光点应最暗(或检流计值最小).

② 1/4 波片读数头(即内刻度圈)对准零位.

③ 1/4 波片框的标志点(即快轴方向记号)向上,套在波片盘上,并微微转动波片框(注意不要带动波片盘),使半反目镜内的光点达到最暗(或检流计值最小),定此位置为 1/4 波片的零位.

(6) 将镀有薄膜的被测样品放在载物台的中央,旋转载物台使达到预定的入射角 70°,即望远镜转过 40°,并使反射光在白屏上形成一亮点.

(7) 为了尽量减少系统误差,采用 4 点测量.

先置 1/4 波片快轴于 +45°,转动起偏器和检偏器,找出消光角度.

第 1 步:A_1 处于 90°~180°,调节 P_1,找出消光角度.

第 2 步:A_2 处于 0~90°,调节 P_2,找出消光角度.

再使 1/4 波片快轴于 -45°,进行以下操作:

第 3 步:A_3 处于 90°~180°,调节 P_3,找出消光角度.

第 4 步:A_4 处于 0~90°,调节 P_4,找出消光角度.

理论上,

$$A_1 + A_2 = 180°, \quad A_3 + A_4 = 180°$$
$$|P_1 - P_2| = 90°, \quad |P_3 - P_4| = 90°$$

将测得的 4 组数据经下列公式换算后取平均值,就得到所要求的 A 值和 P 值:

$$A_1 - 90° = A_{(1)}, \quad P_1 = P_{(1)}$$
$$90° - A_2 = A_{(2)}, \quad P_2 + 90° = P_{(2)}$$
$$A_3 - 90° = A_{(3)}, \quad 270° - P_3 = P_{(3)}$$
$$90° - A_4 = A_{(4)}, \quad 180° - P_4 = P_{(4)}$$
$$A = [A_{(1)} + A_{(2)} + A_{(3)} + A_{(4)}] \div 4$$
$$P = [P_{(1)} + P_{(2)} + P_{(3)} + P_{(4)}] \div 4$$

注:上述公式适用于 A 和 P 值在 0~180° 范围的数值,若出现大于 180° 的数值时应减去 180° 后再换算.

(9) 将相关数据输入"椭偏仪数据处理程序",经过范围确定后,可以利用逐次逼近法,求出与之对应的 d 和 n.

【思考题】

(1) 1/4 波片的作用是什么?

(2) 椭偏仪测量薄膜厚度的基本原理是什么?

(3) 用反射型椭偏仪测量薄膜厚度时,对样品的制备有什么要求?

(4) 为了使实验更加便于操作及测量更准确,你认为该实验中哪些地方需要改进?

实验 3-3　光拍法测量光速

光在真空中的传播速度是一个极其重要的基本物理常量,许多物理概念和物理量都与它有着密切的联系.光速值的精确测量关系到许多物理量值精确度的提高,所以长期以来对光速的测量一直是物理学家十分重视的课题.无论哪一个时代,几乎都运用了最先进的科学技术对光速进行测量.尤其是近几十年来天文测量、地球物理、空间技术的发展以及计量工作的需要,使得光速的精确测量变得越来越重要.

早在 1676 年,天文学家罗默(Romer)就用天文方法第一个测出了光速.随后,Fizeau,Foucalt 等人在陆地上测出了光速.特别是迈克尔逊(Michelson)在 1879~1935 年期间,对光速进行了多次系统的测量,实验结果不仅验证了光是电磁波,而且为深入地了解光的本性和建立新的物理原理提供了宝贵的资料.

1972 年,美国标准局埃文森(K. M. Evenson)等人成功地测量了甲烷稳频激光的频率,又以 ^{86}Kr 原子的基准波长测定了该激光的波长值,从而得到光速的最新数值 $c=299\ 792\ 458$ m·s^{-1}.此值为 1975 年第 15 届国际计量大会所确认.

本实验是用声光频移法获得光拍,通过测量光拍的波长和频率来确定光速.

【实验目的】

(1) 理解光拍的概念.
(2) 掌握光拍法测光速的技术.

【实验原理】

1. 光拍的产生和传播

根据振动叠加原理,两列速度相同、振面相同、频差较小而且同向传播的简谐波的叠加即形成拍.设有频率分别为 f_1 和 f_2(频差 $\Delta f=f_1-f_2$ 较小)的光束(为简化讨论,我们假定它们具有相同的振幅),

$$E_1=E\cos(\omega_1 t-k_1 x+\varphi_1)$$
$$E_2=E\cos(\omega_2 t-k_2 x+\varphi_2)$$

式中 $k_1=\dfrac{2\pi}{\lambda_1}$,$k_2=\dfrac{2\pi}{\lambda_2}$ 为波数,φ_1 和 φ_2 分别为两列波在坐标原点的初相位.它们的叠加

$$E_S=E_1+E_2$$
$$=2E\cos\left[\frac{\omega_1-\omega_2}{2}\left(t-\frac{x}{c}\right)+\frac{\varphi_1-\varphi_2}{2}\right]\times\cos\left[\frac{\omega_1+\omega_2}{2}\left(t-\frac{x}{c}\right)+\frac{\varphi_1+\varphi_2}{2}\right]$$

$$(3-3-1)$$

是角频率为 $\dfrac{\omega_1+\omega_2}{2}$、振幅为 $2E\cos\left[\dfrac{\omega_1-\omega_2}{2}\left(t-\dfrac{x}{c}\right)+\dfrac{\varphi_1-\varphi_2}{2}\right]$ 的前进波. 注意到 E_{S} 的振幅以频率 $\Delta f=\dfrac{\omega_1-\omega_2}{2\pi}$ 周期地变化, 我们称它为拍频波, Δf 就是拍频, 如图 3-3-1 所示.

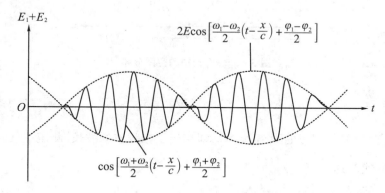

图 3-3-1　光拍频的形成

用光电检测器接收这个拍频波. 因为光电检测器的光敏面上光照反应所产生的光电流系光强(即电场强度的平方)所引起, 故光电流为

$$i_0=gE_{\mathrm{S}}^2 \tag{3-3-2}$$

g 为接收器光电转换常数. 把式(3-3-1)代入式(3-3-2), 同时注意: 由于光频甚高($f_0>10^{14}$ Hz), 光敏面来不及反映频率如此之高的光强变化, 迄今仅能反映频率为 10^8 Hz 左右的光强变化, 并产生光电流. 将 i_0 对时间积分, 并取对光检测器的响应时间 $t\left(\dfrac{1}{f_0}<t<\dfrac{1}{\Delta f}\right)$ 的平均值. 结果, i_0 积分中的高频项为零, 只留下常数项和缓变项, 即

$$\bar{i}_0=\frac{1}{t}\int_t i_0\,\mathrm{d}t=gE^2\left\{1+\cos\left[\Delta\omega\left(t-\frac{x}{c}\right)+\Delta\varphi\right]\right\} \tag{3-3-3}$$

其中 $\Delta\omega$ 是与 Δf 相应的角频率, $\Delta\varphi=\varphi_1-\varphi_2$ 为初相. 可见光检测器输出的光电流包含有直流和光拍信号两种成分. 滤去直流成分, 即得频率为拍频 Δf、相位与初相和空间位置有关的输出光拍信号.

图 3-3-2 是光拍信号 i_0 在某一时刻的空间分布. 如果接收电路将直流成分滤掉, 即得纯粹的拍频信号在空间的分布. 这就是说, 处在不同空间位置的光电检测器, 在同一时刻有不同相位的光电流输出. 这就提示我们可以用比较相位的方法间接地决定光速. 事实上, 由式(3-3-3)可知, 光拍频的同相位的诸点有如下关系

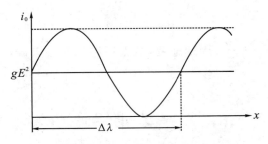

图 3 - 3 - 2　光拍的空间分布

$$\Delta\omega\,\frac{x}{c}=2n\pi \quad\text{或}\quad x=\frac{nc}{\Delta f} \qquad (3-3-4)$$

n 为整数,两相邻同相点的距离 $\Lambda=\dfrac{c}{\Delta f}$ 即相当于拍频波的波长. 测定了 Λ 和光拍频 Δf,即可确定光速 c.

2. 拍频波的获得

光拍频波要求相拍两光束具有一定的频差. 使激光束产生固定频移的办法很多,一种最常用的办法是使超声波与光波互相作用. 超声波(弹性波)在介质中传播,引起介质光折射率发生周期性变化,就成为一相位光栅. 这就使入射的激光束发生了与声频有关的频移.

利用声光互相作用产生频移常用的方法为驻波法,如图 3 - 3 - 3 所示. 利用声波的反射,使声光介质中存在驻波声场,引起介质中光折射率的周期性变化,形成相位光栅,从而使入射光束产生衍射. 第 l 级衍射光的频率为

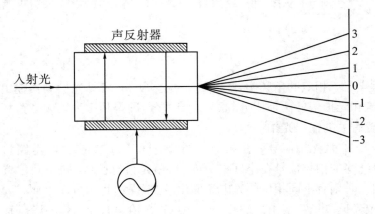

图 3 - 3 - 3　驻波法示意图

$$\omega_{l,m}=\omega_0+(l+2m)\Omega \tag{3-3-5}$$

其中 $l,m=0,\pm1,\pm2,\cdots$. 可见在同一级衍射光束内就含有许多不同频率的光波的叠加(当然强度不同),因此用不着光路的调节就能获得拍频波. 例如选取第一级衍射光束($l=1$),由 $m=0$ 和 $m=-1$ 的两种频率成分叠加得到拍频为 2Ω 的拍频波.

【实验装置】

LMC2000C 型光速测量仪、ST-16 型通用示波器、DF3340 型数字式频率计.
(1) LMC2000C 光速测量仪外形结构如图 3-3-4 所示.

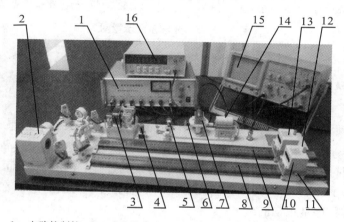

1—电路控制箱　2—光电接收盒　3—斩光器　4—斩光器转速控制旋钮　5—手调旋钮1　6—手调旋钮2　7—声光器件　8—导轨 B
9—导轨 A　10—棱镜小车 B　11—棱镜小车横向移动手轮　12—棱镜小车俯仰手轮　13—棱镜小车 A　14—半导体激光器　15—示波器　16—频率计

图 3-3-4　机械结构图

(2) LMC2000C 光速测量仪光学系统示意图如图 3-3-5 所示.

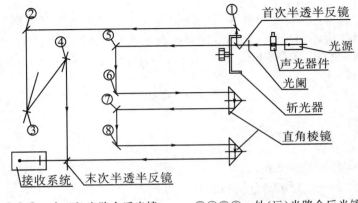

①②③④—内(近)光路全反光镜　　　⑤⑥⑦⑧—外(远)光路全反光镜

图 3 - 3 - 5　光学系统示意图

【实验步骤与要求】

用声光频移法获得光拍,通过测量光拍的波长和频率来确定光速.

(1) 预热:电子仪器都有一个温漂问题,光速仪的声光功率源、晶振和频率计须预热半小时再进行测量. 在这期间可以进行线路连接、光路调整(即下述步骤(3)至步骤(7))、示波器调整等. 因为斩光器分出了内、外两个光路,所以在示波器上的曲线有些微抖,这是正常的.

(2) 连接:图 3 - 3 - 6 是电路控制箱的面板,按表 3 - 3 - 1 将其与 LMC2000C光学平台或其他仪器连接.

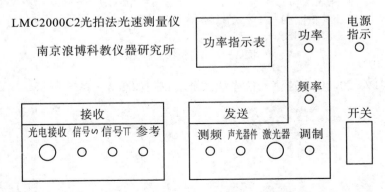

图 3 - 3 - 6　LMC2000C2 光速测量仪控制面板

表 3 - 3 - 1

序号	电路控制箱面板	光学平台/频率计/示波器	连接类型（电路控制箱-光学平台/其他测量仪器）
1	光电接收	光学平台上的光电接收盒	4 芯航空插头-由光电接收盒引出
2	信号(∽)	示波器的通道 1	Q9 — Q9
3	信号(Π)	示波器的通道 2	Q9 — Q9
4	参考	示波器的同步触发器	Q9 — Q9
5	测频	频率计	Q9 — Q9
6	声光器件	光学平台上的声光器件	莲花插头— Q9
7	激光器	光学平台上的激光器	3 芯航空插头— 3 芯航空插头
8	调制	暂不用	暂不用

注意:电路控制箱面板上的功率指示表头中,读数值乘以 10 就是毫瓦数(即满量程是 1 000 mW).

（3）调节电路控制箱面板上的“频率”和“功率”旋钮,使示波器上的图形清晰、稳定(频率约在(75±0.002) MHz,功率指示一般在满量程的 60%～100%).

（4）调节声光器件平台的手调旋钮 2,使激光器发出的光束垂直射入声光器件晶体,产生 Raman-Nath 衍射(可用一白屏置于声光器件的光出射端以观察 Raman-Nath衍射现象),这时应明确观察到 0 级光和左右两个(以上)强度对称的衍射光斑,然后调节手调旋钮 1,使某个 1 级衍射光正好进入斩光器.

（5）内光路调节:调节光路上的平面反射镜,使内光路的光打在光电接收器入光孔的中心.

（6）外光路调节:在内光路调节完成的前提下,调节外光路上的平面反射镜,使棱镜小车 A/B 在整个导轨上来回移动时,外光路的光也始终保持在光电接收器入光孔的中心.

（7）反复进行步骤(5)和(6),直至示波器上的两条曲线清晰、稳定、幅值相等.注意调节斩光器的转速要适中. 过快,则示波器上两路波形会左右晃动;过慢,则示波器上两路波形会闪烁,引起眼睛观看的不适. 另外,各光学器件的光轴设定在平台表面上方 62.5 mm 的高度,调节时注意保持才不致调节困难.

完成光路调节后开始数据测量.

（8）记下频率计上的读数 f. 在步骤(8)和(9)中应随时注意 f,如发生变化,应立即调节声光功率源面板上的“频率”旋钮,保持 f 在整个实验过程中的稳定.

（9）利用千分尺将棱镜小车 A 定位于导轨 A 左端某处(比如 5 mm 处),这个起始值记为 $D_a(0)$;同样,从导轨 B 最左端开始移动棱镜小车 B,当示波器上的两条正弦波完全重合时,记下棱镜小车 B 在导轨 B 上的读数,反复重合 5 次,取这 5

次的平均值,记为 $D_b(0)$.

(10) 将棱镜小车 A 定位于导轨 A 右端某处(比如 535 mm 处,这是为了计算方便),这个值记为 $D_a(2\pi)$;将棱镜小车 B 向右移动,当示波器上的两条正弦波再次完全重合时,记下棱镜小车 B 在导轨 B 上的读数,反复重合 5 次,取这 5 次的平均值,记为 $D_b(2\pi)$.

(11) 将上述各值填入下表,用公式

$$c = 2f\{2[D_b(2\pi) - D_b(0)] + 2[D_a(2\pi) - D_a(0)]\}$$

计算出光速 c,并计算出相应的误差.

次数	$D_a(0)$	$D_a(2\pi)$	$D_b(0)$	$D_b(2\pi)$	f	c	误差
1							%
2							%
3							%

【思考题】

(1) 光拍是怎样形成的? 它有什么特点?

(2) 为什么采用光拍法测量光速?

(3) 如何测量光拍的波长?

(4) 斩光器的作用是什么?

(5) 分析本实验的主要误差来源,并讨论提高测量精确度的方法.

实验 3-4　用傅里叶变换全息图作资料存储

随着科学技术的发展和时间的延续,人们积累了越来越多的信息. 信息量的不断增加,对信息的流通、保存、查阅都提出了高标准要求,如何把图像、文字、数据缩微化就成为重大的问题. 全息信息存储是 20 世纪 60 年代随着激光全息技术发展而出现的一种大容量、高密度的存储方式,该技术为资料存储开辟了一条崭新的途径. 较其他信息存储方式(如照相缩微、磁存储等),其特点是大容量、高密度、高冗余度、高衍射效率、低噪声、高分辨率和高保真度等.

傅里叶变换全息图是全息图的一种特殊类型,它不像一般全息图那样记录物光波本身,而是记录物光波的空间频谱,即记录物光波的傅里叶变换. 引入一束参考光和物的频谱相干涉,用得到的干涉条纹记录物频谱的振幅分布和相位分布就得到物体的傅里叶变换全息图.

本实验把傅里叶变换与全息照相技术结合在一起,利用全息技术,将物体的空间频谱与参考光所形成的干涉图样记录在全息底片上,再通过全息图重现原物体的像.

【实验目的】

(1) 巩固对全息术原理的认识.
(2) 了解光学傅里叶变换及频谱的基本概念.
(3) 了解用傅里叶变换全息术存储二维资料的方法.

【实验原理】

全息存储是用全息的方法记录物体的频谱,把图像、文字、数据等资料超缩微地存储起来的一种方法,其实质是记录物体的傅里叶变换全息图.

全息存储的记录原理如图 3-4-1 所示. 透明胶片 P 的物分布为 $O(x,y)$,放置在透镜 L 的前焦面上,用平行光照明物 $O(x,y)$,用透镜 L 对物进行傅里叶变换,在后焦面上得到物体的频谱函数 $\widetilde{O}(f_x,f_y)$. 由于 λ 比 f 小得多,所以 $\widetilde{O}(f_x,f_y)$ 在后焦面上的分布实际上集中在焦点附近. 即使稍微离焦,频谱分布仍只在直径 1～2 mm 的范围内. 如果在后焦面上放置一记录介质,并引入一束细光束 R 作为参考光与之相干涉,将物体的频谱信息记录在介质上,制得一张面积很小的全息图,这就是全息存储的记录. 在全息干版平面,物光场和参考光场的复振幅分布可分别表示为 $\widetilde{O}(f_x,f_y)$ 及 $R\exp[\mathrm{j}\phi(\theta)f_y]$,因此在全息干版上两光波叠加后,总光场的复振幅分布为

$$U(f_x,f_y)=\widetilde{O}(f_x,f_y)+R\exp[\mathrm{j}\phi(\theta)f_y] \tag{3-4-1}$$

总光场的强度分布为

$$
\begin{aligned}
I(f_x,f_y)&=U(f_x,f_y)U^*(f_x,f_y)\\
&=\{\widetilde{O}(f_x,f_y)+R\exp[\mathrm{j}\phi(\theta)f_y]\}\{\widetilde{O}^*(f_x,f_y)+R\exp[-\mathrm{j}\phi(\theta)f_y]\}\\
&=|R|^2+|\widetilde{O}(f_x,f_y)|^2+\widetilde{O}(f_x,f_y)R\exp[-\mathrm{j}\phi(\theta)f_y]\\
&\quad+\widetilde{O}^*(f_x,f_y)R\exp[\mathrm{j}\phi(\theta)f_y]
\end{aligned}
\tag{3-4-2}
$$

记录上述强度分布的全息底片经适当处理后,其振幅透过率 t 与强度 I 为线性关系,设比例系数为 1,则有

$$t=I(f_x,f_y)=|R|^2+|\widetilde{O}(f_x,f_y)|^2+\widetilde{O}(f_x,f_y)R\exp[-\mathrm{j}\phi(\theta)f_y]$$

$$+\tilde{O}^*(f_x, f_y)R\exp[j\phi(\theta)f_y] \tag{3-4-3}$$

由上式可见,在傅里叶变换全息图上,记录了物光的傅里叶变换 $\tilde{O}(f_x, f_y)$ 及其共轭 $\tilde{O}^*(f_x, f_y)$.

全息存储的再现光路如图 3-4-1 所示.用细激光束 C 照射全息图,方向与记录时参考光束 R 方向相同,则式(3-4-3)中的第 3 项成为

$$|R|^2\tilde{O}(f_x, f_y)$$

此即恢复了物光场的频谱,该频谱通过夫琅禾费衍射(再经过一次透镜变换)或菲涅耳衍射(在有限远处成像)均可恢复原物体的像.这就是全息存储的再现过程.

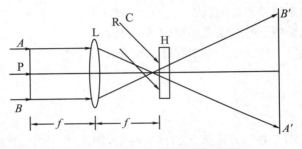

图 3-4-1 全息资料存储原理图

【实验装置】

全息平台、2 mW He-Ne 激光器、小磁座、反射镜、分束镜、扩束镜、准直透镜、傅里叶变换镜、圆孔光阑、天津 I 型全息干版等.

【实验步骤与要求】

来自激光器的光束被分束器 BS 分成两束,其中透射的一束经反射镜 M_1 转折后,经过扩束镜扩束和针孔滤波器 L_1 滤波,再经准直透镜 L_2 准直后变成平行光束.平行光束垂直照射待存储的物体 P,P 置于傅里叶变换透镜 L_3 的前焦面上,全息干版放在偏离 L_3 的后焦面离焦量为 $0.01f \sim 0.05f$ 的位置(f 为傅里叶变换透镜 L_3 的焦距),这路光称为物光;被 BS 反射的一束光经反射镜 M_2 反射后经过圆孔光阑 D 射向全息干版作为参考光,与物光相干涉.傅里叶变换全息资料存储实验光路如图 3-4-2 所示,其实物图如图 3-4-3 所示.

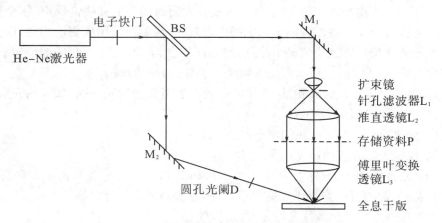

图 3 - 4 - 2　傅里叶变换全息资料存储实验光路

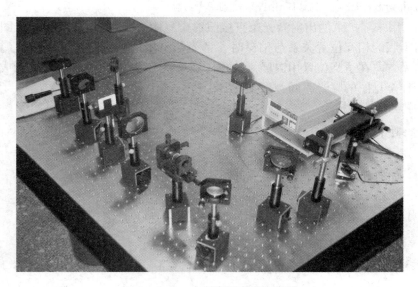

图 3 - 4 - 3　全息资料存储实物图

（1）按图 3 - 4 - 2 安排光路，光路要求：

① 使参考光与物光光程应尽可能相等，并使存储资料 P 上的光强均匀．

② 参考光束与物光束夹角为 30°～60°．

③ 共焦系统应输出平行光．判断透镜是否出射平行光的简单方法是：用白屏沿着光的传播方向从透镜附近移动到远处，只要白屏上光斑的大小不随白屏的移动而变化，就可认为透镜出射的是平行光．

④ 存储资料 P 置于傅里叶变换透镜前方约一倍焦距（$f = 100$ mm）处．

⑤ 为了减轻由于物光频谱中的低频成分太强而产生的非线性噪声,使全息干版上的光强分布均匀些以提高全息图的衍射效率,实验中采用离焦法拍摄,即让全息干版放置在傅里叶变换透镜 L_3 的后焦面离焦量为 $0.01f \sim 0.05f$ 的位置(f 为傅里叶变换透镜 L_3 的焦距),全息干版稍向参考光方向倾斜.

⑥ 为了产生预定的曝光量,应使参考光光强稍大于物光光强.如果物光太强,由于散斑效应而降低衍射效率.

⑦ 频谱应位于参考光斑的中心.

⑧ 模拟干版乳胶面迎光放置.

(2) 光路安排好后,分别用 $0.3, 0.6, 0.9, 1.2, 1.5, 1.8, 2.1, 2.4, 2.7$ 及 3.0 秒各拍摄一幅全息图.全息干版应平行移动,拍摄期间应保持安静.

(3) 对曝光后的全息片进行显影、定影处理.

冲洗条件:用 D-76 稀释显影剂显影,F-5 坚膜定影液定影,室温 20 ℃左右,显影时间为 $8 \sim 10$ s,定影 1 min,水洗,晾干.

(4) 用未经扩束的出射激光束直接照射全息图,按拍摄条件放置全息图,使再现光与干版的相互位置关系与拍摄时参考光与干版的相互位置关系一致(复位).沿原物光方向在适当位置用白屏接收并仔细观察实像,并比较各全息图所成的像,记录最佳全息图的曝光时间,对实验结果进行分析.

【思考题】

(1) 如何判断一束光是否为平行光?

(2) 实验中为什么要求物光程和参考光光程尽量相等?

(3) 要记录准确的傅里叶变换全息图,透明资料片应置于什么位置?

附录 1　傅里叶变换

一个空间二维非周期函数 $g(x, y)$ 可以展开为

$$g(x, y) = \int_{-\infty}^{\infty} \int_{-\infty}^{\infty} G(f_x, f_y) \exp[j2\pi(xf_x + yf_y)] \mathrm{d}f_x \mathrm{d}f_y \quad (3-4-4)$$

式中 f_x, f_y 分别表示 x, y 方向的空间频率.空间频率指单位长度内空间信号(如干涉条纹)变化的周期数,它描述信号的空间周期性. $G(f_x, f_y)$ 称为 $g(x, y)$ 的空间频谱. xy 平面称为空域平面, $f_x f_y$ 平面称为空间频率域(简称空频域)平面.对于一般图像的透过率函数(或称物函数) $g(x, y)$,式(3-4-4)可理解为,物函数 $g(x, y)$ 可分解为无穷多个不同空间频率或不同传播方向的平面波叠加的结果,各

平面波的权重为 $G(f_x,f_y)\mathrm{d}f_x\mathrm{d}f_y$；也可以理解为物函数 $g(x,y)$ 是由无穷多个不同振幅、不同方向的平面波叠加的结果.

与式(3-4-4)相对应的变换为

$$G(f_x,f_y)=\int_{-\infty}^{\infty}\int_{-\infty}^{\infty}g(f_x,f_y)\exp[-\mathrm{j}2\pi(xf_x+yf_y)]\mathrm{d}x\mathrm{d}y \quad (3-4-5)$$

通常,式(3-4-5)称为函数 $g(f_x,f_y)$ 的傅里叶变换,式(3-4-4)称为函数 $G(f_x,f_y)$ 的傅里叶逆变换,式(3-4-4)和式(3-4-5)合称为傅里叶变换对. 傅里叶变换对指出：对一个函数的傅里叶变换再作一次逆变换,就得到原来的函数.

附录 2　平面波场的复振幅分布的空间频率表示

振幅为 u_0 的平面波光场的复振幅分布 $\bar{u}(x,y,z)$ 为

$$\bar{u}(x,y,z)=u_0\mathrm{e}^{\mathrm{j}k\cdot r}=u_0\exp[\mathrm{j}k(x\cos\alpha+y\cos\beta+z\cos\gamma)] \quad (3-4-6)$$

式中 k 为波矢量,$k=\dfrac{2\pi}{\lambda}$；$\cos\alpha,\cos\beta,\cos\gamma$ 为波矢量 k 的方向余弦；r 为位置矢量.

在选定的垂直于 z 轴的平面内,式(3-4-6)中的 z 项为常数,式(3-4-6)可写成

$$\tilde{u}(x,y)=u_0\exp[\mathrm{j}k(x\cos\alpha+y\cos\beta)] \quad (3-4-7)$$

如果 x,y 方向的空间周期记为 D_x,D_y,则根据几何关系有

$$D_x=\frac{\lambda}{\cos\alpha},\quad D_y=\frac{\lambda}{\cos\beta}$$

如果空间频率记为 f_x,f_y,则有

$$f_x=\frac{1}{D_x}=\frac{\cos\alpha}{\lambda},\quad f_y=\frac{1}{D_y}=\frac{\cos\beta}{\lambda}$$

因此,由式(3-4-7)表示的平面波的空间频率形式为

$$\tilde{u}(x,y)=u_0\exp[\mathrm{j}2\pi(xf_x+yf_y)] \quad (3-4-8)$$

在近轴条件下,如图 3-4-4 所示,有

$$\cos\alpha=\frac{x'}{z_1},\quad \cos\beta=\frac{y'}{z_1}$$

所以

$$f_x=\frac{x'}{\lambda z_1},\quad f_y=\frac{y'}{\lambda z_1} \quad (3-4-9)$$

式(3-4-9)给出了在近轴条件下频谱面上空间频率与位置坐标的关系.

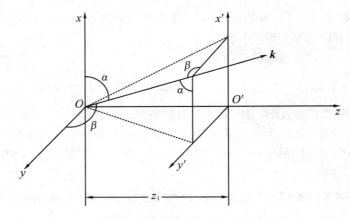

图 3 - 4 - 4　　空间频率与位置坐标的关系

附录 3　　全息图的最小光斑尺寸

在同一全息底片上,若减少全息图的光斑尺寸,则可以增大资料的存储量.但最小光斑尺寸受图像空间频率的限制.

如图 3 - 4 - 5 所示,设图像(物)的最小分辨单元尺寸为 d_1,对于许多平行排列的分辨单元,可以看成是光栅常数为 d_1 的光栅,在 L 的后焦面上形成的夫琅和费衍射图的各个极大分别用 $\cdots,2,1,0,-1,-2,\cdots$ 表示,它们对应于不同衍射方向的空间频率.为了能分辨最小单元 d_1,根据经验,全息图至少应包括 x'_{-1} 和 x'_{+1} 处的两个空间频率.因此,全息图光斑的最小尺寸应为 $D=x'_{+1}-x'_{-1}=2|x'_{+1}|$.

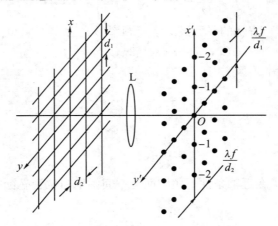

图 3 - 4 - 5　　计算全息图最小光斑尺寸

应用附录 2 中的式(3 - 4 - 9),并注意到 $z_1 = f$,即

$$f_x = \frac{x'}{\lambda f}$$

则

$$D = 2|x'_{+1}| = 2\lambda f f_x = \frac{2\lambda f}{d_1}$$

式中 λ 为照明光波波长,f 为透镜焦距,d_1 为最小分辨单元的尺度.

如果参考光束的光斑小于 D 值,则记录的傅里叶变换全息图在再现时图像不清楚. 如果参考光斑大小合适,参考光中心与物光中心不对准,则全息图斑内各处光强比不同,再现时,衍射效率不同,像面上的亮度分布失真.

实验 3 - 5 数字式光学传递函数测量和透镜像质评价

光学系统成像质量的评价,一直是应用光学领域中众所瞩目的问题. 所谓成像质量,主要是像与物之间在不考虑放大率情况下的强度和色度的空间分布的一致性. 为了能准确评价光学系统的成像质量,人们研究了许多种检验方法,如几何像差检验、鉴别率检验、星点检验,但这些检验方法都各有自己的适用范围和局限性.

近代光学理论的发展,证明了光学系统可以有效地看作一个空间频率的滤波器,而它的成像特性和像质评价则可以用像物之间的频谱之比来表示. 这个对比特性就是所谓的光学传递函数(optical transfer function,OTF). 用光学传递函数来评价光学系统的成像质量是前面方法的发展. 光学传递函数理论的基本出发点是将物体分解为各种频率的谱,也就是把物体的亮度分布函数展开为傅里叶级数(物函数为周期函数)或傅里叶积分(物函数为非周期函数),研究光学系统对不同空间频率的亮度呈余弦分布的传递能力. 光学传递函数反映了光学系统的频率特性,它既与光学系统的像差有关,又与系统的衍射效果有关,并且以一个函数的形式定量地表示星点所提供的大量像质信息,同时也包括了鉴别率所表示的像质信息,因此光学传递函数被公认为目前评价光学系统成像质量比较客观、有效的方法.

【实验目的】

(1) 了解光学镜头传递函数测量的基本原理.

(2) 掌握传递函数测量和成像质量评价的近似方法,学习抽样、平均和统计算法.

【实验原理】

傅里叶光学证明了光学成像过程可以近似作为线性空间不变系统来处理,从而可以在频域中讨论光学系统的响应特性. 任何二维物体 $g_o(x,y)$ 都可以分解成一系列 x 方向和 y 方向的不同空间频率(f_x,f_y)的简谐函数(物理上表示余弦光栅)的线性叠加:

$$g_o(x,y) = \int_{-\infty}^{\infty}\int_{-\infty}^{\infty} G_o(f_x,f_y)\exp[j2\pi(xf_x+yf_y)]\mathrm{d}f_x\mathrm{d}f_y \quad (3-5-1)$$

式中 $G_o(f_x,f_y)$ 为 $g_o(x,y)$ 的傅里叶变换谱,它正是物体所包含的空间频率(f_x, f_y)的成分含量,其中低频成分表示缓慢变化的背景和大的物体轮廓,高频成分则表征物体的细节.

当该物体经过光学系统后,各个不同空间频率的余弦信号发生两个变化:首先是调制度(或反差度)下降,其次是相位发生变化,这一过程可综合表示为

$$G_i(f_x,f_y) = H(f_x,f_y) \times G_o(f_x,f_y) \quad (3-5-2)$$

式中 $G_i(f_x,f_y)$ 表示像的傅里叶变换谱. $H(f_x,f_y)$ 称为光学传递函数,它是一个复函数,其模为调制传递函数(modulation transfer function, MTF),相位部分则为相位传递函数(phase transfer function, PTF). 显然,当 $H(f_x,f_y)=1$ 时,表示像和物完全一致,即成像过程完全保真,像包含了物的全部信息,没有失真,光学系统成完善像.

由于光波在光学系统孔径光阑上的衍射以及像差(包括设计中的余留像差及加工、装调中的误差),信息在传递过程中不可避免要出现失真. 总的来讲,空间频率越高,传递性能越差.

对像的傅里叶谱 $G_i(f_x,f_y)$ 再作一次逆变换,就得到像的复振幅分布

$$g_i(x',y') = \int_{-\infty}^{\infty}\int_{-\infty}^{\infty} G_i(f_x,f_y)\exp[j2\pi(x'f_x+y'f_y)]\mathrm{d}f_x\mathrm{d}f_y$$

$$(3-5-3)$$

调制度 m 定义为

$$m = \frac{I_{\max}-I_{\min}}{I_{\max}+I_{\min}} \quad (3-5-4)$$

式中 $I_{\max}$ 和 $I_{\min}$ 分别表示光强的极大值和极小值. 光学系统的调制传递函数可表示为给定空间频率下像和物的调制度之比

$$MTF(f_x,f_y) = \frac{m_i(f_x,f_y)}{m_o(f_x,f_y)} \quad (3-5-5)$$

除零频以外,MTF 的值永远小于 1. $MTF(f_x,f_y)$ 表示在传递过程中调制度的变

化.一般来说 MTF 越高,系统的像越清晰.平时所说的光学传递函数往往是指调制传递函数 MTF.图 3-5-1 给出一个光学镜头的设计 MTF 曲线,不同视场的 MTF 不相同.

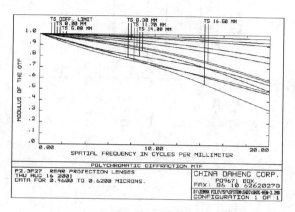

图 3-5-1 光学传递函数(不同曲线对应于不同视场)

本实验用 CCD 对矩形光栅的像进行抽样处理,测定像的归一化的调制度,并观察离焦对 MTF 的影响.该装置实际上是数字式 MTF 仪的模型.为简化实验,提高效率,通常采用如下近似处理:

(1)测量某几个甚至一个空间频率 f 下的 MTF 来评价像质;

(2)由于正弦光栅较难制作,常常用矩形光栅作为目标物.

一个给定空间频率下的满幅调制(调制度 $m=1$)的矩形光栅目标物如图 3-5-2所示.如果光学系统成完善像,则抽样的结果只有 0 和 1 两个数据,像仍为矩形光栅.在软件中对像进行抽样统计,其直方图为一对 δ 函数,位于 0 和 1.见图 3-5-3及图 3-5-4.

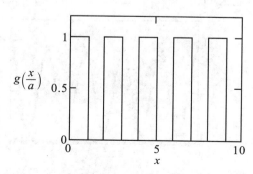

图 3-5-2 满幅调制(调制度 $m=1$)的矩形光栅目标函数

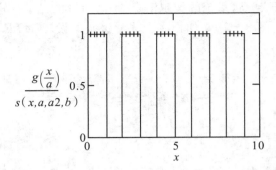

图 3 - 5 - 3　对矩形光栅的完善像进行抽样（样点用"十"表示）

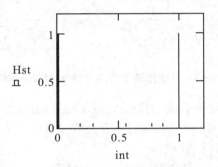

图 3 - 5 - 4　直方图统计

如上所述，由于衍射及光学系统像差的共同效应，实际光学系统的像不再是矩形光栅，如图 3 - 5 - 5 所示，波形的最大值 I_{max} 和最小值 I_{min} 的差代表像的调制度. 对图 3 - 5 - 5 所示图形实施抽样处理，其直方图见图 3 - 5 - 6. 找出直方图高端的极大值 m_H 和低端极大值 m_L，它们的差 $m_H - m_L$ 近似代表在该空间频率下的调制传递函数

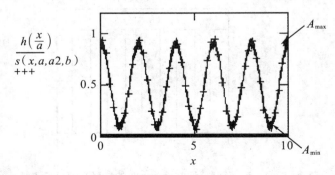

图 3 - 5 - 5　对矩形光栅的不完善像进行抽样（样点用"十"表示）

MTF 的值. 为了比较全面地评价像质, 不但要测量出高、中、低不同频率下的 MTF, 从而大体给出 MTF 曲线, 还应测定不同视场下的 MTF 曲线.

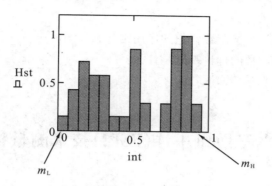

图 3-5-6 直方统计图

【实验步骤与要求】

本实验光路图如图 3-5-7 所示.

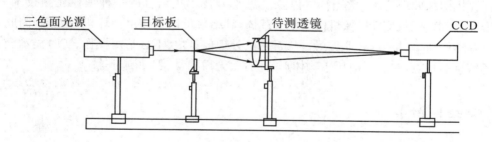

图 3-5-7 实验光路图

(1) 以光源的出射光轴为实验主光轴, 其他光学元件以其为基准对各自光学轴线进行校准.

(2) 把波形发生器放置在目标板位置, 放置时应注意要使照射光充满波形发生器.

(3) 在指定位置放置待测镜头, 调整镜头使得入射光完全通过镜头的光阑.

(4) 在像面上放置 CCD, 并通过电脑终端进行抽样、直方图统计等分析, 测出待测镜头在给定频率下的 MTF.

(5) 存储并打印实验结果, 对结果进行分析.

【思考题】

(1) 什么是光学传递函数? 它的作用是什么?

(2) 光学传递函数的理论基础是什么?

(3) 怎样测量光学传递函数?

实验 3-6　电子散斑干涉(ESPI)技术测量物体离面位移

散斑是在相干光照明下在散射体的表面漫反射,或通过一个透明散射体时,在散射体的表面或附近的光场中,观察到的随机分布的亮暗斑纹.激光的高相干性使散斑现象显而易见.实际上,散斑就是来自粗糙表面不同面积元的光波之间的自身干涉现象,因而它也是粗糙表面的某些信息的携带者.借助于散斑不仅可以研究粗糙表面本身,而且还可以研究其位置及形状的变化.电子散斑干涉(ESPI)技术是计算机图像处理技术、激光技术以及全息干涉技术相结合的一种现代光测技术. ESPI 技术采用 CCD 摄像机作为记录载体,其结果可以直接由计算机来处理,因此具有结构简单、精度高、非接触、灵敏性好、处理信息快、不必暗房操作、实时显示全场信息等特点,它广泛应用于物体形变测量、无损测量、震动测量等.

【实验目的】

(1) 了解电子散斑干涉原理.

(2) 掌握干涉光路及图像处理软件.

(3) 学会使用本系统来测量物体离面位移.

【实验原理】

电子散斑干涉技术是利用被测物体的光学粗糙表面所造成的漫反射光与参考光之间的干涉进行测量.当激光照射在被测物体表面时,其漫反射在探测器件 CCD 表面的光场分布为

$$U_o(r) = u_o(r)\exp[j\varphi_o(r)] \qquad (3-6-1)$$

其中 $u_o(r)$ 是物光的振幅，$\varphi_o(r)$ 是被测物体反射后的光波相位.

电子散斑干涉技术与全息干涉技术类似，需要一束参考光. 参考光在探测器表面的光场分布可以表示为

$$U_R(r)=u_R(r)\exp[j\varphi_R(r)] \qquad (3-6-2)$$

物光与参考光在 CCD 表面上形成的光强 $I(r)$ 为

$$I(r)=u_o^2+u_R^2+2u_ou_R\cos(\varphi_o-\varphi_R) \qquad (3-6-3)$$

当被测物体发生形变后，表面各点的散斑场振幅 $u_o(r)$ 基本不变，而相位 $\varphi_o(r)$ 将改变为 $\varphi_o(r)-\Delta\varphi(r)$，即

$$U_o'(r)=u_o(r)\exp[j\varphi_o(r)-\Delta\varphi(r)] \qquad (3-6-4)$$

而变形前后的参考光波维持不变，从而变形后的合成光强 $I'(r)$ 为

$$I'(r)=u_o^2+u_R^2+2u_ou_R\cos[\varphi_o-\varphi_R-\Delta\varphi(r)] \qquad (3-6-5)$$

对于全息干涉，它是把两个不同时刻的光强记录在同一全息干版上，即产生叠加效应，而电子散斑则是对两个光强进行相减处理

$$\begin{aligned}\bar{I}&=|I'(r)-I(r)|\\&=|4u_ou_R\sin[(\varphi_o-\varphi_R)+\Delta\varphi(r)/2]\sin[\Delta\varphi(r)/2]|\end{aligned} \qquad (3-6-6)$$

可见，处理后的光强分布是一个含有高频载波项 $[(\varphi_o-\varphi_R)+\Delta\varphi(r)/2]$ 的低频条纹 $\sin[\Delta\varphi(r)/2]$. 该低频条纹取决于物体形变引起的光波相位改变. 这个光波相位变化与物体形变关系不难从光波传播的理论推导出来，即有

$$\Delta\varphi=2\pi[d_1(1+\cos\theta)+d_2\sin\theta]/\lambda \qquad (3-6-7)$$

其中 λ 是所用的激光波长，θ 是激光与物体表面法线的夹角，d_1 是物体形变的离面位移，d_2 是物体形变的面内位移. 在一般情况下，照明角度较小，即 $\cos\theta\approx1$，$\sin\theta\approx0$，所以这种单光束照明的电子散斑干涉对离面位移比较敏感，而对面内位移不敏感. 相应地相位改变为

$$\Delta\varphi=\frac{2\pi}{\lambda}2d_1 \qquad (3-6-8)$$

当 $\Delta\varphi=2n\pi$（出现暗条纹）时，变化前后的散斑图像完全相同，于是有

$$d_1=\frac{n\lambda}{2} \qquad (3-6-9)$$

其中 $n=0,1,2,\cdots$，是干涉条纹的级数. 可见，黑条纹处的离面位移是半波长的整数倍.

电子散斑干涉（ESPI）实验系统的光路如图 3-6-1 所示.

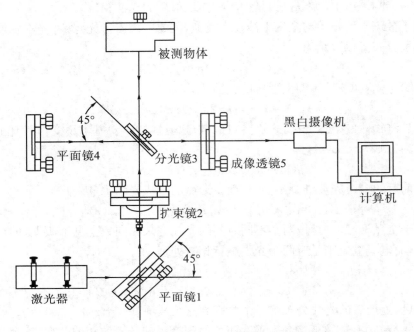

图 3-6-1   电子散斑干涉(ESPI)实验系统的光路图

【实验装置】

实验器材有:激光器、反射镜、分光镜、扩束镜、透镜、被测物体 1、被测物体 2、CCD、图像卡、计算机及软件.实验装置实物图如图 3-6-2 所示.

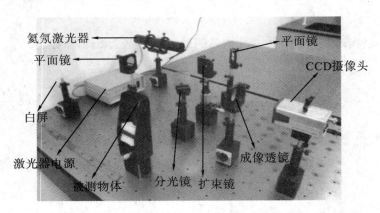

图 3-6-2   电子散斑干涉(ESPI)实验系统实物图

【实验步骤与要求】

1. 实验内容

（1）对被测物体 1 手动调节背面的旋钮产生形变（其中背面上部的螺丝用来粗调，下面的螺旋测微器旋钮用来细调），用手动方式测量其离面形变量.

（2）对被测物体 2 通电加热，使其产生形变，用自动方式测量其离面形变量.

2. 实验步骤

光路的调整调节过程实际上就是调节迈克尔逊干涉光路的过程.

（1）断开被测物体的电源，断开激光器的电源.

（2）按照图 3-6-1 摆放好各个实验器件，平面镜 1 的入射角为 45°，分光镜 3 也是倾斜 45°放置，调整底座的高度，使各个实验器件的中心高度一致.

（3）打开激光器的电源，使激光束打在平面镜 1 的中心位置.

（4）调整平面镜 1 的角度使得反射的激光束垂直照射在扩束镜上.

（5）调整扩束镜使得激光束被扩展照在分光镜 3 中部.

（6）调整分光镜 3 使得反射光和透射光分别照射在平面反射镜和被测物体的中部. 这里要注意使经分光镜（透反比为 5∶5）的透射光照射在被测物体上，反射光照射在平面反射镜上.

（7）调整透镜 5 和白屏的位置，使得白屏上清晰呈现迈克尔逊干涉条纹（注意：若不能调整出清晰的干涉条纹，尝试将被测物体用平面反射镜替换）.

（8）固定各个器件的位置，将白屏撤掉，在它的位置上摆放黑白摄像机.

（9）打开其他仪器的电源，注意把被测物体的可调电源的电压调到 0.

（10）启动计算机，将显示器的分辨率设置为 $1\,024\times768\times16$ 位，运行控制程序（若显示器的参数与上述不符，控制程序会在提示后动态修改，若要恢复用户原来的设置，重启计算机即可）.

（11）设置采图方式为手动，点击"控制"菜单里"开始"菜单，或者点击工具条上的"开始"按钮，或者直接按 F1 键，调整黑白摄像机的位置，直到在主工作区看到实时显示的清晰的迈克尔逊干涉条纹.

（12）设置显示模式、采集方式、保存路径、采图速度等参数.

（13）将被测物体 1 的可调电源的电压调到适当值（电压值视具体情况而定，以便控制被测物体形变的速度，进而控制实验的速度）.

（14）点击"控制"菜单里"开始"菜单，或者点击工具条上的"开始"按钮，或者直接按 F1 键,开始采集图像.若采集方式为手动,点击"控制"菜单里"抓图并保存"菜单,或者点击工具条上的"抓图"按钮,或者直接按 F4 键来采集一幅图像到设置好的保存路径中,也会将此图加入到左侧的图像列表中,同时主工作区右侧会给出一些信息提示.

(15) 在采图过程中,用户可以随时暂停.采集图像完毕后点击"停止",将可调电源的电压调到 0 以冷却被测物体,以待下次实验.

(16) 对采集到的数据,进行图像相减、二值化、手动拟合或自动拟合等步骤,并存储打印实验结果.

(17) 等物体冷却后,重复以上(11)～(16)步,可再次进行实验.

(18) 退出控制程序.

(19) 关闭各个仪器的电源.

(20) 整理仪器.

3. 注意事项

系统在使用中要注意以下事项:

(1) 眼睛不可正面直视激光束,以免造成伤害.

(2) 请勿用手触摸光学元件的表面.光学零件表面有灰尘,不允许接触擦拭,可小心用吹气球吹掉.

(3) 在运行控制程序前,请关闭其他应用程序.

(4) 在采集图像的过程中,同一组名的图像会不予提示地覆盖以前的图像,所以在采集新图时,建议更改组图名称.

(5) 防止触电.

【思考题】

(1) 散斑是怎么形成的?

(2) 怎样提取电子散斑条纹骨架线?

实验 3 - 7　　阿贝成像原理和空间滤波

傅里叶光学是把通信理论,特别是傅里叶分析(频谱分析)方法引入到光学中来逐步形成的一个分支.它是现代物理光学的重要组成部分.阿贝成像理论是建立在傅里叶光学基础上的信息光学理论,阿贝－波特实验是阿贝成像理论的有力证明.阿贝成像理论所揭示的物体成像过程中频谱的分解与综合,使得人们可以通过物理手段在谱面上改变物体频谱的组成和分布,从而达到处理和改造图像的目的,这就是空间滤波.空间滤波的目的是通过有意识的改变像的频谱,使像产生所希望的变换.光学信息处理是一个更为宽广的领域,它主要是用光学方法实现对输入信息的各种变换或处理.空间滤波和光学信息处理可追溯到1873 年阿贝(Abbe)提出的二次成像理论,阿贝于 1893 年、波特(Porter)于 1906年为验证这一理论所做的实验,科学地说明了成像质量与系统传递的空间频谱之间的关系.20 世纪 60 年代由于激光的出现和全息术的重大发展,光学信息处理进入了蓬勃发展的新时期.

【实验目的】

(1) 了解阿贝成像原理.
(2) 理解空间频率、空间频谱和空间滤波的概念.
(3) 掌握 θ 调制空间假彩色编码的原理.

【实验原理】

1. 阿贝成像原理

阿贝研究显微镜成像问题时,提出了一种不同于几何光学(点物成点像)的新观点,他将物看成是不同空间频率信息的集合,相干成像过程分两步完成,如图3-7-1所示.第一步是入射光场经物平面 P_1 发生夫琅和费衍射,在透镜后焦面P_2 上形成一系列衍射斑;第二步是各衍射斑作为新的次波源发出球面次波,在像面上互相叠加,形成物体的像,将显微镜成像过程看成是上述两步成像的过程,是波动光学的观点,后来人们称其为阿贝成像原理.阿贝成像原理不仅用傅里叶变换阐述了显微镜成像的机理,更重要的是首次引入频谱的概念,启发人们用改造频谱的手段来改造信息.

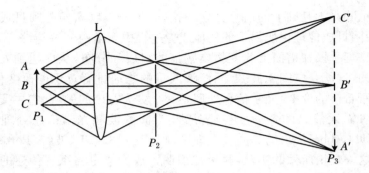

图 3 - 7 - 1 阿贝成像原理

现在我们以一维光栅为例,用傅里叶分析的手段讨论空间滤波过程,以便更透彻地了解改变系统透射频谱对像结构的影响. 为简明起见,采用最典型的相干滤波系统,通常称为 $4f$ 系统,如图 3 - 7 - 2 所示.图中:L_1 是准直透镜;L_2 和 L_3 为傅里叶变换透镜,焦距均为 f,P_1,P_2 和 P_3 分别是物面、频谱面和像面,并且 P_3 平面采用反演坐标系.设光栅常数为 d,缝宽为 a,光栅沿 x_1 方向的宽度为 L,则它的透过率为

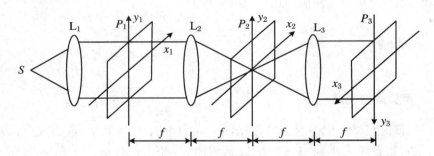

图 3 - 7 - 2 典型的相干滤波系统

$$t(x_1) = \left[\text{rect}\left(\frac{x_1}{a}\right) \frac{1}{d} \text{comb}\left(\frac{x_1}{d}\right) \right] \text{rect}\left(\frac{x_1}{L}\right) \tag{3 - 7 - 1}$$

在 P_2 平面上的光场分布应正比于

$$\begin{aligned}
T(f_x) &= \frac{aL}{d} \sum_{m=-\infty}^{\infty} \text{sinc}\left(\frac{am}{d}\right) \text{sinc}\left[L\left(f_x - \frac{m}{d}\right)\right] \\
&= \frac{aL}{d} \left\{ \text{sinc}(Lf_x) + \text{sinc}\left(\frac{a}{d}\right) \text{sinc}\left[L\left(f_x - \frac{1}{d}\right)\right] \right. \\
&\quad \left. + \text{sinc}\left(\frac{a}{d}\right) \text{sinc}\left[L\left(f_x + \frac{1}{d}\right)\right] + \cdots \right\}
\end{aligned} \tag{3 - 7 - 2}$$

式中 $f_x = x_2/\lambda f$,x_2 是频谱面上的位置坐标,f_x 是同一平面上用空间频率表示的

坐标. 为了避免各级频谱重叠, 假定 $L \gg d$. 下面我们将讨论在频谱面上放置不同滤波器时, 在输出面上像场的变化情况.

(1) 滤波器是一个适当宽度的狭缝, 只允许零级谱通过, 也就是说只让 (3-7-2) 式中第一项 $\dfrac{aL}{d}\mathrm{sinc}(Lf_x)$ 通过, 则狭缝后的透射光场为

$$T(f_x)H(f_x) = \frac{aL}{d}\mathrm{sinc}(Lf_x) \qquad (3-7-3)$$

式中 $H(f_x)$ 是狭缝的透过率函数. 于是在输出平面上的场分布为

$$g(x_3) = F^{-1}\{T(f_x)H(f_x)\} = \frac{a}{d}\mathrm{rect}\left(\frac{x_3}{L}\right) \qquad (3-7-4)$$

在像平面上呈现出均匀一片亮, 没有强度起伏, 也不再有周期条纹结构.

(2) 狭缝加宽能允许零级和正、负一级频谱通过, 这时透射的频谱包括 (3-7-2) 式中的前三项, 即

$$T(f_x)H(f_x) = \frac{aL}{d}\left\{\mathrm{sinc}(Lf_x) + \mathrm{sinc}\left(\frac{a}{d}\right)\mathrm{sinc}\left[L\left(f_x - \frac{1}{d}\right)\right]\right.$$
$$\left. + \mathrm{sinc}\left(\frac{a}{d}\right)\mathrm{sinc}\left[L\left(f_x + \frac{1}{d}\right)\right]\right\} \qquad (3-7-5)$$

于是输出平面上的场分布为

$$g(x_3) = F^{-1}\{T(f_x)H(f_x)\}$$
$$= \frac{a}{d}\mathrm{rect}\left(\frac{x_3}{L}\right) + \mathrm{sinc}\left(\frac{a}{d}\right)\mathrm{rect}\left(\frac{x_3}{L}\right)\exp\left(\mathrm{j}2\pi\frac{x_3}{d}\right)$$
$$+ \mathrm{sinc}\left(\frac{a}{d}\right)\mathrm{rect}\left(\frac{x_3}{L}\right)\exp\left(-\mathrm{j}2\pi\frac{x_3}{d}\right)$$
$$= \frac{a}{d}\mathrm{rect}\left(\frac{x_3}{L}\right)\left[1 + 2\mathrm{sinc}\left(\frac{a}{d}\right)\cos\left(\frac{2\pi x_3}{d}\right)\right] \qquad (3-7-6)$$

在这种情况下, 像与物的周期相同, 但是由于高频的丢失, 像的结构变成余弦振幅光栅.

(3) 滤波面放置双缝, 只允许正、负二级谱通过, 这时系统透射的频谱为

$$T(f_x)H(f_x) = \frac{aL}{d}\mathrm{sinc}\left(\frac{2a}{d}\right)\left\{\mathrm{sinc}\left[L\left(f_x - \frac{2}{d}\right)\right] + \mathrm{sinc}\left[L\left(f_x + \frac{2}{d}\right)\right]\right\}$$
$$(3-7-7)$$

输出平面上的场分布为

$$g(x_3) = F^{-1}\{T(f_x)H(f_x)\} = \frac{2a}{d}\mathrm{sinc}\left(\frac{2a}{d}\right)\cos\left(\frac{4\pi x_3}{d}\right)\mathrm{rect}\left(\frac{x_3}{L}\right)$$
$$(3-7-8)$$

在这种情况下, 像的周期是物的周期的一半, 像的结构是余弦振幅光栅.

(4) 在频谱面上放置不透光的小圆屏, 挡住零级谱, 而让其余频率成分通过,

这时透射频谱可表示为

$$T(f_x)H(f_x) = T(f_x) - \frac{aL}{d}\text{sinc}(Lf_x) \tag{3-7-9}$$

像面上的光场分布正比于

$$g(x_3) = F^{-1}\{T(f_x)\} - F^{-1}\left\{\frac{aL}{d}\text{sinc}(Lf_x)\right\} = t(x_3) - \frac{a}{d}\text{rect}\left(\frac{x_3}{L}\right)$$

$$= \left[\text{rect}\left(\frac{x_3}{a}\right)\frac{1}{d}\text{comb}\left(\frac{x_3}{d}\right)\right]\text{rect}\left(\frac{x_3}{L}\right) - \frac{a}{d}\text{rect}\left(\frac{x_3}{L}\right) \tag{3-7-10}$$

当 $a = d/2$，即缝宽等于缝的间隙时，直流分量为 $1/2$，像场的复振幅分布仍为光栅结构，并且周期与物周期相同，但强度分布是均匀的，即实际上看不见条纹. 当 $a > d/2$，即缝宽大于缝的间隙时，直流分量大于 $1/2$. 去掉零级谱以后，对应物体上亮的部分变暗，暗的部分变亮，实现了对比度反转.

阿贝-波特实验是对阿贝成像原理最好的验证和演示. 这项实验的一般做法如图 3-7-3 所示，用平行相干光束照明一张细丝网格，在成像透镜的后焦面上出现周期性网格的傅里叶频谱，由于这些傅里叶频谱分量的再组合，从而在像平面上再现网格的像. 若把各种遮挡物（如光圈、狭缝、小光屏）放在频谱平面上，就能以不同方式改变像的频谱，从而在像平面上得到由改变后的频谱分量重新组合得到的对应的像. 图 3-7-3(a) 是实验装置图，图 3-7-3(b) 是使用一条水平狭缝时透过的频谱，对应的像如图 3-7-3(c) 所示，它只包括网格的垂直结构. 如果将狭缝旋转 90°，则透过的频谱和对应的像如图 3-7-3(d)、图 3-7-3(e) 所示. 若在焦面上放一个可变光阑，开始时光圈缩小，使得只通过轴上的傅里叶分量，然后逐渐加大光圈，就可以看到网格的像怎样由傅里叶分量一步步综合出来. 如果去掉光圈换上一个小光屏挡住零级频谱，则可以看到网格像的对比度反转. 这些实验以其简单的装置十分明确地演示了阿贝成像原理，对空间滤波的作用给出了直观的说明，为光学信息处理的概念奠定了基础.

2. 空间滤波

概括地说，上述成像过程分两步：先是"衍射分频"，然后是"干涉合成". 所以如果着手改变频谱，必然引起像的变化. 在频谱面上做的光学处理就是空间滤波. 最简单的方法是用各种光阑对衍射斑进行取舍，达到改造图像的目的.

在光学信息处理系统中，空间滤波器是位于空间频率平面上的一种模片，它改变输入信息的空间频谱，从而实现对输入信息的某种变换. 限制高频成分的光阑构成低通滤波器. 低通滤波器的作用是只让接近零级的低频成分通过而除去高频成分. 图像的精细结构及突变部分主要由高频成分起作用，故经低通滤波后图像的精细结构消失，黑白突变处变模糊. 低通滤波器可用于滤除高频噪声（例如消除照片中的网纹或减轻颗粒影响). 只阻挡低频成分而让高频成分通过,称高通滤波器. 高通滤波限制连续色调而强化锐边,有助于细节观察. 高级的滤波器可以包括各种形状的孔板、吸收板和移相板等.

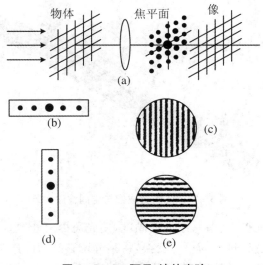

图 3-7-3　阿贝-波特实验

【实验装置】

红光光源、白光光源、透镜组、狭缝、天安门光栅、彩色滤波片、白屏等.

【实验步骤与要求】

1. 一维光栅

(1) 根据图 3-7-4 安装所有的器件.

(2) 调整器件高度,使激光器、显微物镜(扩束镜)、准直透镜、一维光栅、双凸透镜处于同一水平高度.

(3) 调整激光器的高度和方向,使其射出的光线与导轨平行.

(4) 调整显微物镜高度和方向,使出射光形成亮度较均匀的光斑. 注:此时应将显微物镜小口径端作为激光入射方向.

(5) 调整准直透镜与显微物镜(扩束镜)之间的距离,使用白屏观察准直后的光斑,光斑在近处和远处直径大致相等(一般以图像的直径 38.5 mm 左右为宜).

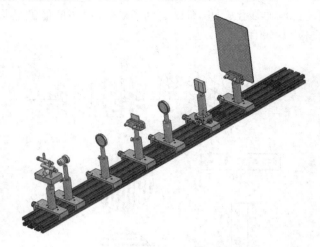

图 3‑7‑4 阿贝成像与空间滤波实验

(6)插入一维光栅,调节一维光栅高度,使光斑尽可能地打到光栅上.

(7)插入双凸透镜进行傅里叶变换,将狭缝调整到双凸透镜的焦点位置上.

(8)调节狭缝高度及位置,在频谱面上放置可调狭缝及各种滤波器,用白屏在导轨一端观察并记录频谱滤波后的一维光栅像的变化现象,并给出简单解释.

序号	频谱成分	成像情况说明	成像原因解释
1	全部透过		
2	0 级透过		
3	0,±1 级透过		
4	除 ±1 级以外透过		
5	除 0 级外透过		

2. 正交光栅

将一维光栅换成正交光栅,在频谱面上放置各种滤波器,使用白屏在导轨一端观察并记录频谱情况和滤波后的正交光栅像的变化现象,并给出简单解释.

序号	滤波器	频谱成分	成像情况说明	成像原因解释
1	无光阑			
2	圆孔光阑			
3	水平狭缝			

续表

序号	滤波器	频谱成分	成像情况说明	成像原因解释
4	竖直狭缝			
5	倾斜狭缝(45°)			
6	圆屏			

3. θ 调制

对于一幅图像的不同区域分别用取向不同(方位角 θ 不同)的光栅预先进行调制,经多次曝光和显影、定影等处理后制成透明胶片,并将其放入光学信息处理系统中的输入面,用白光照明,则在其频谱面上,不同方位的频谱均呈彩虹颜色. 如果在频谱面上开一些小孔,则在不同的方位角上,小孔可选取不同颜色的谱,最后在信息处理系统的输出面上便得到所需的彩色图像. 由于这种编码方法是利用不同方位的光栅对图像不同空间部位进行调制来实现的,故称为 θ 调制空间假彩色编码. 具体编码过程如下:

物的样品如图 3-7-5 所示. 若要使其中草地、天安门和天空 3 个区域呈现 3 种不同的颜色,则可在一胶片上曝光 3 次,每次只曝光其中一个区域(其他区域被挡住),并在其上覆盖某取向的光栅,3 次曝光分别取 3 个不同取向的光栅,如图 3-7-5(a)中的线条所示. 将这样获得的调制片经显影、定影处理后,置于光学信息处理的输入平面. 用白光平行光照明,并进行适当的空间滤波处理.

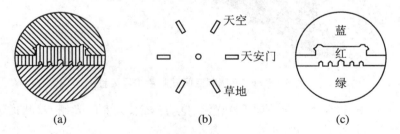

图 3-7-5 被调制物示意图

由于物被不同取向的光栅所调制,所以在频谱面上得到的将是取向不同的带状谱(均与其光栅栅线垂直),物的 3 个不同区域的信息分布在 3 个不同的方向上,互不干扰,当用白光照明时,各级频谱呈现出的是色散的彩带,由中心向外按波长从短到长的顺序排列. 在频谱面上选用一个带通滤波器,实际是一个被穿了孔的光屏或不透明纸.

本实验所用的物是一个空间频率为 100 mm 的正弦光栅,并把它剪裁拼接成一定图案,如图 3-7-5(a)中的天安门图案. 其中天安门用条纹竖直的光栅制作,天空用条纹左倾 60°的光栅,地面用条纹右倾 60°的光栅制作.因此在频谱面上得到的是三个取向不同的正弦光栅的衍射斑,如图 3-7-5(b)所示.由于用白光照明和光栅的色散作用,除 0 级保持为白色外,正负 1 级衍射斑展开为彩色带,蓝色靠近中心,红色在外.在 0 级斑点位置、条纹竖直的光栅正负 1 级衍射带的红色部分、条纹左倾光栅正负 1 级衍射带的蓝色部分以及条纹右倾光栅正负 1 级衍射带的绿色部分分别打孔进行空间滤波.然后在像平面上将得到蓝色天空下,绿色草地上的红色天安门图案,如图 3-7-5(c)所示.

因此,在代表草地、天安门和天空信息左斜、水平方向和右倾方向的频谱带上分别在绿色、红色和蓝色位置打孔,使这 3 种颜色的谱通过,其余颜色的谱均被挡住,则在系统的输出面就会得到绿地、蓝天和红色天安门效果的彩色图像.很明显,θ 调制空间假彩色编码就是通过 θ 调制处理手段,"提取"白光中所包含的彩色,再"赋予"图像而形成的.

(1) 根据图 3-7-6 安装所有的器件.

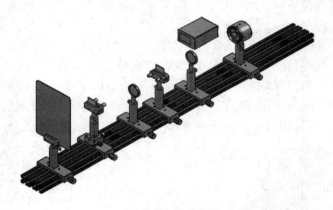

图 3-7-6 θ 调制空间假彩色编码实验

(2) 调整各个器件高度,使 LED 光源、准直透镜、天安门光栅、双凸透镜、滤波板、白屏处于同一水平高度.

(3) 调整 LED 光源的高度与方向,使其出射的光沿导轨方向.

(4) 调整准直透镜与 LED 光源之间的距离,使用白屏观察准直后的光斑,使光斑在近处和远处直径大致相等(在调整准直透镜时,只要光斑大小不变即可,不用考虑形状).

(5) 插入天安门光栅,调节天安门光栅高度,使光斑尽可能的打到光栅上.

(6) 将白屏放置在导轨另一端,固定.插入双凸透镜,并调整透镜到光栅的距离,使得光栅上的天安门图像在白屏上清晰成像即可.

(7) 将滤波板调整在双凸透镜的焦点位置上,通过白屏一侧观察,使 6 个焦点分别打到六条色彩条纹上,前后移动白屏,观察滤波后的天安门光栅像的变化.

【思考题】

(1) 什么是阿贝成像原理?

(2) 阿贝成像原理与光学空间滤波有什么关系?

(3) θ 调制空间假彩色编码中调制光栅空间频率的选择依赖于哪些因素?

实验 3 - 8　位置色差的测量及星点法观测光学系统单色像差

所谓理想光学系统,就是能够对任意大的空间以任意宽的光束成完善像的光学系统. 一个物体发出的光经过理想光学系统后将产生一个清晰的、与物貌完全相似的像. 实际中除平面镜反射成像之外,没有像差的光学系统是不存在的. 虽然在近轴区域共轴球面系统可近似地满足理想光学系统的要求,但是实际光学系统成像都是需要一定大小的成像空间以及光束孔径的,同时还由于成像光束多是由不同颜色的光组成(同一种介质的折射率随波长而异). 所以实际的光学系统成像都不是理想的,有一定的偏离,光学成像相对近轴成像的偏离称像差. 描述像差可以用几何像差和波像差(又叫光程差).

【实验目的】

(1) 掌握主要七种几何像差产生的条件及其基本规律,了解星点检验法的测量原理.

(2) 学会用平行光管测量球差镜头的色差.

(3) 用星点法观测各种像差.

【实验原理】

一、像差

几何像差主要有七种:球差、彗差、像散、场曲、畸变、位置色差及倍率色差. 前五种为单色像差,后两种为色差.

1. 球差

轴上点发出的同心光束经光学系统各个球面折射后,将不复为同心光束,不同倾角的光线交光轴于不同位置上,相对理想像点的位置有不同程度的偏离,这种偏离称为轴向球差,简称球差($\delta L'$).如图 3-8-1 所示.当物点位置确定后,孔径角越小所产生的球差也就越小.随着孔径角的增大,球差的增大与孔径角的高次方成正比.

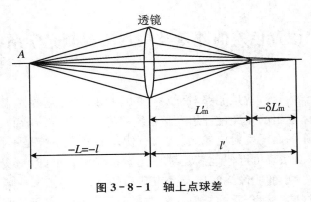

图 3-8-1　轴上点球差

2. 彗差

彗差是轴外点和轴上点发出的宽光束通过光学系统后,不会聚在一点,而呈彗星状图形的一种相对主光线失去对称的像差.具体地说,在轴外物点发出的光束中,对称于主光线的一对光线经光学系统后,失去对主光线的对称性,使交点不再位于主光线上,对整个光束而言,与理想像面相截形成一彗星状光斑的一种非轴对称性像差.彗差通常用子午面和弧矢面上对称于主光线的各对光线,经系统后的交点相对于主光线的偏离来度量,分别称为子午彗差和弧矢彗差,分别用 K'_t 和 K'_s 表示.彗差既与孔径相关又与视场相关.若系统存在较大彗差,则将导致轴外像点成为彗星状的弥散斑,影响轴外像点的清晰程度.如图 3-8-2 所示.

3. 像散

像散也是一种轴外像差,与彗差不同,它是描述无限细光束成像缺陷的一种像差,仅与视场有关.由于轴外光束的不对称性,使得轴外点的子午细光束的会聚点与弧矢细光束的会聚点各处于不同的位置,与这种现象相应的像差,称为像散.像散用偏离光轴较大的物点发出的邻近主光线的细光束经光学系统后,其子午焦线

与弧矢焦线间的轴向距离表示为

$$x'_{ts} = x'_t - x'_t \qquad (3-8-1)$$

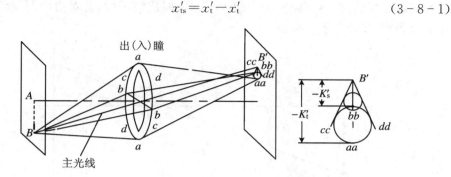

图 3-8-2 彗差

式中 x'_t, x'_s 分别表示子午焦线至理想像面的距离及弧矢焦线到理想像面的距离,如图 3-8-3 所示. 当系统存在像散时,不同的像面位置会得到不同形状的物点像. 若光学系统对直线成像,由于像散的存在其成像质量与直线的方向有关. 例如,若直线在子午面内其子午像是弥散的,而弧矢像是清晰的;若直线在弧矢面内,其弧矢像是弥散的而子午像是清晰的;若直线既不在子午面内也不在弧矢面内,则其子午像和弧矢像均不清晰,故而影响轴外像点的成像清晰度.

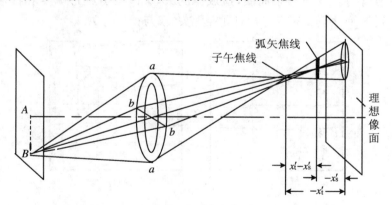

图 3-8-3 像散

4. 场曲

场曲是像场弯曲的简称,是物平面形成曲面像的一种像差. 如果光学系统还存在像散,则实际像面还受像散的影响而形成子午像面和弧矢像面,所以场曲需用子午场曲和弧矢场曲来表征. 如图 3-8-4 所示. 子午细光束的交点沿光轴方向到高斯像面的距离称为细光束的子午场曲;弧矢细光束的交点沿光轴方向到高斯像面的距离称为细光束的弧矢场曲. 场曲是视场的函数,随着视场的变化而变化. 当系统存在较大场曲时,就不能使一个较大平面同时成清晰像,若对边缘调焦清晰,则中心就模糊,反之亦然.

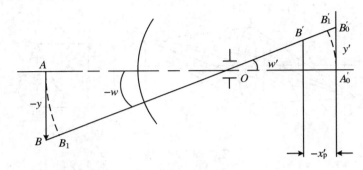

图 3-8-4　场曲

5. 畸变

畸变是指物体所成的像在形状上的变形. 畸变只改变轴外物点在理想像面的成像位置,使像的形状产生失真,但不影响像的清晰度. 由于畸变的存在,物空间的一条直线在像方就变成一条曲线,造成像的失真. 畸变分桶形畸变和枕形畸变两种,如图 3-8-5 所示. 畸变与相对孔径无关,仅与视场有关.

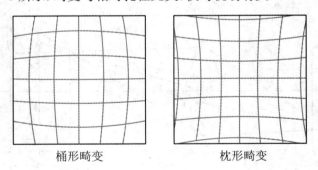

桶形畸变　　　　　　　　枕形畸变

图 3-8-5　畸变

6. 色差

上面所述的五种像差都是单色像差. 但光学系统多是白光成像,白光是由各种不同波长的单色光组成的. 光学材料对不同波长的色光折射率不同,白光经光学系统第一表面折射后,各种色光被分开,在光学系统内以各自的光路传播,造成各色光之间成像位置和大小的差异,在像面上形成彩色的弥散圆. 复色光成像时,由于不同色光而引起的像差称为色差. 色差分为位置色差和倍率色差.

（1）位置色差

光学系统中介质对不同波长的光线的折射率是不同的. 薄透镜的焦距公式为

$$\frac{1}{f} = (n-1)\left(\frac{1}{r_1} - \frac{1}{r_2}\right) \qquad (3-8-2)$$

可见, 同一薄透镜对不同的色光具有不同的焦距. 所以当透镜对于一定物距 l 成像时, 由于各色光的焦距不同, 不同颜色的光线所成的像的位置也就不同. 把不同颜色光线理想像点位置之差称为近轴位置色差, 通常用 C(656.3 nm, 红色) 和 F(486.1 nm, 蓝色) 两种波长光线的理想像平面间的距离来表示近轴位置色差, 也称为近轴轴向色差. 若 l_F'、l_C' 分别表示 F 和 C 两种波长近轴光线的近轴像距, 则近轴位置色差

$$\Delta l_{FC}' = l_F' - l_C' \qquad (3-8-3)$$

（2）倍率色差

由于光学材料对不同的色光的折射率不同, 所以同一入射角、同一孔径高而不同波长的光线在某一基准像面上将有不同的像高, 这就是倍率色差（垂轴色差）, 它代表不同颜色光线的主光线和同一基准像面交点高度（即实际像高）之差. 通常这个基准像面选定为中心波长的理想像面, 例如 D(589.3 nm, 黄色) 光线的理想像平面. 若 y_{ZF}'、y_{ZC}' 分别表示 F 和 C 两种波长光线的主光线在 D 光理想像平面上的交点高度, 则倍率色差

$$\Delta y_{FC}' = y_{ZF}' - y_{ZC}' \qquad (3-8-4)$$

位置色差和倍率色差如图 3-8-6 所示.

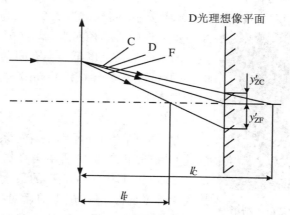

图 3-8-6　位置色差和倍率像差

上面我们简单地介绍了各种像差的成因, 像差有一定的消除方法, 但完全消除所有的像差是不可能的, 也是不必要的. 由于各种光学仪器都有特定的应用, 各自

遇到不同的问题,从而需要重点考虑的只是某几种类型的像差.

二、星点检验法的测量原理

光学系统对相干照明物体或自发光物体成像时,可将物光强分布看成是无数个具有不同强度的独立发光点的集合.每一发光点经过光学系统后,由于衍射和像差以及其他工艺瑕疵的影响,在像面处得到的星点像光强分布是一个弥散光斑,即点扩散函数.在等晕区内,每个光斑都具有完全相似的分布规律,像面光强分布是所有星点像光强的叠加结果.因此,星点像光强分布规律决定了光学系统成像的清晰程度,也在一定程度上反映了光学系统对任意物分布的成像质量.上述的点基元观点是进行星点检验的基本依据.

星点检验法是通过考察一个点光源经光学系统后,在像面及像面前后不同截面上所成衍射像通常称为星点像.它的形状及光强分布是定性评价光学系统成像质量好坏的一种方法.由光的衍射理论可知,一个光学系统对一个无限远的点光源成像,其实质就是光波在其光瞳面上的衍射结果,焦面上的衍射像的振幅分布就是光瞳面上振幅分布函数亦称光瞳函数的傅里叶变换,光强分布则是其傅里叶变换的模的平方.对于一个理想的光学系统,光瞳函数是一个实函数,而且是一个常数,代表一个理想的平面波或球面波,因此星点像的光强分布仅仅取决于光瞳的形状.在圆形光瞳的情况下,理想光学系统焦面内星点像的光强分布就是圆函数的傅里叶变换的平方,即爱里(Airy)斑光强分布

$$\frac{I(r)}{I_0} = \left[\frac{2J_1(\psi)}{\psi}\right]^2, \quad \psi = kr = \frac{\pi D}{\lambda' f'}r = \frac{\pi}{\lambda F}r \qquad (3-8-5)$$

式中 $I(r)/I_0$ 为相对强度(在星点衍射像的中间规定为 1.0),r 为在像平面上离开

星点衍射像中心的径向距离,$J_1(\psi)$ 为一阶贝塞尔函数.通常,光学系统也可能在有限共轭距内是无像差的,在此情况下 $k = (2\pi/\lambda)\sin u'$,其中 u' 为成像光束的像方半孔径角.

无像差星点衍射像如图 3-8-7 所示,在焦点上,中心圆斑最亮,外面围绕着一系列亮度迅速减弱的同心圆环.衍射光斑的中央亮斑集中了全部能量的 80% 以上,其中第一亮环的最大强度不到中央亮斑最大强度的 2%.在焦点前后对称的截面上,衍射图形完全相同.光学系统的像差或缺陷会引起光瞳

图 3-8-7　无像差星点衍射像

函数的变化,从而使对应的星点像产生变形或改变其光能分布.待检验系统的缺陷不同,星点像的变化情况也不同.故通过将实际星点衍射像与理想星点衍射像进行

比较,可反映出待检验系统的缺陷并由此评价像质.

【实验装置】

平行光管、白色 LED 光源、三色 LED 光源、色差镜头、球差镜头、彗差镜头、像散镜头、场曲镜头、CMOS 相机、电脑、机械调整架等.

【实验步骤与要求】

1. 测量待测镜头的位置色差值.

（1）根据图 3-8-8 安装所有的器件.注意:连接平行光管的直流可调电源选用 9 V 输出,即配有单输出接口的可调电源.实验另配有 12 V 可调电源,为双输出接口.如果错接成 12 V 输出的可调电源则将直接烧毁平行光管里的 LED 灯.

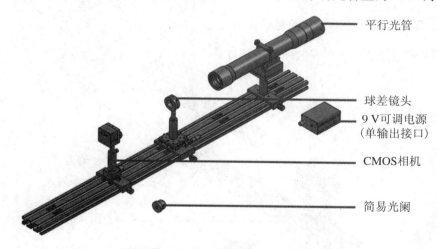

右侧标注（自上而下）：平行光管、球差镜头、9 V可调电源（单输出接口）、CMOS相机、简易光阑

图 3-8-8　位置色差测量实验装配图

（2）由于像差实验使用的星点像只有 15 μm,在较明亮的环境下无法通过肉眼观察到平行光管发光.如需检查平行光管光源是否连接正确,可直接目视平行光管出光口检查.平行光管发出的光较弱,实验时请关闭室内照明,并使用遮光窗帘.

（3）打开相机的采集程序,使用连续采集模式.此时如果显示图像亮度过高可适当减小相机的增益值和快门速度.

（4）打开平行光管电源盒开关,将亮度可调旋钮调至最大.拨动平行光管后端

4 挡拨动开关(拨动开关控制顺序为:关—红—绿—蓝),打开红色照明.

(5)调整相机沿导轨方向移动,将 CMOS 相机靶面调整到与待测镜头后焦点重合位置. 此时可以在电脑屏幕上观察到待测镜头焦点亮斑.

(6)调整平行光管照明亮度,使得显示亮斑亮度在饱和值以下. 此时微调待测透镜下方的平移台,使得焦点亮斑最小且锐利. 此时认为待测镜头后焦点与 CMOS 靶面重合. 记录此时的平移台千分丝杆读数值.

(7)变换平行光管照明光源颜色,使用千分丝杆调整待测镜头与 CMOS 相机之间的距离至焦点亮斑最小且锐利. 分别记录此时的千分丝杆读数值,填入表 3-8-1.

(8)根据公式测量待测镜头的位置色差值.

位置色差:$\Delta l'_{FC} = l'_F - l'_C$; $\Delta l'_{FD} = l'_F - l'_D$; $\Delta l'_{DC} = l'_D - l'_C$.

表 3-8-1　位置色差测量结果

l'_F	l'_C	l'_D	$\Delta l'_{FC}$	$\Delta l'_{FD}$	$\Delta l'_{DC}$

2. 星点法观测光学系统单色像差

(1)根据图 3-8-9 安装所有的器件.

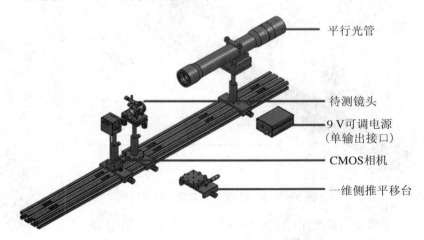

图 3-8-9　轴上光线像差星点法观测装配图

(2)将所有器件调整至同心等高.

(3)选取白色 LED 作为平行光管光源并打开. 打开 CMOS 相机采集程序,使用连续采集模式.

(4)沿光轴方向调整 CMOS 相机位置,使得待测镜头焦斑像最小且锐利.

（5）松开转台锁紧旋钮,微微转动转台,依次观察球差、彗差、场曲、像散等像差现象.由于实验配备四种像差镜头的焦距不同,因此在观察不同像差时需要更换镜头,在更换像差镜头后,需要重新调节镜头与 CMOS 相机之间的距离,使得 CMOS 相机处于像差镜头的后焦面上,然后再次转动转台观察轴外像差.调节像差镜头时,可将相机向远离光源的方向移动,以留出足够大的空间用于调节像差镜头.在调节像差镜头之前,需要固定好相机下的滑块、支杆和套筒.

（6）当观察球差现象时,沿光轴方向移动 CMOS 相机,观察焦斑前后的光束分布.此时如需微调可将 Y 向一维滑块更换成 X 向平移台滑块或一维侧推平移台.

（7）存储并打印实验结果,对结果进行分析.

【思考题】

（1）场曲有什么特点,它与像散有什么关系?

（2）引起位置色差的根本原因是什么?

（3）什么是星点检验法?

实验 3 - 9　剪切干涉测量光学系统像差

利用玻璃平行平板构成简单的横向剪切干涉仪可以观察到单薄透镜的剪切干涉条纹,并由干涉条纹分布求出透镜的几何像差和离焦量.

【实验目的】

（1）了解剪切干涉技术.

（2）利用大球差镜头的剪切干涉条纹分布测算出该镜头的初级球差比例系数和光路的轴向离焦量.

【实验原理】

剪切干涉是利用待测波面自身干涉的一种干涉方法,它具有一般光学干涉测量方法的优点即非接触性、灵敏度高和精度高,同时由于它无需参考光束,采用共光路系统,因此干涉条纹稳定,对环境要求低,仪器结构简单,造价低,在光学测量领域获得了广泛的应用.横向剪切干涉是其中一种重要的形式.由于剪切干涉在光路上的简单化,不用参考光束,但干涉波面的解比较复杂,在数学处理上较繁琐,因此发展利用计算机处理剪切干涉技术是当前光学测量技术发展的热点.

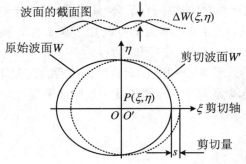

图 3-9-1 横向剪切的两个波面

如图 3-9-1 所示,$\xi O \eta$ 为观察剪切干涉的平面,W 和 W' 分别为原始波面和剪切波面.原始波面相对于平面波的波像差(光程差)为 $W(\xi, \eta)$,剪切波面相对于平面波的波像差为 $W'(\xi, \eta)$.P 为剪切平面 $\xi O \eta$ 上的任意点,当波面在 ξ 方向上有一位移 s(即剪切量为 s)时,在同一点 P 上剪切波面上的波像差为 $W'(\xi, \eta) = W(\xi - s, \eta)$,所以原始波面与剪切波面在 P 点的光程差(波像差)为

$$\Delta W(\xi, \eta) = W(\xi, \eta) - W(\xi - s, \eta) \tag{3-9-1}$$

由于两波面有光程差 ΔW,所以会形成干涉条纹,设在 P 点的干涉条纹的级次为 N,光的波长为 λ,则有

$$\Delta W = N\lambda \tag{3-9-2}$$

图 3-9-2 所示为光学系统的物平面和入射光瞳平面,其坐标分别为 (x, y) 和 (ξ, η) 的平面,AO 为光轴.对于旋转轴对称的透镜系统,只需要考虑物点在 y 轴上的情形(物点的坐标为 $(0, y_0)$).波面的光程 W 只是 ξ、η 和 y_0 的函数,即

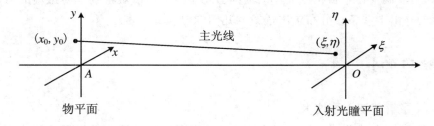

图 3-9-2 计算原理图

$$W(\xi, \eta, y_0) = E_1 + E_3 + \cdots \tag{3-9-3}$$

其中 E_1 是近轴光线的光程

$$E_1 = a_1(\xi^2 + \eta^2) + a_2 y_0 \eta \tag{3-9-4}$$

式中 $a_1 = \Delta z / 2f^2$,$a_2 = 1/f$,y_0 是物点的垂轴离焦距离,ΔZ 物点的轴向离焦距离.E_3 是赛得像差(初级波像差系数:b_1 场曲,b_2 畸变,b_3 球差,b_4 彗差,b_5 像散)

$$E_3 = b_1 y_0^2 (\xi^2 + \eta^2) + b_2 y_0^3 \eta + b_3 (\xi^2 + \eta^2)^2 + b_4 y_0 \eta (\xi^2 + \eta^2) + b_5 y_0^2 \eta^2$$

$$(3 - 9 - 5)$$

为了计算结果的表达方便起见,将式(3-9-1)写成对称的形式,光瞳面(ξ, η)上原始波面与剪切波面的剪切干涉的结果为

$$\Delta W(\xi, \eta, s) = W\left(\xi + \frac{s}{2}, \eta\right) - W\left(\xi - \frac{s}{2}, \eta\right) \quad (3 - 9 - 6)$$

将公式(3-9-4)、(3-9-5)代入式(3-9-6)就可得具体的表达式,下面讨论透镜具有初级球差和轴向离焦的情况.

(1)扩束镜(短焦距透镜)焦点与被测准直透镜焦点 F 不重合(即物点与 F 不重合),但只有轴向离焦(ΔZ 不为零,$y_0 = 0$),无球差,则有

$$W(\xi, \eta) = a_1 (\xi^2 + \eta^2) \quad (3 - 9 - 7)$$

由于剪切方向在ξ方向,所以

$$\Delta W(\xi, \eta, s) = 2a_1 \xi \quad (3 - 9 - 8)$$

所以干涉明纹方程为$\xi = m\lambda / 2a_1 s$($m = 0, \pm 1, \pm 2, \cdots$),明纹为平行于η轴、间隔为$\lambda / 2a_1 s$的直条纹,剪切条纹的零级条纹在$\xi = 0$处.

(2)扩束镜焦点与被测准直透镜焦点 F 不重合,只有轴向离焦(ΔZ 不为零,$y_0 = 0$),透镜具有初级球差(b_3 不为零),剪切方向在 ξ 方向,则

$$W(\xi, \eta) = a_1 (\xi^2 + \eta^2) + b_3 (\xi^2 + \eta^2)^2 \quad (3 - 9 - 9)$$

所以波像差方程为

$$\Delta W(\xi, \eta, s) = 2\xi s [a_1 + 2b_3 (\xi^2 + \eta^2)] + b_3 \xi s^3 \quad (3 - 9 - 10)$$

此时明纹方程为

$$2\xi s [a_1 + 2b_3 (\xi^2 + \eta^2)] + b_3 \xi s^3 = m\lambda \quad (m = 0, \pm 1, \pm 2, \cdots)$$

$$(3 - 9 - 11)$$

初级球差 $\delta L'$ 与孔径的关系式为

$$\delta L' = A \left(\frac{h}{f'}\right)^2 \quad (3 - 9 - 12)$$

其中$h^2 = \xi^2 + \eta^2$,ξ和η为孔径坐标,f'为透镜的焦距,A为初级几何球差比例系数.而对应的波像差为其积分,即

$$W = \frac{n'}{2} \int_0^h \delta L' \, \mathrm{d} \left(\frac{h}{f'}\right)^2 \quad (3 - 9 - 13)$$

将式(3-9-12)代入式(3-9-13),积分结果为式(3-9-5)中的第三项,即

$$W(\delta L') = \frac{Ah^4}{4f'^4} = b_3 (\xi^2 + \eta^2)^2 \quad (3 - 9 - 14)$$

由于$h^2 = \xi^2 + \eta^2$,所以由式(3-9-14)可以求出b_3 与$\delta L'$、A 的关系式为

$$b_3 = \frac{\delta L'}{4f'^2 h^2} = \frac{A}{4f'^4} \quad (3 - 9 - 15)$$

因此,在公式(3-9-11)中,令 $\Delta W = (2k+1)\dfrac{\lambda}{2}$ 就得到实验中的暗纹方程,即

$$2\xi[a_1 + 2b_3(\xi^2 + \eta^2)] + b_3\xi^3 = (2k+1)\frac{\lambda}{2}, \quad k = 0, \pm 1, \pm 2, \cdots$$

$$(3-9-16)$$

由实验图上暗条纹的分布,利用最小二乘法拟合可解出 a_1 和 b_3,由公式(3-9-4)和(3-9-15)分别求出轴向离焦量 ΔZ 和初级球差 $\delta L'$.

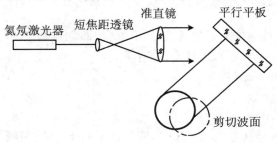

图 3-9-3　平行平板横向剪切实验装置图

能产生横向剪切干涉的装置很多,最简单的是利用平行平板,如图3-9-3所示.由于平行平板有一定厚度和对入射光束的倾角,因此通过被检测透镜后的光波被玻璃平板前后表面反射后形成的两个波面发生横向剪切干涉,剪切量为 $s,s = 2dn\cos i'$,其中 d 为平行平板的厚度,n 为平行平板的折射率,i' 为光线在平行平板内的折射角. s 一般为 1~3 mm. 当使用光源为氦氖激光时,由于光源的良好的时间和空间相干性,就可以看到很清晰的干涉条纹. 条纹的形状反映波面的像差.

【实验装置】

氦氖内腔激光器、LED 可调电源、CMOS 相机、白屏、空间滤波器、显微物镜、平行校准器、球差镜头、CCTV 镜头、机械调整架等.

【实验步骤与要求】

(1) 根据图 3-9-4 安装所有的器件.

(2) 调整氦氖激光器输出光与导轨面平行且居中,使用球差镜头上的小孔光阑作为高度标志物,再调整激光器与导轨面平行.保持此小孔光阑高度不变,作为后续调整标志物.

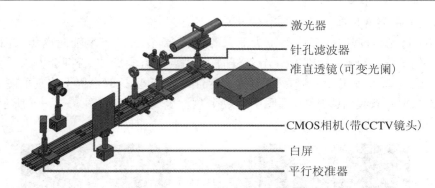

激光器

针孔滤波器

准直透镜(可变光阑)

CMOS相机(带CCTV镜头)

白屏

平行校准器

图 3－9－4 剪切干涉测量光学系统像差实验装配图

（3）将各光学器件放置在激光器出光口处，调整各器件中心与激光束等高．

（4）调整好空间滤波器，对激光进行滤波扩束．在调整空间滤波器之前，先去掉针孔，用球差镜头上的小孔光阑作为高度标志物，当物镜出射的光斑中心目视与小孔光阑对齐时，调节完毕．放入小孔光阑，推动物镜旋钮靠近小孔，推动过程中，不断调整小孔位置使得透射光斑最亮，当无衍射条纹且光斑变得均匀时，说明已经调好．

（5）使用球差镜头进行准直，使用光学平晶前后表面的反射光干涉图样判断激光是否准直．当光学平晶前后面干涉图条纹最稀疏时（整个干涉区域只包含 1 条干涉条纹），认为激光光束已经被准直．

（6）记录准直镜下方轴向的平移丝杆读数为 L_1．使用白屏接收平行平晶反射像，打开 CMOS 相机软件，并选择采集图像，如图 3－9－5 所示．

拍摄此时在白屏上出现的图案，效果如图 3－9－6 所示．

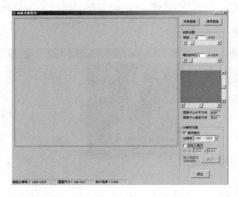

图 3－9－5 CMOS 相机软件主界面

图 3－9－6 焦点处的图像

（7）把球差镜头上的光阑孔径调至最小，这样白屏上会出现两个亮点．再用 CMOS 相机采集并保存图像，保证 CCD 的成像面和白屏平行且白屏上的刻度尺要保证水平，否则会影响计算精度．用计算机软件进行标定并求出这两个亮点之间的距离,这个距离就是剪切量 s,如图 3-9-7 所示.

(8) 将光阑打开,调节待测镜头下方的平移台,让透镜产生轴向离焦,并记录此时千分丝杆读数 L_2,在调节千分丝杆时,注意要单方向旋转,否则会引入千分丝杆空回误差,轴向离焦 $\Delta Z = L_2 - L_1$.为了保证计算精度,这时白屏上出现的图案应保证图像中心条纹为明条纹,且图中明纹个数至少为 7 条,如图 3-9-8 所示,并保存此图像.

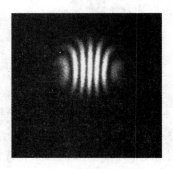

图 3-9-7　剪切量计算图　　　　　图 3-9-8　离焦时的图像

(9) 运行剪切干涉计算软件.

① 求解横向剪切量,在"文件"的下拉菜单中点击"求解剪切量"(图 3-9-9).点击"读图",读入剪切量计算图(如果不是灰度图格式要首先将图转化成灰度格式).点击"相机标定"(图 3-9-10),记录图中刻度尺上相距为 10 mm 的两个点的像素平面横坐标值: x_1 和 x_2;接着点击"二值化",此过程是对剪切量计算图二值化的过程(二值化的阈值一般为 0.55,可以自己改动,直到图像中出现两个完整的圆形白色光斑);下一步点击"求解横向剪切量",得到横向剪切量 s.

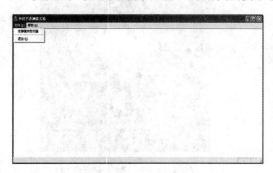

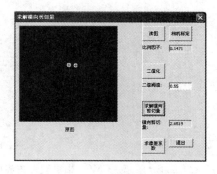

图 3-9-9　剪切干涉实验主界面　　　　图 3-9-10　求解横向剪切量

② 求解被测透镜的轴向离焦量和初级球差,点击"求解像差系数"到求像差系数界面(见图 3-9-11).点击"读图"读入(如果不是灰度图格式要首先将图转化成灰度

格式);然后点击"找出光斑中轴线",再点击离焦时的图像,中间明纹的像素平面的 x 坐标记为 $x(0)$,并记录其左右各三个的波谷像素平面的 x 坐标(暗条纹坐标),从左至右它们依次为 $x(-3),x(-2),x(-1),x(1),x(2),x(3)$(见图 3-9-12);最后点击"计算",按要求依次输入各参量的值,即求得轴向离焦量 ΔZ 和初级球差 $\delta L'$.

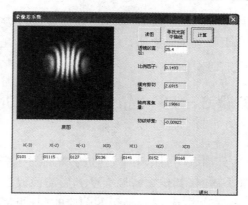

图 3-9-11　求解被测透镜的轴向离焦量和初级球差

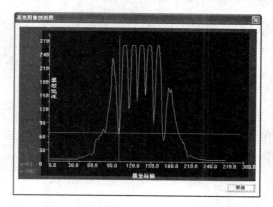

图 3-9-12　光斑像素与强度之间的关系图

(10) 存储并打印实验结果,将计算结果与测量的轴向离焦量及理论值初级球差比例系数比较.

【注意事项】

(1) 实验结束时要将调节短焦距透镜支架的微调旋钮旋转到零位,以避免内部的器件因长期受力而变形.

(2) 激光器经过长时间工作,管壁会发热. 若需要收起激光器,请关掉电源后放置冷却一段时间再拆卸.

【思考题】

（1）要得到理想图形时,各光学元件必须严格同心,为什么？
（2）这个实验可以有哪些实际应用？

实验 3 - 10　晶体的电光效应

某些晶体或液体在外加电场的作用下,其折射率将发生变化,这种现象称为电光效应. 当光波通过此介质时,其传播特性会受到影响而改变. 电光效应在工程技术和科学研究中有许多重要应用,它有很短的响应时间(可以跟上频率为 10^{10} Hz 的电场变化),可以在高速摄影中作快门或在光速测量中作光束斩波器等. 在激光出现以后,电光效应的研究和应用得到迅速的发展,电光器件广泛应用于激光通信、激光测距、激光显示和光学数据处理等方面.

【实验目的】

（1）掌握晶体电光调制的原理和实验方法.
（2）了解一种激光通信的方法.

【实验原理】

1. 一次电光效应和晶体的折射率椭球

由电场所引起的晶体折射率的变化,称为电光效应. 通常可将电场引起的折射率的变化用下式表示

$$n = n_0 + aE_0 + bE_0^2 + \cdots \qquad (3-10-1)$$

式中 a 和 b 为常数,n_0 为不加电场时晶体的折射率. 由一次项 aE_0 引起的折射率变化效应称为一次电光效应,也称线性电光效应或泡克耳斯(Pockels)效应；由二次项 bE_0^2 引起的折射率变化效应称为二次电光效应,也称平方电光效应或克尔

(Kerr)效应.一次电光效应只存在于不具有对称中心的晶体中,二次电光效应则可能存在于任何物质中,一次效应要比二次效应显著.

光在各向异性晶体中传播时,因光的传播方向不同或者是电矢量的振动方向不同,光的折射率也不同.如图 3-10-1 所示,通常用折射率球来描述折射率与光的传播方向、振动方向的关系.在主轴坐标中,折射率椭球及其方程为

$$\frac{x^2}{n_1^2} + \frac{y^2}{n_2^2} + \frac{z^2}{n_3^2} = 1 \tag{3-10-2}$$

式中 n_1, n_2, n_3 为椭球三个主轴方向上的折射率,称为主折射率.当晶体加上电场后,折射率椭球的形状、大小、方位都发生变化,椭球方程变成

$$\frac{x^2}{n_{11}^2} + \frac{y^2}{n_{22}^2} + \frac{z^2}{n_{33}^2} + \frac{2yz}{n_{23}^2} + \frac{2xz}{n_{13}^2} + \frac{2xy}{n_{12}^2} = 1 \tag{3-10-3}$$

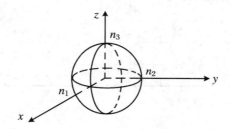

图 3-10-1 折射率球

晶体的一次电光效应分为纵向电光效应和横向电光效应.纵向电光效应是加在晶体上的电场方向与光在晶体里的传播方向平行时产生的电光效应;横向电光效应是加在晶体上的电场方向与光在晶体里的传播方向垂直时产生的电光效应.通常 KD * P(磷酸二氘钾)类型的晶体用其纵向电光效应,LiNbO₃(铌酸锂)类型的晶体用其横向电光效应.常用电光晶体的特性参数见表 3-10-1.

表 3-10-1 一些电光晶体(electro-optic crystals)的特性参数

点群对称性	晶体材料	折射率		波长 (μm)	非零电光系数 (10^{-12} m · V^{-1})
		n_o	n_e		
3m	LiNbO₃	2.297	2.208	0.633	$\gamma_{13} = \gamma_{23} = 8.6, \gamma_{33} = 30.8$ $\gamma_{42} = \gamma_{51} = 28, \gamma_{22} = 3.4$ $\gamma_{12} = \gamma_{61} = -\gamma_{22}$
32	Quartz (SiO₂)	1.544	1.553	0.589	$\gamma_{41} = -\gamma_{52} = 0.2$ $\gamma_{62} = \gamma_{21} = -\gamma_{11} = 0.93$
$\overline{4}2m$	KH₂PO₄ (KDP)	1.5115	1.4698	0.546	$\gamma_{41} = \gamma_{52} = 8.77, \gamma_{63} = 10.3$
		1.5074	1.4669	0.633	$\gamma_{41} = \gamma_{52} = 8, \gamma_{63} = 11$

点群 对称性	晶体材料	折射率		波长 （μm）	非零电光系数 （10^{-12} m · V^{-1}）
		n_o	n_e		
$\overline{4}2m$	NH$_4$H$_2$PO$_4$ （ADP）	1.526 6	1.480 8	0.546	$\gamma_{41} = \gamma_{52} = 23.76, \gamma_{63} = 8.56$
		1.522 0	1.477 3	0.633	$\gamma_{41} = \gamma_{52} = 23.41, \gamma_{63} = 7.828$
$\overline{4}3m$	KD$_2$PO$_4$ （KD * P）	1.507 9	1.468 3	0.546	$\gamma_{41} = \gamma_{52} = 8.8, \gamma_{63} = 26.8$
$\overline{4}3m$	GaAs	3.60		0.9	$\gamma_{41} = \gamma_{52} = \gamma_{63} = 1.1$
		3.34		1.0	$\gamma_{41} = \gamma_{52} = \gamma_{63} = 1.5$
		3.20		10.6	$\gamma_{41} = \gamma_{52} = \gamma_{63} = 1.6$
$\overline{4}3m$	InP	3.42		1.06	$\gamma_{41} = \gamma_{52} = \gamma_{63} = 1.45$
		3.29		1.35	$\gamma_{41} = \gamma_{52} = \gamma_{63} = 1.3$
$\overline{4}3m$	ZnSe	2.60		0.633	$\gamma_{41} = \gamma_{52} = \gamma_{63} = 2.0$
$\overline{4}3m$	β-ZnS	2.36		0.6	$\gamma_{41} = \gamma_{52} = \gamma_{63} = 2.1$

2. 电光调制原理

要用激光作为传递信息的工具，首先要解决如何将传输信号加到激光辐射上去的问题，我们把信息加载于激光辐射的过程称为激光调制，把完成这一过程的装置称为激光调制器. 由已调制的激光辐射还原出所加载信息的过程则称为解调. 因为激光实际上只起到了携带低频信号的作用，所以称为载波，而起控制作用的低频信号是我们所需要的，称为调制信号，被调制的载波称为已调波或调制光. 按调制的性质而言，激光调制与无线电波调制相类似，可以采用连续的调幅、调频、调相以及脉冲调制等形式，但激光调制多采用强度调制. 强度调制是根据光载波电场振幅的平方比例于调制信号，使输出的激光辐射的强度按照调制信号的规律变化. 激光调制之所以常采用强度调制的形式，主要是因为光接收器一般都是直接地响应其所接受的光强度变化的缘故.

激光调制的方法很多，如机械调制、电光调制、声光调制、磁光调制和电源调制等. 其中电光调制器开关速度快、结构简单. 因此，在激光调制技术及混合型光学双稳器件等方面有广泛的应用. 电光调制根据所施加的电场方向的不同，可分为纵向电光调制和横向电光调制. 下面我们来具体介绍一下这两种调制原理和典型的调制器.

（1）KDP 晶体纵调制

设电光晶体是与 xy 平行的晶片，沿 z 方向的厚度为 L，在 z 方向加电压（纵调制). 在输入端放一个与 x 方向平行的起偏振器, 入射光波沿 z 方向传播, 且沿 x 方向偏振, 射入晶体后, 它分解成 ξ、η 方向的偏振光(如图 3 - 10 - 2), 射出晶体后的偏振态表示为

$$\hat{J}_{\xi\eta} = \frac{1}{\sqrt{2}}\begin{bmatrix} \mathrm{e}^{i\Gamma/2} \\ \mathrm{e}^{-i\Gamma/2} \end{bmatrix} \tag{3 - 10 - 4}$$

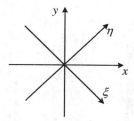

图 3 - 10 - 2　xy 坐标系和 $\xi\eta$ 坐标系(感生坐标系)

首先进行坐标变换, 得到 xy 坐标系的琼斯矩阵的表达式

$$R(\pi/4)\hat{J}_{\xi\eta} = \frac{1}{2}\begin{pmatrix} 1 & 1 \\ -1 & 1 \end{pmatrix}\begin{bmatrix} \mathrm{e}^{i\Gamma/2} \\ \mathrm{e}^{-i\Gamma/2} \end{bmatrix} = \begin{pmatrix} \cos(\Gamma/2) \\ -i\sin(\Gamma/2) \end{pmatrix} \tag{3 - 10 - 5}$$

如果在输出端放一个与 y 轴平行的检偏振器, 就构成泡克耳斯盒. 由检偏器输出的光波琼斯矩阵为

$$\hat{J}'_{xy} = \begin{pmatrix} 0 & 0 \\ 0 & 1 \end{pmatrix}\begin{pmatrix} \cos(\Gamma/2) \\ -i\sin(\Gamma/2) \end{pmatrix} = \begin{pmatrix} 0 \\ -i\sin(\Gamma/2) \end{pmatrix} \tag{3 - 10 - 6}$$

其中 Γ 为两个本征态通过厚度为 L 的电光介质获得的相位差, 由于 $\Gamma = \pi V/V_\pi$, V_π 为晶体的半波电压. 式(3 - 10 - 6)表示输出光波是沿 y 方向的线偏振光, 其光强为

$$I' = \frac{I_0}{2}(1 - \cos\Gamma) = I_0\sin^2\left(\frac{\pi V}{2V_\pi}\right) \tag{3 - 10 - 7}$$

上式说明光强受到外加电压的调制, 称为振幅调制. 光强透过率为

$$T = \frac{I'}{I_0} = \sin^2\left(\frac{\pi V}{2V_\pi}\right) \tag{3 - 10 - 8}$$

调制器的输出特性与外加电压的关系是非线性的. 若调制器工作在非线性部分, 则调制光将发生畸变. 为了获得线性调制, 可以通过引入一个固定的 $\pi/2$ 相位延迟, 使调制器的电压偏置在 $T = 50\%$ 的工作点上. 常用的办法有两种: 其一, 在调制晶体上除了施加信号电压外, 再附加一个 $V_{\pi/2}$ 的固定偏压, 但此法会增加电路的复杂性, 而且工作点的稳定性也差; 其二, 是在调制器的光路上插入一个 $\lambda/4$ 波片, 其快、慢轴与晶体的主轴成 $\pi/4$ 的角度.

图 3 - 10 - 3 为泡克耳斯盒(振幅型纵调制系统)示意图, z 向切割的 KD * P 晶体两端胶合上透明电极 ITO_1、ITO_2, 电压通过透明电极加到晶体上去. KD * P 调

制器前后为一对互相正交的起偏振镜 P 与检偏振镜（分析镜）A、P 的透过率极大方向沿 KD*P 感生主轴 ξ,η 的角平分线. 在 KD*P 和 A 之间通常还加相位延迟片 Q（即 $\lambda/4$ 波片），其快、慢轴方向分别与 ξ、η 相同. 由于入射光波预先通过 $\lambda/4$ 波片移相，因而有

$$I' = \frac{I_0}{2}\left[1 - \cos(\Gamma + \Gamma_0)\right]\Big|_{\Gamma_0 = \pi/2} = I_0 \sin^2\left(\frac{\pi V}{2V_\pi} + \frac{\pi}{4}\right) \quad (3-10-9)$$

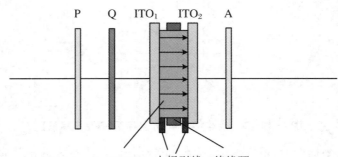

P—起偏器 Q—四分之一波片 A—检偏器 ITO—透明电极

图 3 - 10 - 3　泡克耳斯盒

加上预置的相位 Γ_0 后，工作点移到调制曲线的中点附近，使线性大大改善.

如果在如图 3 - 10 - 3 所示的泡克耳斯盒的电极间加交变电压

$$V = V_m \sin\omega t \quad (3-10-10)$$

则

$$T = \frac{1}{2} + \frac{1}{2}\sin(\Gamma_m \sin\omega t) = \frac{1}{2} + \sum_{k=0}^{\infty} J_{2k+1}\left(\frac{\Gamma_m}{2}\right)\sin(2k+1)\omega t$$

$$(3-10-11)$$

式中 $J_{2k+1}(z)$ 为 $2k+1$ 阶贝塞尔函数，且

$$\Gamma_m = \frac{\pi V_m}{V_\pi} \quad (3-10-12)$$

当 Γ_m 不大时（即调制电压幅度较低时），式（3 - 10 - 11）近似表示为

$$T = \frac{1}{2} + \frac{\Gamma_m}{2}\sin\omega t \quad (3-10-13)$$

可见系统的输出光波的幅度也是正弦变化，称正弦振幅调制.

图 3 - 10 - 4 表示电光调制特性曲线. 可以看出 $\lambda/4$ 波片的作用相当于将工作点偏置到特性曲线中部线性部分，在这一点进行调制效率最高，波形失真小. 如不用 $\lambda/4$ 波片（$\Gamma_0 = 0$），输出信号中只存在二次谐波分量.

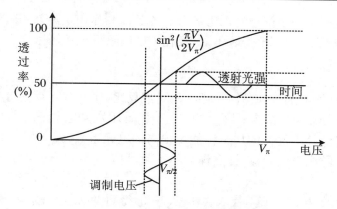

图 3 - 10 - 4 电光调制特性曲线

对于氦氖激光,KDP 的半波电压为

$$V_\pi = \frac{\lambda_0}{2n_0^3\gamma_{63}} = 8.971 \times 10^3 \text{ V} \qquad (3 - 10 - 14)$$

如果用 KD＊P(磷酸二氘钾),$V_\pi = 3.448 \times 10^3$ V,调制电压仍相当高,给电路的制造带来不便.常常用环状金属电极代替透明电极,但电场方向在晶体中不一致,使透过调制器的光波的消光比下降.

(2) 铌酸锂晶体横调制

式(3 - 10 - 13)表明纵调制器件的调制度近似为 Γ_m,与外加电压振幅成正比,而与光波在晶体中传播的距离(即晶体沿光轴 z 的厚度 L,又称作用距离)无关.这是纵调制的重要特性.纵调制器也有一些缺点.首先,大部分重要的电光晶体的半波电压 V_π 都很高.由于 V_π 与 λ_0 成正比,当光源波长较长时(例如 10.6 μm),V_π 更高,使控制电路的成本大大增加,电路体积和重量都很大.其次,为了沿光轴加电场,必须使用透明电极,或带中心孔的环形金属电极.前者制作困难,插入损耗较大;后者引起晶体中电场不均匀.解决上述问题的方案之一,是采用横调制.图 3 - 10 - 5 为横调制器示意图.电极 D_1、D_2 与光波传播方向平行,则外加电场与光波传播方向垂直.

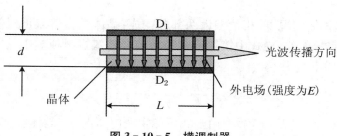

图 3 - 10 - 5 横调制器

　　电光效应引起的相位差 Γ 正比于电场强度 E 和作用距离 L（即晶体沿光轴 z 的厚度）的乘积 EL、E 正比于电压 V，反比于电极间距离 d，因此

$$\Gamma \propto \frac{LV}{d} \qquad (3-10-15)$$

对一定的 Γ，外加电压 V 与晶体长宽比 L/d 成反比，加大 L/d 可使得 V 下降。电压 V 下降不仅使控制电路成本下降而且有利于提高开关速度。

　　铌酸锂晶体具有优良的加工性能及很高的电光系数，$\gamma_{33} = 30.8 \times 10^{-12}$ m·^{V} $^{-1}$，常常用来做成横调制器。铌酸锂为单轴负晶体，$n_x = n_y = n_o = 2.297$，$n_z = n_e = 2.208$。

　　令电场强度为 $E = E_z$，代入式（3-10-3）得到电场感生的法线椭球方程

$$\left(\frac{1}{n_o^2} + \gamma_{13} E_z\right)(x^2 + y^2) + \left(\frac{1}{n_e^2} + \gamma_{33} E_z\right) z^2 = 1 \qquad (3-10-16)$$

或写作

$$\frac{x^2}{n_x^2} + \frac{y^2}{n_y^2} + \frac{z^2}{n_z^2} = 1 \qquad (3-10-17)$$

其中

$$n_x = n_y \approx n_o - \frac{1}{2} n_o^3 \gamma_{13} E_z \qquad (3-10-18)$$

$$n_z \approx n_e - \frac{1}{2} n_e^3 \gamma_{33} E_z \qquad (3-10-19)$$

　　应注意在这一情况下电场感生坐标系和主轴坐标系一致，仍然为单轴晶体，但寻常光和非常光的折射率都受到外电场的调制。设入射线偏振光沿 xz 的角平分线方向振动，两个本征态 x 和 z 分量的折射率之差为

$$n_x - n_z = (n_o - n_e) - \frac{1}{2}(n_o^3 \gamma_{13} - n_e^3 \gamma_{33}) E \qquad (3-10-20)$$

　　当晶体的厚度为 L，则射出晶体后光波的两个本征态的相位差为

$$\Gamma = \frac{2\pi}{\lambda_0}(n_x - n_z) L = \frac{2\pi}{\lambda_0}(n_o - n_e) L - \frac{2\pi}{\lambda_0} \frac{n_o^3 \gamma_{13} - n_e^3 \gamma_{33}}{2} EL$$

$$(3-10-21)$$

上式说明在横调制情况下，相位差由两部分构成：晶体的自然双折射部分（式中第一项）及电光双折射部分（式中第二项）。通常使自然双折射项等于 $\pi/2$ 的整倍数。横调制器件的半波电压为

$$V_\pi = \frac{d}{L} \frac{\lambda_0}{n_e^3 \gamma_{33} - n_o^3 \gamma_{13}} \qquad (3-10-22)$$

　　我们用到关系式 $E = V/d$。由上式可知半波电压 V_π 与晶体长宽比 L/d 成反比。因而可以通过加大器件的长宽比 L/d 来减小 V_π。

横调制器的电极不在光路中,工艺上比较容易解决.横调制的主要缺点在于它对波长 λ_0 很敏感,λ_0 稍有变化,自然双折射引起的相位差即发生显著的变化.当波长确定时(例如使用激光),这一项又强烈地依赖于作用距离 L.加工误差、装调误差引起的光波方向的稍许变化都会引起相位差的明显改变,因此通常只用于准直的激光束中,或用一对晶体,第一块晶体的 x 轴与第二块晶体的 z 轴相对,使晶体的自然双折射部分(式(3-10-21)中第一项)相互补偿,以消除或降低器件对温度、入射方向的敏感性.有时也用巴比涅-索勒尔(Babinet-Soleil)补偿器,将工作点偏置到特性曲线的线性部分.

迄今为止,我们所讨论的调制模式均为振幅调制,其物理实质在于:输入的线偏振光在调制晶体中分解为一对偏振方向正交的本征态,在晶体中传播过一段距离后获得相位差 Γ,Γ 为外加电压的函数.在输出的偏振元件透光轴上这一对正交偏振分量重新叠加,输出光的振幅被外加电压所调制,这是典型的偏振光干涉效应.

(3) 改变直流偏压对输出特性的影响

在式(3-10-8)中,如果电极间加交变电压

$$V = V_0 + V_m \sin\omega t \qquad (3-10-23)$$

则式(3-10-8)中可写成

$$T = \sin^2\left(\frac{\pi V}{2V_\pi}\right) = \sin^2\frac{\pi}{2V_\pi}(V_0 + V_m\sin\omega t) \qquad (3-10-24)$$

其中 V_0 是加在晶体上的直流电压,$V_m\sin\omega t$ 是同时加在晶体上的交流调制信号,V_m 是其振幅,ω 是调制频率.从式(3-10-24)可以看出,改变 V_0 或 V_m,输出特性都将发生变化.这里主要讨论改变直流偏压对输出特性的影响.

① 当 $V_0 = V_\pi/2$、$V_m \ll V_\pi$ 时,将工作点选定在线性工作区的中心处,如图 3-10-6(a)所示,此时,可获得较高效率的线性调制,把 $V_0 = V_\pi/2$ 代入式(3-10-24),得

$$\begin{aligned}
T &= \sin^2\left(\frac{\pi}{4} + \frac{\pi}{2V_\pi}V_m\sin\omega t\right) \\
&= \frac{1}{2}\left[1 - \cos\left(\frac{\pi}{2} + \frac{\pi}{V_\pi}V_m\sin\omega t\right)\right] \\
&= \frac{1}{2}\left[1 + \sin\left(\frac{\pi}{V_\pi}V_m\sin\omega t\right)\right] \qquad (3-10-25)
\end{aligned}$$

由于 $V_m \ll V_\pi$ 时,$T \approx \frac{1}{2}\left[1 + \left(\frac{\pi V_m}{V_\pi}\right)\sin\omega t\right]$,即 $T \propto \sin\omega t$.这时调制器输出的信号和调制信号虽然振幅不同,但是两者的频率却是相同的,输出信号不失真,称为线性调制.

② 当 $V_0 = 0$、$V_m \ll V_\pi$ 时,如图3-10-6(b)所示,把 $V_0 = 0$ 代入式(3-10-24)

$$T = \sin^2\left(\frac{\pi}{2V_\pi}V_m\sin\omega t\right) = \frac{1}{2}\left[1 - \cos\left(\frac{\pi}{V_\pi}V_m\sin\omega t\right)\right]$$

$$\approx \frac{1}{4}\left(\frac{\pi}{V_\pi}V_m\right)^2\sin^2\omega t = \frac{1}{8}\left(\frac{\pi}{V_\pi}V_m\right)^2(1 - \cos 2\omega t)$$

即 $T \propto \cos 2\omega t$. 从上式可以看出,输出信号的频率是调制信号频率的二倍,即产生"倍频"失真. 若把 $V_0 = V_\pi$ 代入式(3-10-24),经类似的推导,可得

$$T \approx 1 - \frac{1}{8}\left(\frac{\pi V_m}{V_\pi}\right)^2(1 - \cos 2\omega t) \qquad (3-10-26)$$

即 $T \propto \cos 2\omega t$,输出信号仍是"倍频"失真的信号.

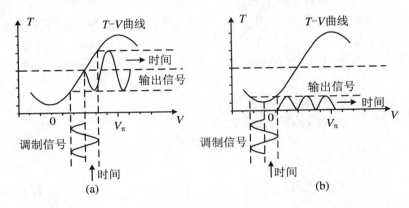

图 3-10-6 T-V 曲线

③ 直流偏压 V_0 在 0 伏附近或在 V_π 附近变化时,由于工作点不在线性工作区,输出波形将失真.

④ 当 $V_0 = V_\pi/2$、$V_m > V_\pi$ 时,调制器的工作点虽然选定在线性工作区的中心,但不满足小信号调制的要求. 因此,工作点虽然选定在了线性区,输出波形仍然是失真的.

（4）用 $\lambda/4$ 波片进行光学调制

上面分析说明电光调制器中直流偏压的作用主要是在使晶体中 x、y 两偏振方向的光之间产生固定的位相差,从而使正弦调制工作在光强调制曲线上产生不同点. 直流偏压的作用可以用 $\lambda/4$ 波片来实现. 在起偏器和检偏器之间加入 $\lambda/4$ 波片,调整 $\lambda/4$ 波片的快慢轴方向使之与晶体的 x、y 轴平行,即可保证电光调制器工作在线性调制状态下,转动波片可使电光晶体处于不同的工作点上.

【**实验装置**】

电光调制电源组件、光接收放大器组件、He-Ne 激光器组件、电光调制晶体组

件、起偏起组件、检偏器组件、示波器等.

【实验步骤与要求】

本实验研究铌酸锂晶体的一次电光效应,用铌酸锂晶体的横向调制装置测量铌酸锂晶体的半波电压及电光系数,并用两种方法改变调制器的工作点,观察相应的输出特性的变化.

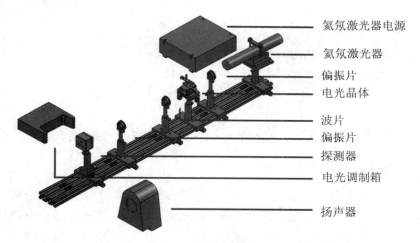

氦氖激光器电源
氦氖激光器
偏振片
电光晶体

波片
偏振片
探测器
电光调制箱

扬声器

图 3 - 10 - 7　晶体的电光效应实验装配图

(1) 按照图 3 - 10 - 7 摆放实验器件,激光器开机预热 5～10 分钟.

(2) 调整氦氖激光器水平,固定可变光阑的高度和孔径,使出射光在近处和远处都能通过可变光阑. 其他器件依次放入光路,并保持与激光束同轴等高.

(3) 将晶体与电光调制箱连接(晶体没有正负极). 打开开关,调制切换选择"内调".

(4) 将示波器 CH1 与探测器接通,则可观测到解调出来的内置波形信号,适当调整"调制幅度"和"高压调节"旋钮,使波形不失真. 适当旋转光路中的偏振片和 $\lambda/4$ 波片,得到最清晰的稳定波形. 将示波器的 CH2 与电光调制箱的"信号监测"连接,则可直接得到内置波形信号,与解调出来的波形信号作对比.

(5) 通过高压调节旋钮改变电光晶体工作电压观测波形变化,测定铌酸锂晶体的透过率曲线(T-V 曲线),求晶体的半波电压. 通过旋转 $\lambda/4$ 波片,观测波形失真情况,可以完成最佳工作点选取实验.

(6) 将 MP3 音源与电光调制实验箱的"外部输入"连接,调制切换选择"调外".

(7) 将探测器与扬声器连接,此时可通过扬声器听到 MP3 中播放的音乐. 适当调整"调制幅度"和"高压调节"旋钮,旋转光路中的偏振片和 λ/4 波片,使音乐最清晰.

注:电源的旋钮顺时针方向为增益加大的方向,因此,电源开关打开前,所有旋钮应该逆时针方向旋转到头,关仪器前,所有旋钮逆时针方向旋转到头后再关闭电源.

【思考题】

（1）什么叫电光效应?

（2）电光效应分为哪两类?

（3）工作点选定在线性区中心,信号幅度加大时怎样失真? 为什么失真?

实验 3-11　晶体的声光效应和磁光效应

当超声波在介质中传播时,将引起介质的弹性应变做时间上和空间上的周期性的变化,并且导致介质的折射率也发生相应的变化.当光束通过有超声波的介质后就会产生衍射现象,这就是声光效应.由于声光效应,衍射光的强度、频率、方向等都随着超声波场而变化.声光效应为控制激光束的频率、方向和强度提供了一个有效的手段.利用声光效应制成的声光器件,如声光调制器、声光偏转器和可调谐滤光器等,在激光技术、光信号处理和集成光通信技术等方面有着重要的应用.

磁光效应是指处于磁化状态的物质与光之间发生相互作用而引起的各种光学现象,主要包括法拉第（Faraday）效应、克尔（Kerr）效应、塞曼（Zeeman）效应和科顿-穆顿（Cotton-Mouton）效应等.

【实验目的】

（1）了解声光效应原理及拉曼-奈斯衍射和布拉格衍射的实验条件和特点.

（2）测量声光偏转和声光调制曲线.

（3）掌握磁光效应的原理和实验方法,计算磁光介质的 Verdet 常数.

【实验原理】

1. 声光效应原理

当超声波在介质中传播时,将引起介质的弹性应变作时间和空间上的周期性的变化,并且导致介质的折射率也发生相应变化. 当光束通过有超声波的介质后就会产生衍射现象,这就是声光效应. 有超声波传播的介质如同一个相位光栅.

声光效应有正常声光效应和反常声光效应之分. 在各向同性介质中,声光相互作用不导致入射光偏振状态的变化,产生正常声光效应. 在各向异性介质中,声光相互作用可能导致入射光偏振状态的变化,产生反常声光效应. 反常声光效应是制造高性能声光偏转器和可调滤波器的基础. 正常声光效应可用拉曼－奈斯(Raman-Nath)的光栅假设做出解释,而反常声光效应不能用光栅假设做出说明.

在非线性光学中,利用参量相互作用理论,可建立起声光相互作用的统一理论,并且运用动量匹配和失配等概念对正常和反常声光效应都可做出解释. 本实验只涉及各向同性介质中的正常声光效应.

设声光介质中的超声行波是沿 y 方向传播的平面纵波,其角频率为 ω_s,波长为 λ_s,波矢为 k_s. 入射光为沿 x 方向传播的平面波,其角频率为 ω,在介质中的波长为 λ,波矢为 k. 如图 3-11-1 所示. 介质内的弹性应变也以行波形式随声波一起传播. 由于光速大约是声速的 10^5 倍,在光波通过的时间内介质在空间上的周期变化可看成是固定的.

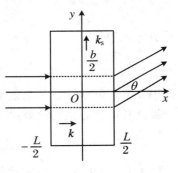

图 3-11-1　声光衍射

由于应变而引起的介质的折射率的变化由下式决定

$$\Delta\left(\frac{1}{n^2}\right)PS \tag{3-11-1}$$

式中 n 为介质折射率,S 为应变,P 为光弹系数. 通常,P 和 S 为二阶张量. 当声波在各向同性介质中传播时,P 和 S 可作为标量处理,如前所述,应变也以行波形式传播,所以可写成

$$S = S_0\sin(\omega_s t - k_s y) \tag{3-11-2}$$

当应变较小时,折射率作为 y 和 t 的函数可写作

$$n(y,t) = n_0 + \Delta n\sin(\omega_s t - k_s y) \tag{3-11-3}$$

式中 n_0 为无超声波时的介质的折射率,Δn 为声波折射率变化的幅值,由式

（3-11-1）可求出

$$\Delta n = -\frac{1}{2}n^3 PS_0$$

设光束垂直入射（$\boldsymbol{k} \perp \boldsymbol{k}_s$）并通过厚度为 L 的介质，则前后两点的相位差为

$$\Delta \Phi = k_0 n(y,t)L = k_0 n_0 L + k_0 \Delta n L \sin(\omega_s t - k_s y)$$
$$= \Delta \Phi_0 + \delta \Phi \sin(\omega_s t - k_s y) \qquad (3-11-4)$$

式中 k_0 为入射光在真空中的波矢的大小，右边第一项 $\Delta \Phi_0$ 为不存在超声波时光波在介质前后两点的相位差，第二项为超声波引起的附加相位差（相位调制），$\delta \Phi = k_0 \Delta n L$．可见，当平面光波入射在介质的前界面上时，超声波使出射光波的波振面变为周期变化的皱折波面，从而改变出射光的传播特性，使光产生衍射.

设入射面 $x = -L/2$ 上的光振动为 $E_i = A e^{i\omega t}$，A 为常数，也可以是复数. 考虑到在出射面 $x = L/2$ 上各点相位的改变和调制，在 xy 平面内离出射面很远一点的衍射光叠加结果为

$$E \propto A \int_{-\frac{b}{2}}^{\frac{b}{2}} e^{i[(\omega t - k_0 n(y,t) - k_0 y \sin\theta]} \mathrm{d}y$$

写成等式为

$$E = C e^{i\omega t} \int_{-\frac{b}{2}}^{\frac{b}{2}} e^{i\delta\Phi \sin(k_s y - \omega_s t)} e^{-ik_0 y \sin\theta} \mathrm{d}y \qquad (3-11-5)$$

式中 b 为光束宽度，θ 为衍射角，C 为与 A 有关的常数，为了简单可取为实数. 利用与贝塞耳函数有关的恒等式

$$e^{ia\sin\theta} = \sum_{m=-\infty}^{\infty} J_m(a) e^{im\theta}$$

式中 $J_m(a)$ 为（第一类）m 阶贝塞耳函数，将式（3-11-5）展开并积分得

$$E = C b \sum_{m=-\infty}^{\infty} J_m(\delta\Phi) \frac{\sin[b(mk_s - k_0 \sin\theta)/2]}{b(mk_s - k_0 \sin\theta)/2} e^{i(\omega - m\omega_s)t} \qquad (3-11-6)$$

上式中与第 m 级衍射有关的项为

$$E_m = E_0 e^{i(\omega - m\omega_s)t} \qquad (3-11-7)$$

$$E_0 = C b J_m(\delta\Phi) \frac{\sin[b(mk_s - k_0 \sin\theta)/2]}{b(mk_s - k_0 \sin\theta)/2} \qquad (3-11-8)$$

因为函数 $\sin x / x$ 在 $x = 0$ 取极大值，因此有衍射极大的方位角 θ_m 由下式决定

$$\sin\theta_m = m \frac{k_s}{k_0} = m \frac{\lambda_0}{\lambda_s}, \qquad m = 0, \pm 1, \pm 2, \cdots \qquad (3-11-9)$$

式中 m 表示衍射极值的级次，λ_0 为真空中光的波长，λ_s 为介质中超声波的波长. 与一般的光栅方程相比可知，超声波引起的有应变的介质相当于光栅常数为超声波长的光栅. 由式（3-11-7）可知，第 m 级衍射光的频率 ω_m 为

$$\omega_m = \omega - m\omega_s \qquad (3-11-10)$$

可见,衍射光仍然是单色光,但各级衍射光将产生频移.由于 $\omega \gg \omega_s$,这种频移是很小的.

第 m 级衍射极大的强度 I_m 可用式(3-11-7)模平方表示

$$I_m = E_m E_m^* = C^2 b^2 J_m^2(\delta\Phi) = I_0 J_m^2(\delta\Phi) \qquad (3-11-11)$$

式中 E_m^* 为 E_m 的共轭复数,$I_0 = C^2 b^2$.

第 m 级衍射极大的衍射效率 η_m 定义为第 m 级衍射光的强度与入射光的强度之比.由式(3-11-11)可知,η_m 正比于 $J_m^2(\delta\Phi)$.当 m 为整数时,$J_{-m}(a) = (-1)^m J_m(a)$.由式(3-11-9)和式(3-11-11)表明,各级衍射光相对于零级对称分布.

当光束斜入射时,如果声光作用的距离满足 $L < \lambda_s^2/2\lambda$,则各级衍射极大的方位角 θ_m 由下式决定

$$\sin\theta_m = \sin i + m\frac{\lambda_0}{\lambda_s} \qquad (3-11-12)$$

式中 i 为入射光波矢 k 与超声波波面的夹角.上述的超声衍射称为拉曼—奈斯衍射,在这种情况下,声光相互作用可以产生多级衍射.此时,有超声波存在的介质相当于一平面的相位光栅.

当声光作用的距离满足 $L > 2\lambda_s^2/\lambda$,而且光束相对于超声波波面以某一角度斜入射时,在理想情况下除了 0 级之外,只出现 1 级或 -1 级衍射.如图 3-11-2 所示.这种衍射与晶体对 X 光的布拉格(Bragg)衍射很类似,故称为布拉格衍射.能产生这种衍射的光束入射角称为布拉格角.此时有超声波存在的介质起体光栅的作用.可以证明,布拉格角满足

$$\sin i_B = \frac{\lambda}{2\lambda_s} \qquad (3-11-13)$$

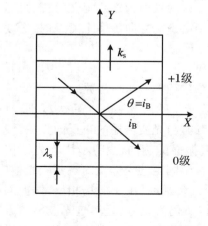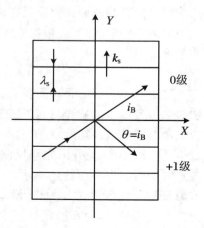

图 3-11-2　布拉格衍射

式(3-11-13)称为布拉格条件. 因为布拉格角一般都很小,故衍射光相对于入射光的偏转角

$$\Phi = 2i_B \approx \frac{\lambda}{\lambda_s} = \frac{\lambda_0}{nv_s} f_s \qquad (3-11-14)$$

式中 v_s 为超声波的波速,f_s 为超声波的频率,其他量的意义同前. 在布拉格衍射条件下,一级衍射光的效率为

$$\eta = \sin^2 \left(\frac{\pi}{\lambda_0} \sqrt{\frac{M_2 L P_s}{2H}} \right) \qquad (3-11-15)$$

式中 P_s 为超声波功率,L 和 H 为超声换能器的长和宽,M_2 为反映声光介质本身性质的常数,$M_2 = n^6 p^2 / \rho v_s^3$,$\rho$ 为介质密度,p 为光弹系数. 理论上布拉格衍射的衍射效率可达 100%,拉曼-奈斯衍射中一级衍射光的最大衍射效率仅为 34%,所以使用的声光器件一般都采用布拉格衍射.

由式(3-11-14)和式(3-11-15)可看出,通过改变超声波的频率和功率,可分别实现对激光束方向的控制和强度的调制,这是声光偏转器和声光调制器的基础. 从式(3-11-10)可知,超声光栅衍射会产生频移,因此利用声光效应还可以制成频移器件. 超声频移器在计量方面有重要应用,如用于激光多普勒测速仪.

以上讨论的是超声行波对光波的衍射. 实际上,超声驻波对光波的衍射也产生拉曼-奈斯衍射和布拉格衍射,而且各衍射光的方位角和超声频率的关系与超声行波的相同. 不过,各级衍射光不再是简单地产生频移的单色光,而是含有多个傅立叶分量的复合光.

2. 磁光效应原理

磁场可以使某些非旋光物质具有旋光性. 该现象称为磁致旋光(法拉第)效应,是磁光效应的一种形式. 当线偏振光在媒质中沿磁场方向传播距离 L 时,振动方向旋转的角度 ψ

$$\psi = V_e B L \qquad (3-11-16)$$

式中 B 是磁感应强度,V_e 是物质常数,称为维尔德(Verdet)常数.

法拉第效应产生的旋光与自然旋光物质产生的旋光有一个重大区别. 自然旋光效应是由晶体的微观螺旋状晶格结构引起的,与光波传播的正反向无关. 设光波沿光轴传播一段距离 L,并沿原路反向时,偏振面的旋向也相反,因而光波传播到原始位置时偏振面也将回转到原始方向. 在一个固定的坐标系内观察磁光效应,例如光波沿 z 轴正向传播时 ψ 为正,沿 z 轴反向传播时,由于磁场相反,偏振面相对于传播方向旋向相反,但在固定坐标系内看,ψ 仍为正,这显然是光波传播方向和偏振面旋转方向同时反向的结果. 当光波往返两次通过磁光介质时,在一个固定的坐标系内观察,ψ 将加倍,这一特殊的现象称为非互易性,又称不可逆性或单向性.

【实验装置】

TSGMG-1/Q 型高速正弦声光调制器及驱动电源、532 nm 半导体激光器、632.8 nm He-Ne 气体激光、磁光玻璃棒等.

【实验步骤与要求】

1. 声光调制实验

(1) 按照图 3-11-3 正确连接声光调制器各个部分,激光器开机预热五分钟.

(2) 调整光路同轴等高,使激光束按照一定角度入射到声光调制器晶体,保证激光束穿过晶体后在白屏上出现清晰的衍射光斑.通过改变超声波频率、入射光角度等来观察拉曼－奈斯衍射和布拉格衍射,比较两种衍射的实验条件和特点.

(3) 在布拉格衍射下测量衍射光相对于入射光的偏转角 Φ 与超声波频率 f_s 的曲线关系,并计算声速 v_s.测出 8 组(Φ, f_s),作偏转角 Φ 和超声波频率 f_s 曲线.注意:式(3-11-14)中的布拉格角和偏转角都是指介质内的角度,直接测出的角度是空气中的角度,应进行换算.

(4) 进一步调整声光晶体的角度和位置,使零级斑两侧的衍射光斑明亮且对称,调整狭缝位置和探测器下方的一维平移台,使 1 级或 2 级衍射斑通过狭缝,并用探测器接收.

(5) 将 MP3 与声光调制器连接,扬声器与探测器连接,则可听到 MP3 播出的音乐声.

(6) 调整声光调制器下端的可调棱镜支架和可变光阑位置使扬声器接收到的音乐更清晰.

2. 磁光调制实验

(1) 按照图 3-11-4 搭建光路.

(2) 安装 He-Ne 激光器,使其水平.

(3) 把 $L=50$ mm 的导光柱插入含三块磁铁的磁性部件,三块磁铁平均场强 $B=102$ mT,调整该组件高度,使激光通过介质中心.

(4) 去掉磁光介质,调整出射位置偏振片角度,使得出射光强最弱,记录此时检偏器刻度 ψ_0.

(5) 放入 $L=50$ mm 导光柱,此时出射光光强变强,调整检偏器,使得出射光强最弱.记录此时检偏器刻度 ψ_1,磁光旋转角度 $\psi=\psi_1-\psi_0$,由公式 $\psi=V_eBL$,计算 Verdet 常数,L 是导光柱的长度,B 是磁场强度.

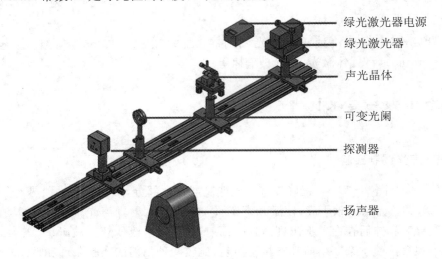

图 3-11-3　晶体的声光效应实验装配图

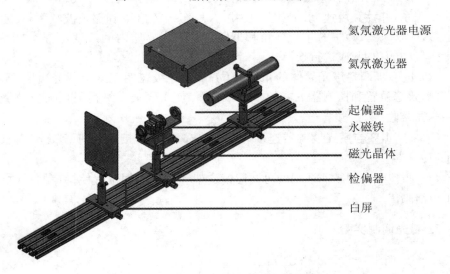

图 3-11-4　磁光效应实验光路图

（6）去掉中间磁铁,使用 $L=50$ mm 磁光介质,再重复步骤（3）～（5）,此时内部磁场强度 $B=82$ mT,测量计算磁光旋转角度.通过公式计算出磁光介质在 632.8 nm 处的 Verdet 常数.

（7）取下 He-Ne 激光器,安装 532 nm 半导体激光器,重复上述 6 个步骤.计算此磁光介质在 532 nm 处的 Verdet 常数.

（8）将实验数据填入下表，计算 Verdet 常数.

	磁感应强度 B_n	角度变化（°）$\Delta\psi = \psi - \psi_n$	Verdet 常数
介质 50 mm 632.8 nm			
介质 50 mm 532 nm			

【思考题】

（1）简述声光效应.

（2）声光器件在什么实验条件下产生拉曼-奈斯衍射？两种衍射的现象各有什么特点？

（3）调节拉曼-奈斯衍射时，如何保证光束垂直入射？

（4）什么是磁光效应？

附录　TSGMG-1/Q 型高速正弦声光调制器及驱动电源

1. 主要技术指标

激光波长	632.8 nm
工作频率	150 MHz
衍射效率	≥70%
正弦重复频率	≥8 MHz
静态透过率	≥90%

2. 工作原理

本产品由声光调制器及驱动电源两部分组成. 驱动电源产生频率为 150 MHz 的射频功率信号加入声光调制器，压电换能器将射频功率信号转变为超声信号，当激光束以布拉格角度通过时，由于声光相互作用效应，激光束发生衍射（图

3-11-5),这就是布拉格衍射效应. 外加文字和图像信号以正弦(连续波)输入驱动电源的调制接口"调制"端,衍射光光强将随此信号变化,从而达到控制激光输出特性的目的,如图3-11-6所示.

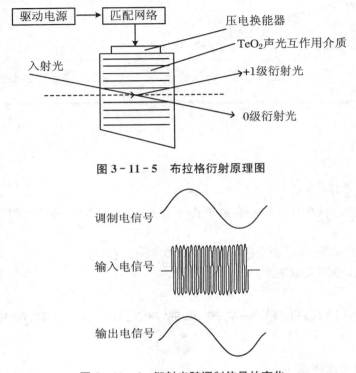

图3-11-5 布拉格衍射原理图

图3-11-6 衍射光随调制信号的变化

声光调制器由声光介质(氧化碲晶体)和压电换能器(铌酸锂晶体)、阻抗匹配网络组成,声光介质两通光面镀有632.8 nm的光学增透膜. 整个器件由铝制外壳安装. 外形尺寸和安装尺寸如图3-11-7所示(单位:mm).

驱动电源由振荡器、转换电路、调制门电路、电压放大电路、功率放大电路组成. 外输入调制信号由"调制输入"端输入,工作电压为直流+24 V,"输出"端输出驱动功率,用高频电缆线与声光器件相连. 外形尺寸和安装尺寸如图3-11-8所示(单位:mm).

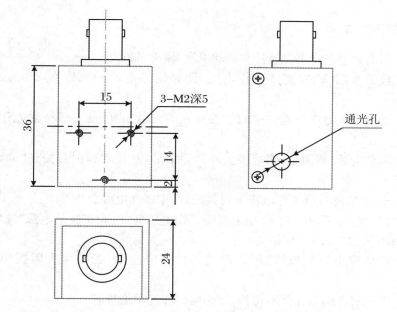

图 3 - 11 - 7　声光调制器外形尺寸

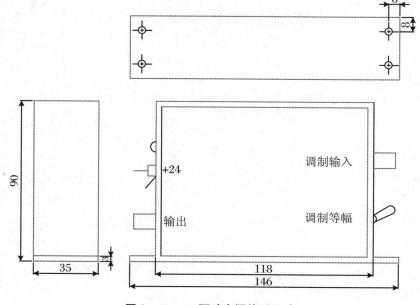

图 3 - 11 - 8　驱动电源外形尺寸

3. 使用方法

（1）用高频电缆将声光器件和驱动电源"输出"端连接.

（2）接上＋24 V 的直流工作电压. 调制输入电信号幅度在 250～350 mV 之间.

（3）调整声光器件在光路中的位置和光的入射角度,使一级衍射光达到最好状态.

（4）驱动电源"调制输入"端接上外调制信号,并拨动调制开关到"调制"即可正常工作.

（5）＋24 V 的直流工作电压不得接反,否则驱动电源会烧坏.

（6）驱动电源不得空载,即加上直流工作电压前,应先将驱动电源"输出"端与声光器件或其他 50 Ω 负载相连.

（7）产品应小心轻放,特别是声光器件更应注意,否则将会因损坏晶体而报废.

（8）声光器件的通光面不得接触,否则损坏光学增透膜.

第 4 单元　真空与薄膜技术

引　言

　　真空技术是一门理论与实验结合得很紧的学科. 1643 年,托里拆利(Torricelli)在一端封闭的管子里注满水银,然后把它倒立在水银槽内,管子顶端出现了一段空处,从此确立了真空的概念并首次测得大气压强的数值. 随着科学技术的迅猛发展,经过气体基本定律的建立、真空泵和真空计的不断发展,真空技术在各个领域都得到广泛的应用和发展. 尤其是自 20 世纪以来,真空技术更是普遍运用于化学、生物、医学、电子学、表面科学、冶金工业、高能物理、农业、食品业、空间技术、材料科学、低温超导等领域. 这使得真空技术成为一门不可缺少的基础技术科学,并已发展成为一门独立的学科. 目前,人工已经能够获得 10^{-13} Pa 以上的极高真空. 随着生产和科学技术的进步,真空技术必将得到进一步的发展和越来越广泛的应用.

　　"真空"(vacuum)一词,原意是"空白""空虚",意思是没有物质存在. 但在科学技术上的"真空",绝不是指没有物质的空间. 真空的定义是:在指定空间内,低于一个标准大气压力的气体状态均称为真空,即分子密度小于 2.5×10^{19} 分子数/cm^3 的指定空间. "真空度"则表示真空状态下气体的稀薄程度. 真空量度单位与气压相同,以往常用单位是托(Torr),国际单位制是帕(Pa).

　　真空技术是研究特殊空间里的气体状态,基本内容有真空物理,真空的获得、测量、检漏以及真空系统的设计、计算和应用.

实验 4-1　高真空的获得与测量

　　在真空实用技术中,真空的获得和测量是两个最重要的方面. 在一个真空系统中,真空获得和测量的设备是必不可少的. 目前常用的真空获得设备主要有旋片式机械真空泵、油扩散泵、涡轮分子泵、低温泵等. 真空测量仪器主要有 U 型真空计、热传导真空计、电离真空计等. 随着电子技术和计算机技术的发展,各种真空获得设备向高抽速、高极限真空、无污染方向发展;各种真空测量设备与微型计算机相结合,具有数字显示、数据打印、自动监控和自动切换量程等功能.

【实验目的】

(1) 通过实验了解最基本的高真空系统的结构,掌握高真空系统的操作方法.
(2) 了解真空技术的基本知识,学习真空系统的基本方程.
(3) 掌握高真空的获得、测量和检漏的基本原理及方法,为使用和维护真空系统打基础.

【实验仪器】

玻璃高真空系统装置、复合真空计等.

【实验原理】

一、真空度及真空区域的划分

真空高低的程度是用真空度这个物理量来衡量的,即用真空度来描述气体的稀薄程度. 容器中单位体积的分子数即分子密度 n 越小,表明真空度越高. 但由于气体分子密度这个物理量不易度量,真空度的高低便常以相同温度下气体的压强来表示,所以真空度的单位也就是压强的单位. 根据公式 $P=nkT$,在相同温度下,气体压强 P 越高,分子密度 n 就越大,真空度当然就越低;相反,气体压强 P 越低,分子密度 n 就越小,真空度也就越高. 显然,真空度的国际单位就是 Pa,它与单位 τ 的关系为:$1\ \tau=133.3$ Pa.

表 4-1-1 说明不同的真空区域,对应着不同的物理环境,适用于不同的生产科学技术领域. 通常按照气体空间的物理特性、常用真空泵和真空计的有效使用范围以及真空技术应用特点这三方面都比较接近的真空定性地划分为表 4-1-1 几个区段(这种划分并非唯一).

表 4 - 1 - 1　真空区域的划分及其特点和应用

真空区域	物理特点			主要应用
	分子数密度（个/cm³）	平均自由程 $\bar{\lambda}$（cm）	单分子形成时间(s)	
低真空（$1.013\times10^5\sim$ 1.333×10^3 Pa）	$10^{19}\sim10^{16}$	$10^{-6}\sim10^{-3}$，$\bar{\lambda}\ll d$（d 为容器的线性尺度，下同），黏滞流，气体分子间碰撞为主	$10^{-9}\sim10^{-6}$	真空浓缩和褪色、真空成形、真空输送等
中真空（$1.333\times10^3\sim$ 1.333×10^{-1} Pa）	$10^{16}\sim10^{13}$	$10^{-3}\sim5$，$\bar{\lambda}\approx d$ 过渡流	$10^{-6}\sim10^{-3}$	真空蒸馏、真空干燥和冷冻、真空浸渍、真空绝热、真空焊接等
高真空（$1.333\times10^{-1}\sim$ 1.333×10^{-6} Pa）	$10^{13}\sim10^{9}$	$5\sim10^4$，$\bar{\lambda}>d$ 分子流，气体分子与器壁碰撞为主	$10^{-3}\sim20$	真空冶金、半导体材料区域熔炼、电真空器件、真空镀膜、加速器等
超高真空（$1.333\times10^{-6}\sim$ 1.333×10^{-10} Pa）	$<10^9$	$>10^4$，$\bar{\lambda}\gg d$ 气体分子在固体表面上吸附停留为主	>20	超高真空镀膜、薄膜和表面物理、表面化学、热核反应和等离子物理、超导技术、宇宙航行等
极高真空（$<1.333\times10^{-10}$ Pa）				

就物理现象来说,粗真空以分子相互碰撞为主;低真空中分子相互碰撞和分子与器壁碰撞不相上下;高真空时主要是分子与器壁碰撞;超高真空下分子碰撞器壁的次数减少而形成一个单分子层的时间已达到数分钟以上;极高真空时分子数目极为稀少以至统计涨落现象比较严重(大于 5%),经典统计规律产生了偏差.

二、真空的获得

各级真空,均可通过各种真空泵来获得.目前,真空泵可分为两种——外排型和内吸型.所谓外排型是指将气体排出泵体之外,如旋片式机械泵、扩散泵和分子泵等;内吸型是指将气体吸附在泵体之内的某一固体表面上,如吸附泵、离子泵和冷凝泵等.但无论何种泵,都不可能在整个真空范围内工作,图4-1-1标出了它们适应的工作范围.从图4-1-1中可以看出,有些泵可直接从大气压下开始工作,但极限真空度都不高,如机械泵和吸附泵,通常这类泵用作前级泵;而有些泵则只能在一定的预备真空条件下才能开始正常工作,如扩散泵、离子泵等,这类泵需要前级泵配合,可作为高真空泵.

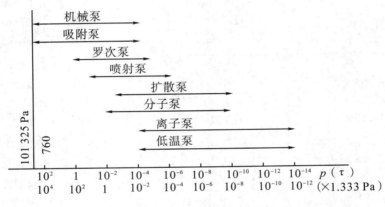

图 4-1-1 真空泵的压强范围

1. 低真空的获得

获得低真空常用的方法是采用机械泵.机械泵是运用机械方法不断地改变泵内吸气空腔的容积,使被抽容器内气体的体积不断膨胀从而获得真空的泵.机械泵的种类很多,目前常用的是旋片式机械泵.图4-1-2是旋片式机械泵的结构示意图,它是由一个定子和一个偏心转子构成.定子为一圆柱形空腔,空腔上装着进气管和出气阀门,转子顶端保持与空腔壁相接触,转子上开有两个槽,槽内安放两个刮板,刮板间有一弹簧.当转子旋转时,两刮板的顶端始终沿着空腔的内壁滑动,整个空腔放置在油箱内.工作时,转子带着旋片不断旋转,就有气体不断排出完成抽气作用.

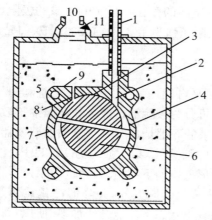

1—进气管　　2—进气口
3—顶部密封　4—刮板
5—油　　　　6—转子
7—定子　　　8—排气口
9—排气阀　　10—排气口
11—挡油板

图 4 - 1 - 2　旋片泵的结构示意图

旋片旋转时的几个典型位置如图 4 - 1 - 3 所示. 当刮板 A 通过进气口如图 4 - 1 - 3(a)所示的位置时开始吸气,随着刮板 A 的运动,吸气空间不断增大,到图 4 - 1 - 3(b)所示位置时达到最大. 刮板继续运动,当刮板 A 运动到如图 4 - 1 - 3(c)所示位置时,开始压缩气体,压缩到压强大于一个大气压时,排气阀门自动打开,气体被排到大气中,如图 4 - 1 - 3(d)所示. 之后就进入下一个循环. 蒸气压较低而又有一定黏度的机械泵油的作用是作密封填隙,以保证吸气和排气空腔不漏气,另外还起润滑和帮助在气体压强较低时打开阀门的作用.

显然,转子转速越快,则抽速越大. 若令最大吸气空腔的体积为 V_{max} (L),转子的转速为 ω (r · s^{-1}),则泵的几何抽速为

$$S_{max} = 2\omega V_{max} (\text{L} \cdot \text{s}^{-1}) \tag{4-1-1}$$

有害空间

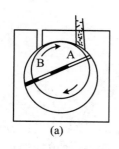 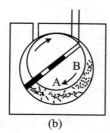 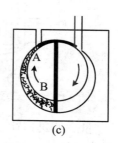 

　　(a)　　　　　　　(b)　　　　　　　(c)　　　　　　　(d)

图 4 - 1 - 3　旋片式机械泵工作原理图

上式给出的是理想抽速,实际上是达不到的. 这是因为在排气阀门和转子与定子空腔接触处有一个"死角",如图 4 - 1 - 3(d)所示,此空间的气体是刮板刮不出去

的,称为"有害空间"或"极限空间".有害空间的存在不仅影响了泵的极限压强 P_u,
也影响到泵的抽速 S.通常,机械泵的极限压强为 $1.333 \sim 1.333 \times 10^{-1}$ Pa.

2. 高真空的获得

最早用来获得高真空的泵就是扩散泵,目前依然广泛使用.它是利用气体扩散
现象来抽气的,通常根据结构材料不同可分为玻璃油扩散泵和金属油扩散泵两类.
图 4-1-4 是油扩散泵的结构示意图.泵的底部是装有真空泵油的蒸发器,真空泵
油经泵外的电炉加热沸腾后,产生一定的油蒸气,其压强约为 13.33 Pa.油蒸气沿
着蒸气导流管传输到上部,经由三级伞形喷口向下喷出.因为扩散泵适合在分子流
状态下工作,为了防止泵油在高温下被氧化变质失效,并降低汽化点使之容易沸
腾,油扩散泵必须在被前级泵抽至预备真空状态下才能开始加热.所以喷口外面的
压强较油蒸气压低,于是便形成一股向出口方向运动的高速蒸气流,使之具有很好
的运载气体分子的能力.气体分子由于热运动扩散进入射流,与油分子碰撞,由于
油分子的分子量大,碰撞的结果是油分子把动量交给气体分子使自己慢下来,而气

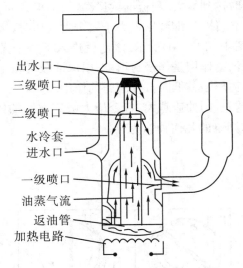

出水口
三级喷口
二级喷口
水冷套
进水口
一级喷口
油蒸气流
返油管
加热电路

图 4-1-4   三级油扩散泵示意图

体分子获得向下运动的动量后便迅速往下飞去.并且,在射流的界面内,气体分子
不可能长期滞留,因而界面内气体分子浓度较小.由于这个浓度差,使被抽气体分
子得以源源不断地扩散进入蒸气流而被逐级带至出口,并被前级泵抽走.慢下来的
蒸气流在向下运动过程中碰到水冷的泵壁,油分子就被冷凝下来,沿着泵壁流回蒸
发器继续循环使用.冷阱的作用是减少油蒸气分子进入被抽容器.油扩散泵的极限

真空度主要取决于油蒸气压和反扩散两部分,目前一般能达到 1.333×10^{-5} ~ 1.333×10^{-7} Pa.

三、真空的测量

测量真空度的装置称为真空计或真空规.由于被测量的真空度范围很广,真空计的种类很多.根据气体产生的压强、气体的黏滞性、动量转换率、热导率、电离等原理制成了各种真空计.下面介绍实验中常用的两种.

1. 热偶真空计

它是通常用来测量低真空的真空计,可测范围为 13.33~0.133 3 Pa.它是利用气体的热传导与压强成正比的特点制成的,其结构如图 4-1-5 所示.加热灯丝通以恒定电流,管压强越低,即管内气体分子密度越小,气体碰撞灯丝带走的热量就越少,则灯丝的温度就越高,热偶丝所产生的电动势也越大.用绝对真空计进行校准,热偶丝所产生的电动势就可以用来指示真空度了.

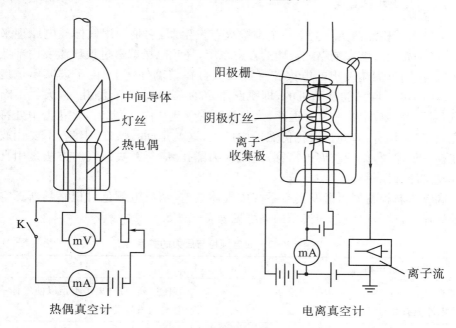

图 4-1-5　真空规管结构原理示意图

2. 电离真空计

电离真空计是根据电子与气体分子碰撞产生电离的原理制成的,测量范围为

0.133 3~1.333×10^{-6} Pa,结构如图 4-1-5 所示.灯丝发出的电子与气体分子碰撞使气体分子电离产生的正离子被板极收集,形成离子电流 I_+,它与栅极电流 I_e 及气体压强 P 成正比,即

$$I_+ = KI_e P \qquad\qquad (4-1-2)$$

式中 K 是比例常数,称为电离真空计的灵敏度.通常使 I_e 不变,经绝对真空计进行校准,由 I_+ 的值指示真空度.当压强高于 0.133 3 Pa 或系统突然漏气时,I_+ 值很大,灯丝会被烧毁,因此必须在真空度达到 0.133 3 Pa 以上时,才能开始使用电离真空计.

四、真空检漏

真空检漏是真空技术中非常重要的一环.实际的真空系统,如果达不到预计的极限真空,在排除掉材料放气和泵工作不正常外,主要是对系统进行检漏.检漏的方法很多,下面简单介绍常用的两种.

1. 高频火花检漏法

高频火花检漏器实际上是一个高频火花发生器,它是利用气体放电原理来检漏的.当一高频放电尖端靠近玻璃的真空系统,高频电场就透过玻璃激发内部低压气体放电,同时尖端发出的电火花穿过大气打在玻璃外壁上.由于玻璃不是良导体,火花的击中点只能是随机的,即跳跃不定的.当玻璃上有漏孔时,大气不断流入,这对于高频放电是一良好通路,火花就顺着气流往内钻.此时,火花击中处特别明亮,且尖端稍有移动时,火花仍然击中此点,这就是漏孔所在.但是,不要让放电火花在一处停留,以免玻璃被击穿,造成人为漏孔.应急解决漏气的方法是用真空泥或真空醋加以封补.

高频火花检漏器可激发真空系统中气体放电,从放电颜色可粗略判断真空系统的气压.气体放电颜色与气压的关系见表 4-1-2.

表 4-1-2　放电颜色与压力的关系

放电辉光颜色	系统压力(Pa)	说　明
不发光,在管内靠近玻璃壁的金属零件上有光点	$10^5 \sim 10^3$	气压过高,带电离子不足以使气体电离和激光发光
紫色条纹或一片紫红色	$10^3 \sim 10$	氧、氮的激发发光的颜色
一片淡红色	$10 \sim 1$	氧、氮的激发发光的颜色
淡青白色	$1 \sim 10^{-1}$	系统内残余的水汽和阴极分解时放出的 CO、CO_2 发光颜色

放电辉光颜色	系统压力(Pa)	说　明
玻璃局部有微光	$10^{-1} \sim 10^{-3}$	系统内残余的水汽和阴极分解时放出的 CO、CO_2 发光颜色
不发光,在金属零件上没有光点,但玻璃壁上有荧光	$< 10^{-3}$	带电离子与气体碰撞太少,发光微弱

2. 真空计检漏法

有一些真空计,如热偶真空计、电离真空计等,它们的读数与气体种类有关,选用适当的气体作为示漏气体,这些真空计就是很好的探测器.做法是将示漏气体喷吹到可疑部位,如遇漏孔,示漏气体便会进入系统,真空计读数就会变化.

五、玻璃真空系统抽气原理

玻璃真空系统装置如图 4 - 1 - 6 所示,此外还有:复合真空计 2 台、高频火花发生器 1 台、计时器 1 只.

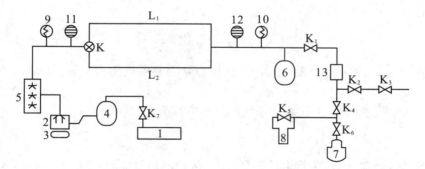

1—机械泵　2—油扩散泵　3—电炉　4—储气瓶　5—冷阱　6—储气瓶
7—充气瓶　8—U 形计　9,10—热偶规管　11,12—电离规管　13—漏孔
K,K_1,K_2,K_3,K_4,K_5,K_6—真空阀　K_7—电磁阀　L_1—毛细管　L_2—粗管

图 4 - 1 - 6　玻璃真空系统装置

图 4 - 1 - 7 为真空系统抽气示意图.设被抽容器的体积为 V,经管道 L 与泵相连,容器内壁出气率为 Q_0,漏气率为 Q_L.当泵对容器抽气时,容器内压力不断变化,由气体流量连接性原理,可得抽气方程

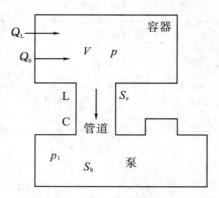

图 4-1-7　真空系统抽气示意图

$$p\frac{\mathrm{d}V}{\mathrm{d}t}=Q_{\mathrm{L}}+Q_0-V\frac{\mathrm{d}p}{\mathrm{d}t} \tag{4-1-3}$$

式中 $\dfrac{\mathrm{d}V}{\mathrm{d}t}=S_{\mathrm{e}}$,为容器的有效抽速. 当容器不漏气时 $(Q_{\mathrm{L}}=0)$ 有

$$pS_{\mathrm{e}}=Q_0-V\frac{\mathrm{d}p}{\mathrm{d}t} \tag{4-1-4}$$

由此可得

$$S_{\mathrm{e}}=2.3\frac{V}{t}\lg\frac{p_1-p_0}{p_2-p_0} \tag{4-1-5}$$

这里 $p_0=Q_0/S_{\mathrm{e}}$ 为系统不漏气时的平衡压力,t 为容器内压力从 p_1 降到 p_2 所需的时间.

由真空技术可知,上述真空系统的基本方程为

$$\frac{1}{S_{\mathrm{e}}}=\frac{1}{S_{\mathrm{h}}}+\frac{1}{C} \tag{4-1-6}$$

式中 S_{h} 为泵的抽速,C 为管道的流导. 若连接管道是很细的,使得 $S_{\mathrm{h}}\gg C$,于是可近似得认为 $S_{\mathrm{e}}=C$,这样式(4-1-5)可以写成

$$C=2.3\frac{V}{t}\lg\frac{p_1-p_0}{p_2-p_0} \tag{4-1-7}$$

如果容器存在漏气,则有

$$C=2.3\frac{V}{t}\lg\frac{p_1-p_{\mathrm{L}0}}{p_2-p_{\mathrm{L}0}} \tag{4-1-8}$$

式中 $p_{\mathrm{L}0}=\dfrac{Q_{\mathrm{L}}+Q_0}{S_{\mathrm{e}}}$ 为系统存在漏气时的平衡压力.

对于抽气稳定的系统,管道的流导为

$$C=\frac{Q_{\mathrm{L}}+Q_0}{p_1-p_2} \tag{4-1-9}$$

式中 p_1, p_2 为抽气稳定时管道两端的压力. Q_L 和 Q_0 可用升压法求得, 这时

$$Q_L + Q_0 = V \frac{\mathrm{d}p}{\mathrm{d}t} \tag{4-1-10}$$

这样作出升压时的 p-t 曲线, 可求出 $Q_L + Q_0$ 值, 且当 $Q_L \ll Q_0$ 时, 有

$$Q_L = V \frac{\mathrm{d}p}{\mathrm{d}t} \tag{4-1-11}$$

当 $Q_L = 0$ 时, 有

$$Q_0 = V \frac{\mathrm{d}p}{\mathrm{d}t} \tag{4-1-12}$$

将 $Q_L + Q_0$ 值代入式 (4-1-9) 中, 可求流导 C.

【实验步骤与要求】

1. 实验步骤

(1) 寻找漏孔, 启动机械泵对真空系统抽气, 用高频火花检漏器寻找漏源. (注意不要用火花检漏器头部对玻璃放电.)

(2) 机械泵抽速测定: 打开 K, K_1, K_4, K_5, 用机械泵抽气, 由热偶真空计读取不同时间的压力值, 作 p-t 曲线, 由下式计算出机械泵在某一时刻的抽速

$$S_h = V \left[-\frac{\mathrm{d}(\ln p)}{\mathrm{d}t} \right] \tag{4-1-13}$$

式中的 V 值由实验室给出.

或者, 用下式直接计算机械泵的平均抽速

$$S_h = 2.3 \frac{V}{t} \lg \frac{p_1}{p_2} \tag{4-1-14}$$

式中 p_1 和 p_2 为抽气时刻 t_1 和 t_2 的泵的进气口压力.

(3) 系统本底出气率的测定: 当系统被抽到高真空的极限时 (一般为 10^{-3} Pa 量级), 首先关 K_1, 再把电离真空计 11 调到 10^{-3} Pa 量级, 把电离真空计 12 调到 10^{-1} Pa 量级, 关 K, 用电离真空计 12 读取不同时刻容器内的压力升高值, 作 p-t 曲线 (一般 $\Delta t = 3 \sim 5$ s), 由公式

$$Q_0 = V \frac{\mathrm{d}p}{\mathrm{d}t} \tag{4-1-15}$$

求出气率 Q_0.

(4) 漏孔的漏气率的测定: 在系统被抽到高真空的极限后, 关 K_4, K_5, 慢慢打开 K_6, 当 U 形计压力差为 2 cm 左右时关 K_6. 把电离真空计 12 调到 10^{-1} 挡, 打开 K_5, 同时关 K, 并打开 K_4. 用电离真空计 12 读取不同时刻容器内压力升高值, 当指

针指到 8×10^{-1} Pa 时立即打开 K(注意保持系统压力 $p < 1.3 \times 10^{-1}$ Pa),作 p-t 曲线,由公式

$$Q_L = V \frac{\mathrm{d}p}{\mathrm{d}t} \qquad (4-1-16)$$

计算漏气率 Q_L.

(5) 毛细管 L_1 流导的静态测定:在系统抽到高真空的极限后,用电离真空计 11 和 12 分别指示出毛细管 L_1 两端的平衡压力,利用已知 Q_0($Q_L = 0$ 时)由公式

$$C = \frac{Q_0}{p_1 - p_2} \qquad (4-1-17)$$

计算出 L_1 的流导(同理也可计算 L_2 的流导);并将测量结果与管道流导公式

$$C = 12.1 \frac{d^3}{L} \ (\mathrm{L \cdot s^{-1}}) \qquad (4-1-18)$$

进行比较,式中 d 为毛细直径,L 为毛细管长度,单位均为 cm.

2. 真空实验仪使用注意事项

(1) 真空实验仪是全玻璃系统,玻璃易碎,转动阀门时必须慢慢旋动,严防用力过猛.

(2) 火花检漏器为高频放电,要小心使用.检漏时不要用放电的尖端部位对玻璃放电,以免把玻璃击穿;不可在同一地点停留太长时间,因为玻璃局部受热过久会熔化产生小孔,造成漏气.

(3) 电炉和扩散泵不能接触,它们之间距离为 3~6 mm 为准.

(4) 仪器使用时首先开机械泵,再打开热偶规管,真空度抽到 5 Pa 左右扩散泵冷却水开启,并打开电炉电源.当真空度为 0.5 Pa 时,再开启电离规管,直到所要求的真空度.

(5) 做完实验后,首先关闭电离规管,再关闭电炉和热偶规管,一直等到扩散泵冷却至室温,再把真空泵和冷却水关断,避免真空系统受到污染.

【思考题】

(1) 什么是真空?如何获得高真空?

(2) 极限真空、平衡压力的物理意义是什么?

(3) 当实验室发生停水、停电时,应采取哪些措施来保护真空系统不受损坏?

(4) 扩散泵为什么要有一定的前极真空才能正常工作?

(5) 在什么条件下可以使用电离真空计测量真空度?为什么?

(6) 关油扩散泵后多长时间再关机械泵?为什么?

实验 4 - 2　真空镀膜与膜厚测量

早在一个世纪前,人们从辉光放电管壁上就观察到了溅射的金属薄膜.根据这一现象,后来逐步发展起真空镀膜技术.真空镀膜是在真空条件下,利用物理方法,在金属或非金属、导体或绝缘体以及半导体等多种材料上喷镀单层或多层具有不同性质和要求的薄膜.真空镀膜技术在现代工业和科学技术方面有着广泛的应用.例如,光学仪器上的各种反射膜、增透膜、滤光片等,都是真空镀膜技术的产物;电子器件中用的薄膜电阻,特别是平面型晶体管和超大规模集成电路也有赖于薄膜技术来制造;硬质保护膜可使各种经常磨损的器件表面硬化,大大增强耐磨程度;磁性薄膜具有记忆功能,因在电子计算机中用作存储记录介质而占有重要地位.因此,真空镀膜技术目前正在向各个重要的科学领域延伸,引起了人们广泛的关注.

【实验目的】

(1) 了解真空镀膜的原理及方法.
(2) 掌握在玻璃基片上蒸镀金属膜的原理和方法.
(3) 学会用干涉显微镜测量薄膜的厚度.

【实验仪器】

真空镀膜机、复合真空计、干涉显微镜等.

【实验原理】

一、常用的真空镀膜方法

真空镀膜中常用的方法是真空蒸发镀膜和离子溅射镀膜.真空蒸发镀膜是在一定真空度下,把要蒸发的材料加热到一定温度,使大量分子或原子蒸发和升华,并直接淀积在基片上形成薄膜.离子溅射镀膜是利用气体放电产生的正离子在电场的作用下高速轰击作为阴极的靶,使靶材中的原子或分子逸出而淀积到被镀工件的表面,形成所需要的薄膜.

真空蒸发镀膜最常用的是电阻加热法,其加热源的结构简单,造价低廉,操作方便;缺点是不适用于难熔金属和耐高温的介质材料.此外还有电子束加热法.它是利用聚焦电子束直接对被轰击材料加热,电子束的动能变成热能,使材料蒸发.用大功率的激光作为加热源也是一种方法,但由于大功率激光器的造价很高,目前只能在实验室使用.

阴极溅射技术与真空蒸发技术有所不同,充有稀薄气体的放电管的两电极上加有直流电压时,开始只有很小的电流,即只有少数电子和离子形成电流,随着电压升高,电子和离子能量变大,与气体分子碰撞使之电离,产生更多的离子,正离子在电场中以很高的速度轰击阴极靶,使靶的中性原子溅射出来,穿过工作空间而淀积到基片上.为了提高溅射速率,可引入一个与电场正交的磁场,使电子沿螺旋形路径运动,增加电子与气体分子碰撞的几率,称之为磁控溅射法.对绝缘材料,因打到靶上的正离子会在材料上积累,使表面电势升高,用直流溅射法不能继续轰击靶面,可采用高频(RF)电场,使溅射持续进行,称之为高频溅射法.

此外,将蒸发法与溅射法结合,即为离子镀.得到的膜与基片间有极强的附着力,有较高的淀积速率,膜的密度高,是这种方法的优点.

二、影响真空蒸发镀膜的因素

蒸发淀积薄膜的厚度和质量与气体压强的大小、基片放置的位置、加热蒸发源温度等多种因素有关.

真空室内的残余气体分子愈少,固体物质蒸发的分子与气体分子碰撞的几率也就愈小,反之则愈大;当真空度低到一定程度,由于碰撞几率大,蒸镀就很难进行.为使蒸发物质的分子顺利到达基片的表面,必须尽可能减少与气体分子碰撞的机会,即应使真空室内气体分子的平均自由程 $\bar{\lambda}$ 大于蒸发物与被镀基片的距离 d.由分子动力学可知,气体分子的平均自由程

$$\bar{\lambda}=\frac{1}{\sqrt{2}\pi n\sigma^2} \qquad (4-2-1)$$

其中 n 为单位体积内的气体分子数,σ 为气体分子有效直径.对空气分子,其有效直径可取 $\sigma=0.37$ nm.理想气体状态方程压强的表达式为

$$p=nkT \qquad (4-2-2)$$

其中 p 为压强,k 为玻耳兹曼常数($k=1.38\times10^{-23}$),T 为热力学温度.根据以上两式,气体的平均自由程决定于单位体积内的分子数 n,而在 T 一定时 n 正比于压强 p,即 $\bar{\lambda}\propto 1/p$.取温度 T 为 293 K,并将其他常数代入以上两式,可得

$$\bar{\lambda}=\frac{6.6\times10^{-3}}{p} \qquad (4-2-3)$$

式中 p 的单位用 Pa, $\bar{\lambda}$ 的单位为 m. 一般实验室的真空镀膜中源基距 d 在 30 cm 左右的范围. 因此镀膜时常用的真空室气体压强在 $10^{-2} \sim 10^{-4}$ Pa, 这时的平均自由程与蒸发源到基片的距离相比要大得多.

淀积速率是影响镀膜质量的一个重要因素, 它不但影响膜的光学性能, 同样也影响膜的力学性能. 淀积速率较低时, 大多数气体的凝结分子从基片返回, 凝结只能在大的聚团上进行, 所以低蒸气压下淀积的膜, 结构松散且产生大颗粒淀积. 较高的淀积速率, 使膜层结构致密均匀, 机械性能变好, 牢固性增加, 光散射减小. 此外, 由于真空室内总有一定的剩余气体分子, 特别是氧分子, 会在基片表面和蒸镀材料分子发生化学反应, 使膜的纯度降低, 从而使某些物质对光的吸收增加. 淀积速率愈低, 膜层的纯度也就愈差. 因而提高膜层的淀积速率有利于改善其光学性能和牢固性. 当然, 淀积速率如果过高, 也会使膜的内应力加大, 易引起膜破裂.

基片的温度对淀积速率和膜的质量也有一定的影响. 基片的温度高, 蒸气分子就容易在基片上运动或者被基片再次蒸发, 于是所需要的凝结分子的临界蒸气压高一些, 容易形成大颗粒结晶. 但另一方面由于在温度升高时易于排除基片表面吸附的气体分子, 这将使淀积分子与基片间的结合力变大, 同时基片与蒸气分子结晶的温差变小, 可减少膜层的内应力, 使膜层在基片上附着得更牢固. 但蒸镀金属膜时, 为了减少大颗粒对膜层反射效率的影响, 一般采用冷基片更有利.

三、真空蒸发镀膜

真空热蒸发多采用电阻大电流加热, 一般用高熔点的金属(如钨、钼、钽、铂等)或铝土、石墨等作为蒸发源, 其形式有丝源和舟源(如图 4-2-1 所示).

对加热器材料的主要要求是: 在蒸发温度下的蒸气压足够低, 高温下的热稳定性好, 不易与高温状态下的蒸发材料形成合金. 实验中镀的铝在 660 ℃ 温度下熔化, 到 1 100 ℃ 时开始迅速蒸发. 蒸发源的加热温度应能达到上述蒸发温度. 一定质量的蒸发源其升温快慢就决定了蒸发速率的大小. 这里用钨丝作蒸发源材料, 其熔化温度为 3 382 ℃.

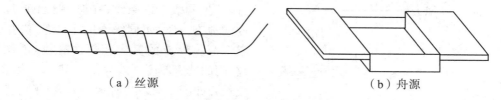

（a）丝源　　　　　　　　　　（b）舟源

图 4-2-1　常见的热蒸发源

四、镀膜中应注意的问题

为了在蒸镀时得到质量较好的薄膜,还应当注意以下几个问题:

（1）注意基片表面保持良好的清洁度.被镀基片表面的清洁程度直接影响薄膜的纯度、牢固性和均匀性.基片表面的任何微粒、尘埃、油污及杂质都会大大降低薄膜的附着力,改变薄膜的特性.基片必须在较大的温度范围内与薄膜有很强的附着力,为了使薄膜有较好的反射光的性能,基片表面应平整光滑.镀膜前基片必须经过严格的清洗和烘干,比较常用的清洗方法是超声波清洗法.基片放入镀膜室后,在蒸镀前有条件时应进行离子轰击,以去除表面上吸附的气体分子和污染物,增加基片表面的活性,提高基片与膜的结合力.

（2）将材料中的杂质预先蒸发掉.蒸发物质的纯度直接影响着薄膜的结构和光学性质,因此除了尽量提高蒸发物质的纯度外,还应设法把材料中蒸发温度低于蒸发物质的其他杂质预先蒸发掉,而不要使它蒸发到被镀零件的表面上.我们采取"预熔"的措施.在预熔时用活动挡板挡住蒸发源,使蒸发材料中的杂质不能蒸发到被镀零件的表面.预熔时会有大量吸附在蒸发材料和电极上的气体放出,真空度会降低一些,故不能马上进行蒸发,应测量真空度并继续抽气,待真空度恢复到原来的状态后,方可移开挡板,加大蒸发电极加热电流,进行蒸镀.

（3）注意使膜层厚度分布均匀.均匀性不好会造成膜的某些特征随表面位置的不同而变化.让蒸发源与工件的距离适当远些,如有条件还可以使工件在蒸镀时慢速转动,同时使工件尽量靠近转动轴线放置.

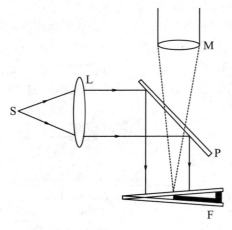

S—光源　L—准直透镜　P—半反半透玻璃
F—镀有待测膜的平板玻璃　M—测量显微镜

图 4 - 2 - 2　光学劈尖干涉法测膜厚的光路

五、薄膜厚度测量

（1）用光的干涉法测薄膜厚度.用该方法测量的膜厚是光学膜厚.以单色平行光照到一个光学劈尖形薄膜上,就会形成等厚干涉条纹.在劈尖上相同厚度的地方,产生同级干涉条纹;在劈尖上不同厚度的地方,产生不同级次的干涉条纹.由空气薄膜形成的劈尖相邻两亮纹（或暗纹）间的薄膜厚度之差为$\lambda/2$（其中 λ 为光波长）.如图 4 - 2 - 2 所示,一单色平行光束以约45°角入射到半反射镜 P 上,有一部分光被反射到产生干涉的劈尖装置上,用低倍显微镜 M 对条纹宽度进行测量,如果形成劈尖的两块玻璃内表面上都有适当的反射效率且间距很小,干涉条纹就可以调整得非常清晰,且条纹平行于两平板的接触线.如果平板 F 的平面镀有厚度带有台阶的铝反射膜,使台阶分界线方向垂直于两平板玻璃接触线时,在台阶处看到的条纹会发生错位.如图 4－2－3 所示,以 L 表示相邻条纹的间距,ΔL 表示条纹错开的距离,则铝反射膜的台阶厚度为

$$t = \frac{\Delta L}{L} \cdot \frac{\lambda}{2} \qquad\qquad (4-2-4)$$

为便于测量,制作时要注意使 F 的铝反射膜的台阶平直整齐.

　（2）称量法测定是薄膜的质量膜厚.即用足够精确的天平称量淀积前后衬底的质量.衬底的面积可先测出,因而可算出淀积薄膜的平均厚度.

　在实际工作中,常用固定蒸发源的加热功率、源量等方法,使淀积速率相对稳定,通过控制蒸发时间,粗略地控制膜厚.

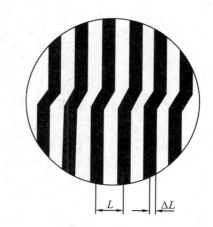

图 4－2－3　在薄膜台阶处干涉条纹的错位

六、仪器工作原理

1. 真空镀膜机

　高真空镀膜机由镀膜室（钟罩）、真空系统、钟罩的升降系统以及镀膜时使电极加热、工件回转、电离轰击的电器系统等部分组成,见图 4－2－4.

　（1）镀膜室为钟罩形,一般用不锈钢制成,钟罩上有观察窗,钟罩与升降机构相连.镀膜室内装有电阻加热电极,因为加热电流很大,为减小电阻,电极用紫铜制成.电极与真空镀膜室底板之间用橡胶圈密封.镀膜室一般装有离子轰击电极,当真空度达到 4 Pa 左右时,交流电经升压整流后输送到真空室轰击电极上,稀薄气体发生辉光放电,产生大量离子.这些离子撞击基片表面与真空室壁,起到清洁表面、提高真空度的作用.真空室内还有可转动的挡板,用于预熔时遮挡杂质;旋转工件架转动起来,可以使工件的膜层厚度分布均匀.

　（2）真空系统由各种真空器件组成,主要包括:被抽的真空容器;机械泵、扩散泵;测量真空度用的热偶规管、电离规管及复合真空计;储气筒、各种阀门和真空管道;扩散泵的冷却水管等.

　扩散泵的外壳用金属制成,扩散泵与钟罩之间可用高真空阀密封.为防止扩散

泵内反流的油蒸气分子跑到钟罩内造成污染,扩散泵上端一般装有用水冷却的挡油器.扩散泵通过储气筒可与机械泵相通,储气筒的作用是当机械泵停机或对镀膜室进行预抽时仍能保持一定的真空度,因而可以保持扩散泵所需的前级压强.

　　机械泵与真空系统的其他部分用粗的胶管相连,以尽量减少抽气的阻力,同时又可以防止机械泵的振动对系统工作的影响.机械泵的抽气口处有一电磁阀,可使机械泵停机时将机械泵与真空管道自动断开,并对泵充气,使泵不至于向系统漏气或进油.

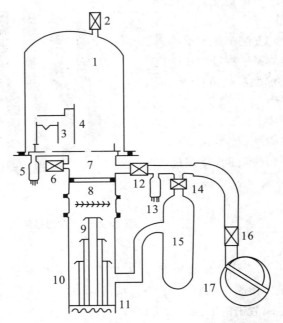

1—镀膜室　2—针形阀　3—蒸发电极　4—挡板　5—电离规管　6—充气阀
7—高真空阀　8—水冷挡板　9—蒸气液导管和喷嘴　10—扩散泵体　11—加热
电炉　12—预抽阀　13—热偶规管　14—前置阀　15—储气瓶　16—电磁阀
17—机械泵

图 4 - 2 - 4　真空镀膜机结构示意图

2. 干涉显微镜

　　测量薄膜厚度的方法有很多种.用一般测量显微镜即可,但须单独制作一块半反半透的玻璃片,若用干涉显微镜则可直接测出膜厚.干涉显微镜可视为迈克耳逊干涉仪和显微镜的组合,其简化光路如图 4 - 2 - 5 所示.

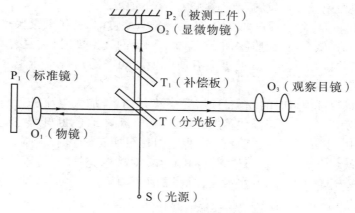

图 4-2-5　干涉显微镜的光路图

　　S 发出的光束经分光板 T 分成两束,一束透过分光板 T、补偿板 T_1、显微物镜 O_2 射向被测工件 P_2 的表面,由 P_2 反射后经原路返回至分光板 T,再经 T 反射到观察目镜 O_3;另一束由分光板 T 反射后经过物镜 O_1 射到标准镜 P_1 上,由 P_1 反射后通过物镜 O_1 并透过分光板 T,也射向观察目镜 O_3,它与第一束光相遇,产生干涉.通过目镜 O_3,可以看到定位于工件表面附近的干涉条纹.

　　分光板 T、补偿板 T_1、标准镜 P_1 都经过精密加工,如果被测工件表面也是同样平整光洁,那么就可以得到没有曲折的直线状干涉条纹.

　　当经 P_1、P_2 镜反射回来的两束光的光程相等时,将在目镜中看到零级干涉条纹.若用白光照明,视场中出现两条近似黑色的条纹,两侧分布着数条彩色条纹.

　　测量薄膜厚度时,样品两个表面将出现光程差,目镜中就可以看到如图 4-2-3 所示的弯曲条纹,按式(4-2-4)即可计算出薄膜的厚度.可以用白光照明进行测量.尤其当薄膜较厚、台阶较陡时,单色光条纹错移量不易判断,使用白光照明条纹测量更方便一些.但精度要低一些.若用白光测量时,λ 可用 $\bar{\lambda} = 530$ nm 代替.

【实验步骤与要求】

1. 蒸发镀膜

　　(1)清洗玻璃基片是影响镀膜质量的关键环节之一,因此要认真清洗和烘干基片.

　　(2)清理镀膜室.钟罩内原有一定的真空度,充气到一个大气压后,提起钟罩,装好基片、电极钨丝和蒸发料,清理镀膜室,降下钟罩.

(3) 开机械泵,先对钟罩抽真空.达到一定真空度时,开扩散泵预热一定时间,借助机械泵和扩散泵,将镀膜室抽到 5×10^{-3} Pa 的真空度时(用复合真空计测量真空度),进行预熔.预熔时真空度会有所降低.(想一想这些气体是怎样产生的?为什么要将其抽去?)

(4) 注意观察预熔时的现象.预熔完毕移开挡板,加大电流进行蒸发.待蒸发材料全都蒸发后,转动挡板挡住蒸发源,迅速将电流减到零,断开蒸发电路.蒸镀的工作完成以后,关扩散泵,关高真空阀.保持机械泵抽气半小时.

(5) 将低真空阀置于适当位置,停机械泵,对钟罩充气.开钟罩取出镀好的样品,清洗镀膜室.扣下钟罩,开机械泵,对钟罩抽低真空 3~5 min,维持机械泵对扩散泵抽气约 30 min.最后关机械泵、总电源和冷却水.

2. 薄厚测量

(1) 用干涉显微镜测量所镀薄膜.
(2) 根据公式(4-2-4)计算出所镀薄膜的厚度.

【思考题】

(1) 要进行真空镀膜为什么要达到高真空?如达不到要求的真空度可能会出现什么问题?

(2) 镀膜前为什么要对基片进行认真清洗?怎样对基片进行清洗处理?

(3) 蒸发源与蒸发器皿有何关系?是否可以随便选择?

(4) 蒸发速率对所形成膜的质量有什么影响?蒸发速率受哪些因素的影响?

(5) 真空度与镀膜层质量有何关系?如何获得较好的膜层?

(6) 真空蒸发镀膜有些什么特点和要求?

(7) 有哪些因素影响镀膜层质量及厚度?

(8) 为什么用干涉显微镜可以测量薄膜厚度?如用普通测量显微镜测量,光路有什么区别?

(9) 简述干涉显微镜的工作原理和测量方法.

实验 4-3　气体放电等离子体的研究

等离子体是作为物质的第四态而存在的.在地球上,人类看到的火、闪电和极光,可能是最早见到的等离子体.在实验室中,人们获得等离子体是从气体放电开始的.法拉第(M. Faraday)在 19 世纪 30 年代观察过气体辉光放电时的结构;1879年克鲁克斯(W. Crookes)指出在真空管中"物质可以以第四态的形式成立";1929年朗缪尔(L. Langmuir)和汤克斯(L. Tonks)第一次引入"等离子体"这个名称,用来表示物质的第四态.现在等离子体已被应用于金属加工、电子工业、医学技术及广播通信等部门.而在作为未来能源希望之一的受热核聚变工程中,等离子体的研究出现了崭新的局面.

【实验目的】

(1) 了解低气压气体辉光放电.
(2) 学习等离子体的有关知识.
(3) 掌握静电探针等离子体诊断的方法.

【实验仪器】

多功能等离子实验仪.

【实验原理】

一、等离子体的产生

等离子体是多种粒子同时存在的特定空间.其中有带电的正、负离子和电子,不带电的如气体原子、分子、受激原子、亚稳态原子等.由于带负电和带正电的粒子密度几乎相等,所以称作"等离子体".

等离子体可分为等温离子体和气体放电等离子体两种类型,它们都具有高度电离、良好导电、加热气体等特性.

本实验是研究气体放电等离子体的一般规律,采用常用的方法测定等离子体的一些基本参量.

设有一对平行电极的放电管(见图 4-3-1),管内压力保持在 $10\sim10^2$ Pa,在两个电极上加高压,则其间有电流流过.电流的数值随电压增大,得到如图 4-3-2所示的全伏安特性曲线.C 点称为"着火"点,DE 部分就是要研究的正常辉光放电形成的等离子体.从外观看,辉光放电的整个放电空间为明暗相间的光层所分隔,其分布如图 4－3－3 和图4－3－4.

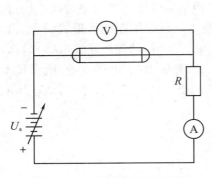

图 4－3－1 气体放电原理图

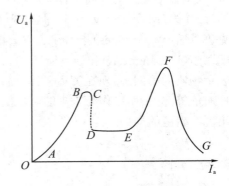

图 4－3－2 气体放电全伏安特性曲线

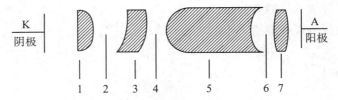

1—阴极光膜　2—阴极暗区　3—负辉区　4—法拉第区
5—等离子区　6—阳极暗区　7—阳极辉光

图 4－3－3 辉光放电参数全图

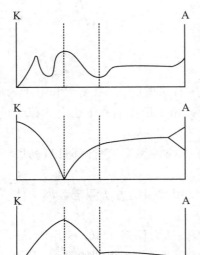

图 4－3－4 辉光放电参数分布全图

假设等离子体中的电子速度分布符合麦克斯韦分布规律,则单位时间内飞向阳极的电子数为

$$N_e = \frac{1}{4} n_e \overline{v_e} S_e \qquad (4-3-1)$$

式中 n_e, $\overline{v_e}$ 为等离子体中电子密度和平均速度, S_e 为阳极面积,于是阳极电流为

$$I_e = \frac{e}{4} n_e \overline{v_e} S_e \qquad (4-3-2)$$

等离子体的主要参量有电子密度、电子温度、电子平均动能、空间电位分布等.鉴于测定等离子体的方法较多,这里只介绍实验室常用的原理和方法.

二、单探极法测定等离子体参量

探极法测定等离子体参量是朗缪尔提出来

的,又称朗缪尔探极法.测试线路原理如图 4-3-5 所示,它是阳极作为参考电位的.改变探极 P 的电位,就得到探极电流和电压的关系,即探极伏安特性曲线(图 4-3-6).曲线 AB 段为正离子流;BC 段为正离子流加电子流,以正离子流为主;CD 段为电子流加正离子流,以电子流为主;DE 段为电子流.在 A 点和 E 点都可以看到探极上出现光层.

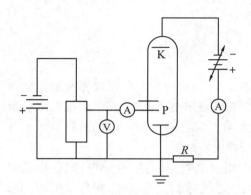

图 4-3-5　探极法测量线路原理图

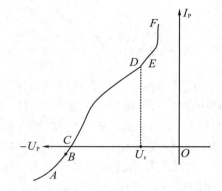

图 4-3-6　探极伏安特性曲线

探极理论只适用于曲线 CD 部分.由于电子受到减速单位(U_p-U_s)作用,只有能量比 U_p-U_s 大的部分能够达到探极.假定电子的能量服从麦克斯韦分布,则探极电流为

$$I_e=I_{e0}\exp\left[\frac{e(U_p-U_s)}{kT_e}\right] \qquad (4-3-3)$$

式中 T_e 为电子温度(K),U_p 是以阳极为参考点的探极负电位,U_s 是等离子体中探极所在位置空间电位.空间电位是非常靠近探针但没有接触到探针的位置处的电压.令 $U=U_p-U_s$,则公式(4-3-3)变为

$$I_e=I_{e0}\exp\left(\frac{eU}{kT_e}\right) \qquad (4-3-4)$$

对上式取对数,作半对数曲线(见图 4-3-7).

由此求得电子温度

$$T_e=\frac{e}{k}\left[\frac{\mathrm{d}U}{\mathrm{d}(\ln i_e)}\right]=\frac{e}{k}\frac{1}{\tan\theta} \qquad (4-3-5)$$

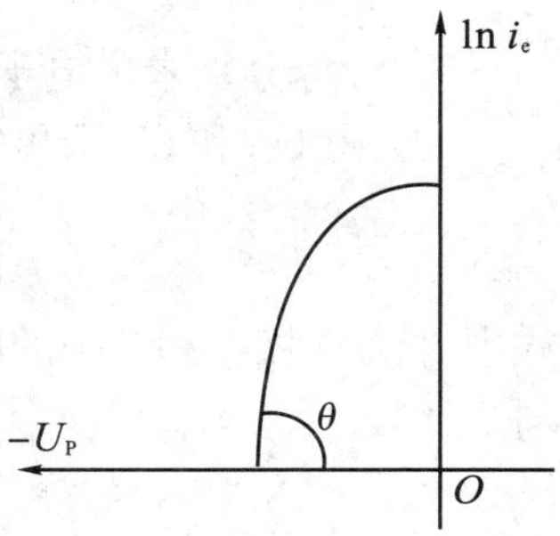

式中 i_e 是探极电流密度(A·cm^{-2}).I_{e0} 是当 $U=0$ 时探极上的饱和电流,即

图 4-3-7　探极半对数曲线

$$I_{e0}=n_e S_p\sqrt{\frac{kT_e}{2\pi m_e}} \qquad (4-3-6)$$

等离子体中电子密度 n_e 为

$$n_e = \frac{I_{e0}}{eS_P\sqrt{\dfrac{kT_e}{2\pi m_e}}} = \frac{i_{e0}}{e\sqrt{\dfrac{kT_e}{2\pi m_e}}} \tag{4-3-7}$$

式中 S_P 为探极在等离子体中裸露部分面积. 电子的平均动能为

$$\overline{E}_e = \frac{3}{2}kT_e \tag{4-3-8}$$

三、放电管

应用不同的测量方法,使用的仪器也不同. 探极法测量时主要仪器有专用放电管和高压电源. 放电管有粗、细两种类型. 本实验采用粗放电管,其中阳极和阴极由直径为 20 mm 的不锈钢做成,管内充氩或氖气,可以封口,也可以用机械泵边抽气边实验. 管内压力以产生均匀正柱形等离子体为好.

直流高压电源由放电管大小决定. 对于粗放电管,且为空气放电,则高压电源一般为 5 kV 左右;若用细放电管,充的是氩、氖或氩加汞等气体,则高压电源一般为 500 V 左右. 高压电源必须稳流、可调,电流在 50~100 mA.

【实验步骤与要求】

(1) 用单探极法,分别作出探极 1 和 2 的伏安特性曲线,求出等离子体空间电位 U_{s1} 和 U_{s2}.

(2) 作半对数特性曲线,求出 $\tan\theta = \dfrac{d(\ln i_e)}{dU}$,从而由式(4-3-5)、(4-3-7)、(4-3-8)等分别求出电子温度 T_e、电子密度 n_e、电子平衡动能 $\overline{E}$.

(3) 由 U_{s1} 和 U_{s2} 求出等离子体中纵向电场强度

$$E_e = \frac{|U_{s1} - U_{s2}|}{L} \tag{4-3-9}$$

式中 L 为探极 1 和 2 中的距离. 再将电流补偿法(图 4-3-8)求得的纵向电场强度与之比较.

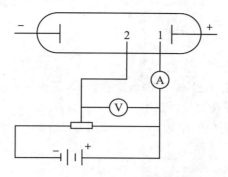

图 4 - 3 - 8　电流补偿法测量电路

电流补偿法,就是当两个探极间电流为零时,测出两探极上的电位差,再求出等离子体中纵向电场强度.

【思考题】

(1) 什么是等离子体? 有几种类型? 气体放电等离子有些什么特征?

(2) 探极法对探针有什么要求?

(3) 分析本实验误差原因.

实验 4 - 4　电子衍射

1924 年,法国物理学家德布罗意在爱因斯坦光子理论的启示下,提出了一切微观实物粒子都具有波粒二象性的假设.1927 年,戴维逊与革末用镍晶体反射电子,成功地完成了电子衍射实验,验证了电子的波动性,并测得了电子的波长.两个月后,英国的汤姆逊和雷德用高速电子穿透金属薄膜的办法直接获得了电子衍射花纹,进一步证明了德布罗意波的存在.1928 年以后的实验还证实,不仅电子具有波动性,一切实物粒子,如质子、中子、α 粒子、原子、分子等都具有波动性.

电子衍射实验扩展了人们对电子本性的认识,提供了新的极其重要的检验物质结构的工具,是对 X 射线的早期方法的一个极其重要的补充和发展,为电子显微镜及其他电子能谱的发展开辟了道路. 由于电子在物质中散射强、穿透浅,更适合于用来研究微晶、表面和薄膜的晶体结构.

【实验目的】

（1）通过电子衍射实验,验证德布罗意公式,获得一定的微观粒子波粒二象性的感性认识,初步掌握表面分析技术.

（2）了解电子衍射仪的结构,掌握其使用方法.

【实验仪器】

WDY-Ⅲ型电子衍射仪.

【实验原理】

一、德布罗意假设和电子波的波长

1924 年,德布罗意提出物质波或称德布罗意波的假说,即一切微观粒子,也像光子一样,具有波粒二象性,并把微观实物粒子的动量 P 与物质波波长 λ 之间的关系表示为

$$\lambda = \frac{h}{P} = \frac{h}{mv} \tag{4-4-1}$$

式中 h 为普朗克常数,m,v 分别为粒子的质量和速度.

若电子是用电压 V 加速,则电子获得能量为

$$\frac{1}{2} m_e v^2 = eV$$

于是

$$\lambda = \frac{h}{\sqrt{2m_e V}} \quad \text{或} \quad \lambda = \sqrt{\frac{1.5}{V}} \quad (\text{nm}) \tag{4-4-2}$$

这就是德布罗意公式.

在电子能量较大时,需要考虑相对论修正. 对于一个静止质量为 m_0 的电子,当加速电压在 50 kV 时,电子的运动速度很大,已接近光速,由于电子速度的加大而引起的电子质量的变化就不可忽略. 根据狭义相对论的理论,电子的质量为

$$m = \frac{m_0}{\sqrt{1 - \frac{v^2}{c^2}}} \tag{4-4-3}$$

式中 c 是真空中的光速. 将式(4-4-3)代入式(4-4-1),即可得到电子波的波长

$$\lambda=\frac{h}{mv}=\frac{h}{m_0 v}\sqrt{1-\frac{v^2}{c^2}} \tag{4-4-4}$$

在实验中,只要电子的能量由加速电压所决定,则电子能量的增加就等于电场对电子所做的功,并利用相对论的动能表达式

$$eU=mc^2-m_0 c^2=m_0 c^2\left[\frac{1}{\sqrt{1-\frac{v^2}{c^2}}}-1\right] \tag{4-4-5}$$

得到

$$v=\frac{c\sqrt{e^2 U^2+2m_0 c^2 eU}}{eU+m_0 c^2} \tag{4-4-6}$$

及

$$\sqrt{1-\frac{v^2}{c^2}}=\frac{m_0 c^2}{eU+m_0 c^2} \tag{4-4-7}$$

将式(4-4-6)和式(4-4-7)代入式(4-4-4)得

$$\lambda=\frac{h}{\sqrt{2m_0 eU\left(1+\frac{eU}{2m_0 c^2}\right)}} \tag{4-4-8}$$

将

$$e=1.602\times10^{-19}\ \text{C}, \quad h=6.626\times10^{-34}\ \text{J}\cdot\text{s}^{-1},$$
$$m_0=9.110\times10^{-31}\ \text{kg}, \quad c=2.998\times10^8\ \text{m}\cdot\text{s}^{-1}$$

代入式(4-4-8)得

$$\lambda=\frac{1.226}{\sqrt{U(1+0.978\times10^{-6}U)}}\approx\frac{1.226}{\sqrt{U}}(1-0.489\times10^{-6}U)\ \text{nm} \tag{4-4-9}$$

二、电子波的晶体衍射

本实验采用汤姆逊方法,让一束电子穿过无规则取向的多晶薄膜. 电子入射到晶体上时各个晶粒对入射电子都有散射作用,这些散射波是相干的. 对于给定的一族晶面,当入射角和反射角相等,而且相邻晶面的电子波的波程差为波长的整数倍时,便出现相长干涉,即干涉加强.

从图 4-4-1 可以看出,满足相长干涉的条件由布拉格方程

$$2d\sin\theta=n\lambda \tag{4-4-10}$$

决定. 式中 d 为相邻晶面之间的距离;θ 为掠射角;n 为整数,称为反射级.

多晶金属薄膜是由相当多的任意取向的单晶粒组成的多晶体,当电子束入射到多晶薄膜上时,在晶体薄膜内部各个方向

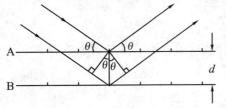

图 4-4-1 布拉格衍射示意图

上,均有与电子入射线夹角为 θ 的而且符合布拉格公式的反射晶面.因此,反射电子束是一个以入射线为轴线,其张角为 4θ 的衍射圆锥.衍射圆锥与入射轴线垂直的照相底片或荧光屏相遇时形成衍射圆环,这时衍射的电子方向与入射电子方向夹角为 2θ,如图 4-4-2所示.

在多晶薄膜中,有一些晶面(它们的面间距为 $d_1, d_2, d_3, \cdots$)都满足布拉格方程,它们的反射角分别为 $\theta_1, \theta_2, \theta_3$, $\cdots$,因而,在底片或荧光屏上形成许多同心衍射环.

可以证明,对于立方晶系,晶面间距为

$$d = \frac{a}{\sqrt{h^2 + k^2 + l^2}}$$

$$(4-4-11)$$

式中 a 为晶格常数,(hkl) 为晶面的密勒指数.每一组密勒指数唯一地确定一族晶面,其面间距由式(4-4-11)给出.

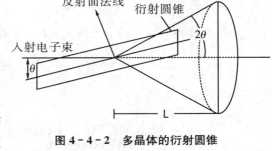

图 4-4-2 多晶体的衍射圆锥

图 4-4-3 为电子衍射的示意图.设样品到底片的距离为 L,某一衍射环的半径为 r,对应的掠射角为 θ.

电子的加速电压一般为 30 kV 左右,与此相应的电子波的波长比 X 射线的波长短得多.因此,由布拉格方程(4-4-10)看出,电子衍射的衍射角(2θ)也较小.由图 4-4-3近似有

$$\sin\theta \approx r/(2L) \quad (4-4-12)$$

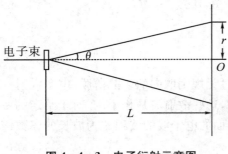

图 4-4-3 电子衍射示意图

将式(4-4-11)和式(4-4-12)代入式(4-4-10),得

$$\lambda = \frac{r}{L} \times \frac{a}{\sqrt{h^2 + k^2 + l^2}} = \frac{r}{L} \times \frac{a}{\sqrt{M}}$$

式中(hkl)为与半径为r的衍射环对应的晶面族的晶面指数,$M=h^2+k^2+l^2$.

对于同一底片上的不同衍射环,上式又可写成

$$\lambda=\frac{r_n}{L}\times\frac{a}{\sqrt{M_n}} \qquad (4-4-13)$$

式中r_n为第n个衍射环半径,M_n为与第n个衍射环对应的晶面的密勒指数平方和.在实验中只要测出r_n,并确定M_n的值,就能测出电子波的波长.将测量计算值$\lambda_{测}$和用式$(4-4-2)$或$(4-4-9)$计算的理论值$\lambda_{理}$相比较,即可验证德布罗意公式的正确性.

1. 电子衍射图像的指数标定

实验获得电子衍射相片后,必须确认某衍射环是由哪一组晶面指数(hkl)的晶面族的布拉格反射形成的,才能利用式$(4-4-13)$计算波长λ.

根据晶体学知识,立方晶体结构可分为三类,分别为简单立方、面心立方和体心立方晶体,依次如图$4-4-4$中(a),(b),(c)所示.

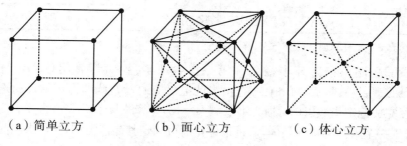

（a）简单立方　　　　（b）面心立方　　　　（c）体心立方

图 4-4-4　3 类立方晶体

由理论分析可知,在立方晶系中,对于简单立方晶体,任何晶面族都可以产生衍射;对于体心立方晶体,只有$h+k+l$为偶数的晶面族才能产生衍射;而对于面心立方晶体,只有$h+k+l$同为奇数或同为偶数的晶面族,才能产生衍射.这样可得到表$4-4-1$.

现在我们以面心立方晶体为例说明标定指数的过程.因为在同一张电子衍射图像中,λ和a均为定值,由式$(4-4-13)$可以得出

$$\left(\frac{r_n}{r_1}\right)^2=\frac{M_n}{M_1}, \quad n=1,2,3,\cdots \qquad (4-4-14)$$

利用式$(4-4-14)$可将各衍射环对应的晶面指数(hkl)定出,或将M_n定出.

表 4-4-1　三类立方晶体可能产生衍射环的晶面族

衍射线序号	简单立方			体心立方			面心立方		
	hkl	M	M_n/M_1	hkl	M	M_n/M_1	hkl	M	M_n/M_1
1	100	1	1	110	2	1	111	3	1
2	110	2	2	200	4	2	200	4	1.33
3	111	3	3	211	6	3	220	8	2.67
4	200	4	4	220	8	4	311	11	3.67
5	210	5	5	310	10	5	222	12	4
6	211	6	6	222	12	6	400	16	5.33
7	220	8	8	321	14	7	331	19	6.33
8	221	9	9	400	16	8	420	20	6.67
9	310	10	10	411	18	9	422	24	8
10	331	19	19	420	20	10	333	27	9

表中：$M_n = h_n^2 + k_n^2 + l_n^2$，$M_1 = h_1^2 + k_1^2 + l_1^2$.

　　方法是：测出衍射环半径 r_n 和第一衍射环半径 r_1，计算出 $(r_n/r_1)^2$ 值，在表 4-4-1 的最后一列 M_n/M_1 值中，查出与此值对应的 hkl，此即为衍射环所对应的晶面指数. 完成标定指数以后，即可用式(4-4-13)计算波长了.

　　对于一个未知结构的晶体，通过指标化后可确定其晶体类型，并可求出晶格常数

$$a = \frac{\lambda L}{r_n}(h_n^2 + k_n^2 + l_n^2)^{\frac{1}{2}} \tag{4-4-15}$$

【实验装置】

　　本实验采用 WDY-Ⅲ型电子衍射，该仪器主要由衍射腔、真空系统和电源三部分组成. 图 4-4-5 为电子衍射仪的外形图.

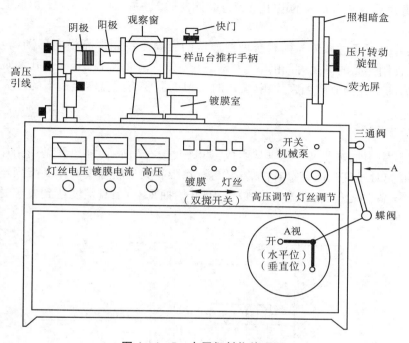

图 4 - 4 - 5　电子衍射仪外观图

一、衍射腔

衍射腔主要由阴极、阳极、样品台、快门、荧光屏及照相暗盒等组成,见图 4 - 4 - 5,其原理见图 4 - 4 - 6.

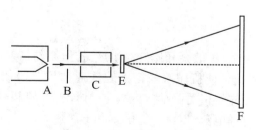

A—阴极　B—阳极　C—光阑
E—样品　F—荧光屏或底片

图 4 - 4 - 6　衍射腔示意图

阴极 A 内装有 V 形灯丝,通电后发射电子.阴极 A 与加速阳极 B 构成电子枪,阴极上加有数万伏的负高压,阳极接地,光阑 C 用来控制射到样品 E 上的电子束,当直径只有 0.5 mm 的电子束穿过晶体薄膜 E 后,在荧光屏 F 上形成电子衍射图像.

　　实验时可通过调节与样品台推杆连接的套筒来控制样品横向移动,转动推杆手柄来控制样品的仰角.照相暗盒内装一开有 3 个孔的圆盘,其中一孔为观察衍射环用,另两个孔为放照相底片用,实验时可根据需要将圆盘转至适当的位置.

二、镀膜室

　　镀膜室由加热器及样品支架组成,如图 4-4-7 所示.加热器是用钼片制成的钼舟.镀膜时先打开镀膜室有机玻璃罩盖,将附有火棉胶基膜的样品架固定在镀膜室内的样品支架上,然后盖好,关放气阀,开始抽真空,当真空度达到要求时可进行蒸发镀膜.

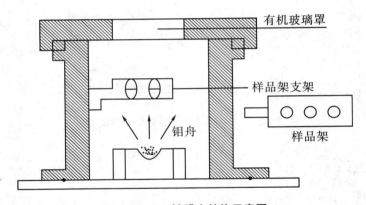

图 4-4-7　镀膜室结构示意图

三、真空系统

　　真空系统由机械泵、扩散泵和储气筒组成.扩散泵与衍射腔之间由真空蝶阀控制"开"或"关". 三通阀可使机械泵与衍射腔连通("拉"位)或与储气筒连通("推"位).实验或镀膜时须先将衍射腔抽成低真空,才能打开蝶阀,其他时间都要关闭蝶阀和切断电离规管灯丝电流,以保护扩散泵和电离规管.

　　若需将衍射腔部分通大气时(如取底片或取已镀好的样品架),可用充气阀充入空气.但在打开充气阀前,要注意以下几点:

　　(1)切断电离规管电源.

　　(2)关闭蝶阀.

（3）若机械泵仍在工作中，三通阀必须置于"推"位.

（4）为防止充气过程中吹破样品薄膜，应将样品架向前旋紧，以使样品架封在装取样品架的窗口内.

【实验步骤与要求】

一、样品的制备

由于电子束穿透能力很差，作为衍射体的多晶样品必须做得极薄才行. 样品的制备是在预制好的非晶体底膜上蒸镀上几百埃厚的金属薄膜而成. 非晶底膜是金属的载体，但它将对衍射电子起漫射作用而使衍射环的清晰度变差，因此底膜只有极薄才行.

（1）制底膜. 将一滴用乙酸正戊酯稀释的火棉胶溶液滴到水面上，待乙酸正戊酯挥发后，在水面上悬浮一层火棉胶薄膜（薄膜有皱纹时，其胶液太浓，薄膜为零碎的小块时，则胶液太稀），在样品架小孔的一面将薄膜慢慢捞起并烘干. 将制好底膜的样品架插入镀膜室支架孔内，使底膜表面正好对着下方的钼舟，待真空达到 5×10^{-3} Pa 以后，即可蒸发镀膜.

（2）镀膜. 将"镀膜-灯丝"转换开关倒向"镀膜"侧，接通镀膜电流开关. 慢慢转动"灯丝-镀膜"自耦调压器，当观察到蒸发源发红时，预热几分钟，再使电流逐渐增加（镀银时约为 30 A）. 当从镀膜室的有机玻璃罩上看到一层银膜时，立即将电流降到零，并关镀膜开关，取出样品待用. 至此样品制备工作即完成.

二、观察电子衍射现象

（1）将制备好的样品装入到衍射腔镜筒中，通过上面的观察窗观察. 粗调样品的位置，避开衍射腔中心位置.

（2）开机前将仪器面板上各开关置于"关"位，"高压调节"和"灯丝-镀膜调节"均调回零，蝶阀处于"关"位.

（3）为了观察到衍射图像后随即进行拍照，应在抽真空前装上底片. 启动真空系统，按照实验室的操作规程将衍射腔内抽至 5×10^{-3} Pa 以上的高真空度.

（4）灯丝加热. 首先将面板上的双掷开关倒向"灯丝"一侧，接通灯丝电流开关（向上），调节"灯丝-镀膜"旋钮，使灯丝电压表指示为 120 V.

（5）加高压. 接通"高压"开关（向上），缓慢调节"高压调节"旋钮，调至 20～30 kV，在荧光屏上可以看到一个亮斑.

（6）调节样品架的位置（平移或转动），直到在荧光屏上观察到满意的衍射环.

（7）照相与底片冲洗.

三、数据处理

（1）仔细观察衍射照片，区分出各衍射环，因有的环强度很弱，特别容易数漏.然后测量出各环直径，确定其半径 $r_1, r_2, r_3, \cdots, r_n$ 的值.

（2）计算出 r_n^2/r_1^2 的值，并与表 $4-4-1$ 中 M_n/M_1 值对照，标出各衍射环相应的晶面指数 (hkl)，并用式（$4-4-15$）计算出晶格常数 a.

（3）根据衍射环半径用式（$4-4-13$）计算电子波的波长，并与用式（$4-4-2$）算出的德布罗意波长比较，以此验证德布罗意公式.

【注意事项】

（1）电子衍射仪为贵重仪器，必须熟悉仪器的性能和使用方法，严格按照操作规程使用. 特别是真空系统的操作不能出错，否则会损坏仪器.

（2）阴极加有几万伏的负高压，操作时不要接触高压电源，注意安全. 调高压和样品架旋钮时要缓慢，如果出现放电现象，应立即降低电压，实验中应缩短加高压的时间.

（3）调节样品架观察衍射环时，应先将电离规管关掉，以防调节样品架时出现漏气现象而烧坏电离规管.

（4）衍射腔的阳极、样品架和观察窗处都有较强的 X 射线产生，必须注意防护.

【思考题】

（1）德布罗意假说的内容是什么？

（2）在本实验中是怎样验证德布罗意公式的？

（3）本实验证实了电子具有波动性. 衍射环是单个电子还是大量电子所具有的行为表现？

（4）简述衍射腔的结构及各部分作用.

（5）根据衍射环半径计算电子波的波长时，为什么首先要指标化？怎样指标化？

（6）改变高压时衍射环半径有什么变化？为什么？

（7）叙述样品银多晶薄膜的制备过程.

（8）观察电子衍射环和镀金属薄膜时为什么都必须在高真空条件下进行？它们要求的真空度各是多少？

实验 4 - 5　表面磁光克尔效应实验

1845 年，Michael Faraday 首先发现了磁光效应，他发现当外加磁场加在玻璃样品上时，透射光的偏振面将发生旋转，随后他加磁场于金属表面上做光反射的实验，但由于金属表面并不够平整，因而实验结果不能使人信服. 1877 年，John Kerr 在观察偏振光从抛光过的电磁铁磁极反射出来时，发现了磁光克尔效应（magneto-optic Kerr effect）. 1985 年，Moog 和 Bader 两位学者进行铁磁超薄膜的磁光克尔效应测量，成功地得到一原子层厚度磁性物质的磁滞回线，并且提出了以 SMOKE 来作为表面磁光克尔效应（surface magneto-optic Kerr effect）的缩写，用以表示应用磁光克尔效应在表面磁学上的研究. 由于此方法的磁性测量灵敏度可以达到一个原子层厚度，并且仪器可以配置于超高真空系统上面工作，所以成为表面磁学的重要研究方法.

表面磁性以及由数个原子层所构成的超薄膜和多层膜磁性，是当今凝聚态物理领域中的一个极其重要的研究热点. 而表面磁光克尔效应（SMOKE）谱作为一种非常重要的超薄膜磁性原位测量的实验手段，正受到越来越多的重视. 并且已经被广泛用于磁有序、磁各向异性以及层间耦合等问题的研究. 和其他的磁性测量手段相比较，SMOKE 具有以下四个优点：

（1）SMOKE 的测量灵敏度极高. 国际上现在通用的 SMOKE 测量装置其探测灵敏度可以达到亚单原子层的磁性. 这一点使得 SMOKE 在磁性超薄膜的研究中有着重要的地位.

（2）SMOKE 测量是一种无损伤测量. 由于探测用的"探针"是激光束，因此不会对样品造成任何破坏，对于需要做多种测量的实验样品来说，这一点非常有利.

（3）SMOKE 测量到的信息来源于介质上的光斑照射的区域. 由于激光光束的束斑可用聚焦到 1 mm 以下，这意味着 SMOKE 可以进行局域磁性的测量. 这一点是其他磁性测量手段诸如振动样品磁强计和铁磁共振所无法比拟的. 在磁性超薄膜的研究中，样品的制备是一个周期较长而代价昂贵的过程. 有人已经实现在同一块样品上按生长时间不同而制备出厚度不等的锲形磁性薄膜. 这样从一块样品上就能够得到磁学性质随薄膜厚度变化的信息，可以大大提高实验效率. 无疑，

SMOKE 的这种局域测量的特点使它成为研究这类不均匀样品的最好工具.

（4）相对于其他的磁性测量手段, SMOKE 系统的结构比较简单, 易于和别的实验设备(特别是超高真空系统)相互兼容. 这一点有助于提高它的功能并扩展它的研究领域.

由于 SMOKE 能够达到单原子层磁性检测的灵敏度, 即相当于能够测量到小于千分之一度的克尔旋转角. 因此, 对于光源和检测手段提出了很高的要求. 目前国际上比较常见的是用功率输出很稳定的偏振激光器. Bader 等人采用的高稳定度偏振激光器, 其稳定度小于 0.1%. 也有用 Wollaston 棱镜分光的方法, 降低对激光功率稳定度的要求. Chappert 等人的方案是将从样品出射的光经过 Wollaston 棱镜分为 s 和 p 偏振光, 再通过测量它们的比值来消除光强不稳定所造成的影响. 但是这种方法的背景信号非常大, 对探测器以及后级放大器的要求很高.

【实验目的】

（1）了解表面磁光克尔效应的原理及方法.
（2）掌握磁性薄膜特性检测、磁学特性研究的原理和方法.
（3）学会使用磁光克尔效应仪器使用方法.

【实验仪器】

表面磁光克尔效应实验系统.

【实验原理】

磁光效应有两种：法拉第效应和克尔效应. 1845 年, Michael Faraday 首先发现介质的磁化状态会影响透射光的偏振状态, 这就是法拉第效应. 1877 年, John Kerr 发现铁磁体对反射光的偏振状态也会产生影响, 这就是克尔效应. 克尔效应在表面磁学中的应用, 即为表面磁光克尔效应. 它是指铁磁性样品(如铁、钴、镍及其合金)的磁化状态对于从其表面反射的光的偏振状态的影响. 当入射光为线偏振光时, 样品的磁性会引起反射光偏振面的旋转和椭偏率的变化. 表面磁光克尔效应作为一种探测薄膜磁性的技术始于 1985 年.

如图 4-5-1 所示, 当一束线偏振光入射到样品表面上时, 如果样品是各向异性的, 那么反射光的偏振方向会发生偏转. 如果此时样品还处于铁磁状态, 那么由于铁磁性,还会导致反射光的偏振面相对于入射光的偏振面额外再转过了一个小的角度,这个小角度称为克尔旋转角 θ_k.同时,一般而言,由于样品对 p 光和 s 光的吸收率是不一样的,即使样品处于非磁状态,反射光的椭偏率也发生变化,而铁磁性会导致椭偏率有一个附加的变化,这个变化称为克尔椭偏率 ε_k.由于克尔旋转角 θ_k 和克尔椭偏率 ε_k 都是磁化强度 M 的函数.通过探测 θ_k 或 ε_k 的变化可以推测出磁化强度 M 的变化.

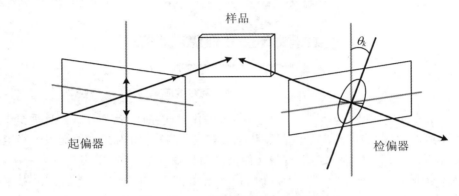

图 4 - 5 - 1　表面磁光克尔效应原理

按照磁场相对于入射面的配置状态不同,磁光克尔效应可以分为三种:极向克尔效应、纵向克尔效应和横向克尔效应.

(1) 极向克尔效应:如图 4 - 5 - 2 所示,磁化方向垂至于样品表面并且平行于入射面.通常情况下,极向克尔信号的强度随光的入射角的减小而增大,在 0°入射角时(垂直入射)达到最大.

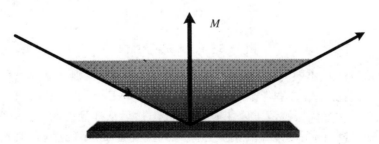

图 4 - 5 - 2　极向克尔效应

(2) 纵向克尔效应:如图 4 - 5 - 3 所示,磁化方向在样品膜面内,并且平行于入射面.纵向克尔信号的强度一般随光的入射角的减小而减小,在 0°入射角时为零.通常情况下,纵向克尔信号中无论是克尔旋转角还是克尔椭偏率都要比极向克尔信号小一个数量级.正是这个原因纵向克尔效应的探测远比极向克尔效应来得困难. 但对于很多薄膜样品来说, 易磁轴往往平行于样品表面, 因而只有在纵向克尔效应配置下样品的磁化强度才容易达到饱和. 因此, 纵向克尔效应对于薄膜样品的磁性研究来说是十分重要的.

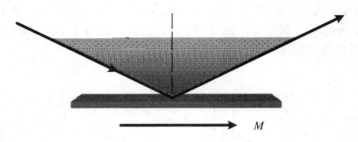

图 4-5-3 纵向克尔效应

（3）横向克尔效应: 如图 4-5-4 所示, 磁化方向在样品膜面内, 并且垂至于入射面. 横向克尔效应中反射光的偏振状态没有变化. 这是因为在这种配置下光电场与磁化强度矢积的方向永远没有与光传播方向相垂直的分量. 横向克尔效应中, 只有在 p 偏振光（偏振方向平行于入射面）入射条件下, 才有一个很小的反射率的变化.

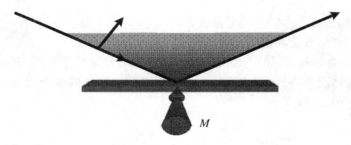

图 4-5-4 横向克尔效应

以下以极向克尔效应为例详细讨论 SMOKE 系统, 原则上完全适用于纵向克尔效应和横向克尔效应. 图 4-5-5 为常见的 SMOKE 系统光路图, 氦-氖激光器发射一激光束通过偏振棱镜 1 后变成线偏振光, 然后从样品表面反射, 经过偏振棱镜 2 进入探测器. 偏振棱镜 2 的偏振方向与偏振棱镜 1 设置成偏离消光位置一个很小的角度 δ, 如图 4-5-6 所示. 样品放置在磁场中, 当外加磁场改变样品磁化强度时, 反射光的偏振状态发生改变. 通过偏振棱镜 2 的光强也发生变化. 在一阶近似下光强的变化和磁化强度呈线性关系, 探测器探测到这个光强的变化就可以推测出样品的磁化状态.

两个偏振棱镜的设置状态主要是为了区分正负克尔旋转角. 若两个偏振方向

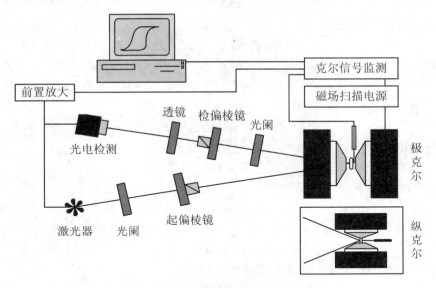

图 4 - 5 - 5　常见的 SMOKE 系统光路图

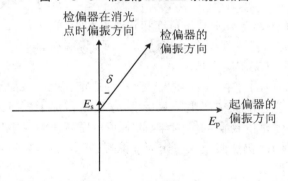

图 4 - 5 - 6　偏振器件配置

设置在消光位置,无论反射光偏振面是顺时针还是逆时针旋转,反映在光强的变化上都是强度增大.这样无法区分偏振面的正负旋转方向,也就无法判断样品的磁化方向.当两个偏振方向之间有一个小角度 δ 时,通过偏振棱镜 2 的光线有一个本底光强 I_0.反射光偏振面旋转方向和 δ 同向时光强增大,反向时光强减小,这样样品的磁化方向可以通过光强的变化来区分.

在图 4 - 5 - 5 的光路中,假设取入射光为 p 偏振(电场矢量平行于入射面),当光线从磁化了的样品表面反射时由于克尔效应,反射光中含有一个很小的垂直于 E_p 的电场分量 E_s,通常 $E_s \ll E_p$.在一阶近似下有

$$\frac{E_s}{E_p} = \theta_k + i\epsilon_k \tag{4 - 5 - 1}$$

通过棱镜 2 的光强为

$$I = |E_p \sin\delta + E_s \cos\delta|^2 \qquad (4-5-2)$$

将(4-5-1)式代入(4-5-2)式得到

$$I = |E_p|^2 |\sin\delta + (\theta_k + i\varepsilon_k)\cos\delta|^2 \qquad (4-5-3)$$

因为 δ 很小,所以可以取 $\sin\delta = \delta$, $\cos\delta = 1$,得到

$$I = |E_p|^2 |\delta + (\theta_k + i\varepsilon_k)|^2 \qquad (4-5-4)$$

整理得到

$$I = |E_p|^2 (\delta^2 + 2\delta\theta_k) \qquad (4-5-5)$$

无外加磁场下:

$$I_0 = |E_p|^2 \delta^2 \qquad (4-5-6)$$

所以有

$$I = I_0(1 + 2\theta_k/\delta) \qquad (4-5-7)$$

于是在饱和状态下的克尔旋转角 θ_k 为

$$\Delta\theta_k = \frac{\delta}{4} \frac{I(+M_s) - I(-M_s)}{I_0} = \frac{\delta}{4} \frac{\Delta I}{I_0} \qquad (4-5-8)$$

$I(+M_s)$ 和 $I(-M_s)$ 分别是正负饱和状态下的光强. 从式(4-5-8)可以看出,光强的变化只与克尔旋转角 θ_k 有关,而与 ε_k 无关. 说明在图 4-5-5 这种光路中探测到的克尔信号只是克尔旋转角.

在超高真空原位测量中,激光在入射到样品之前,和经样品反射之后都需要经过一个视窗. 但是视窗的存在产生了双折射,这样就增加了测量系统的本底,降低了测量灵敏度. 为了消除视窗的影响,降低本底和提高探测灵敏度,需要在检偏器之前加一个 1/4 波片. 仍然假设入射光为 p 偏振,四分之一波片的主轴平行于入射面,如图 4-5-7 所示.

此时在一阶近似下有: $E_s/E_p = -\varepsilon_k + i\theta_k$. 通过棱镜 2 的光强为

$$I = |E_p \sin\delta + E_s \cos\delta|^2 = |E_p|^2 |\sin\delta - \varepsilon_k \cos\delta + i\theta_k \cos\delta|^2$$

因为 δ 很小,所以可以取 $\sin\delta = \delta$, $\cos\delta = 1$,得到

$$I = |E_p|^2 |\delta - \varepsilon_k + i\theta_k|^2 = |E_p|^2 (\delta^2 - 2\delta\varepsilon_k + \varepsilon_k^2 \theta_k^2)$$

因为角度 δ 取值较小,并且 $I_0 = |E_p|^2 \delta^2$,所以

$$I \approx |E_p|^2 (\delta^2 - 2\delta\varepsilon_k) = I_0(1 - 2\varepsilon_k/\delta) \qquad (4-5-9)$$

在饱和情况下 $\Delta\varepsilon_k$ 为

$$\Delta\varepsilon_k = \frac{\delta}{4} \frac{I(-M_s) - I(+M_s)}{I_0} = -\frac{\delta}{4} \frac{\Delta I}{I_0} \qquad (4-5-10)$$

此时光强变化对克尔椭偏率敏感而对克尔旋转角不敏感. 因此,如果要想在大气中探测磁性薄膜的克尔椭偏率,则也需要在图 4-5-5 的光路中检偏棱镜前插入一个 1/4 波片. 如图 4-5-7 所示.

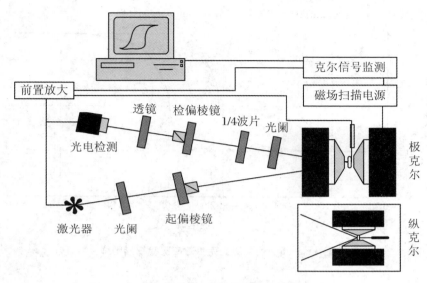

图 4-5-7　SMOKE 系统测量椭偏率的光路图

　　如图 4-5-5 所示,整个系统由一台计算机实现自动控制. 根据设置的参数,计算机经 D/A 卡控制磁场电源和继电器进行磁场扫描. 光强变化的数据由 A/D 卡采集,经运算后作图显示,从屏幕上直接看到磁滞回线的扫描过程,如图 4-5-8 所示.

　　表面磁光克尔效应具有极高的探测灵敏度. 目前表面磁光克尔效应的探测灵敏度可以达到 10^{-4} 度的量级. 这是一般常规的磁光克尔效应的测量所不能达到的. 因此表面磁光克尔效应具有测量单原子层、甚至于亚原子层磁性薄膜的灵敏度,所以表面磁光克尔效应已经被广泛地应用在磁性薄膜的研究中. 虽然表面磁光克尔效应的测量结果是克尔旋转角或者克尔椭偏率,并非直接测量磁性样品的磁化强度. 但是在一阶近似的情况下,克尔旋转角或者克尔椭偏率均和磁性样品的磁化强度成正比. 所以,只需要用振动样品磁强计(VSM)等直接测量磁性样品的磁化强度的仪器对样品进行一次定标,即能获得磁性样品的磁化强度. 另外,表面磁光克尔效应实际上测量的是磁性样品的磁滞回线,因此可以获得矫顽力、磁各向异性等方面的信息.

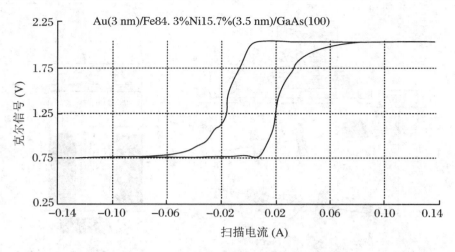

图 4 - 5 - 8　表面磁光克尔效应实验扫描图样

【实验装置】

如图 4 - 5 - 9 所示,表面磁光克尔效应实验系统主要由电磁铁系统、光路系统、主机控制系统、光学实验平台以及电脑组成.

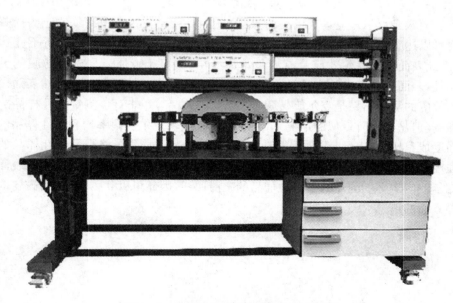

图 4 - 5 - 9　表面磁光克尔效应实验系统

1. 电磁铁系统

电磁铁系统主要由 CD 型电磁铁、转台、支架、样品固定座组成.其中 CD 型电磁铁由支架支撑竖直放置在转台上,转台可以每隔 90°转动定位,同时支架中间的样品固定座也可以 90°定位转动,这样可以在极向克尔效应和纵向克尔效应之间转换测量.

2. 光路系统

光路系统主要由半导体激光器、可调光阑(两个)、格兰-汤普逊棱镜(两个)、会聚透镜、光电接收器、1/4 波片组成,所有光学元件均通过底座固定于光学试验平台之上.

半导体激光器输出波长 650 nm,其头部装有调焦透镜,实验时应该调节透镜,使激光光斑打在实验样品上的光点直径最小.

可调光阑采用转盘形式,上面有直径不同 10 个孔.在光电接收器前同样装有可调光阑,这样可以减小杂散光对实验的影响.

格兰-汤普逊棱镜转盘刻度分辨率 1°,配螺旋测微头,测微头量程 10 mm,测微分辨率 0.01 mm,转盘将角位移转换为线位移,实验前须对其定标.

会聚透镜为组合透镜.

光电接收器为硅光电池,前面装有可调光阑,后面通过连接线与主机相连.

1/4 波片光轴方向在外壳上标注,外转盘可以 360°转动,角度测量分辨率 1°.

3. 主机控制系统

表面磁光克尔效应实验系统控制主机主要由前置放大器部分、克尔信号部分和扫描电源部分组成.

前置放大器部分由光功率计、特斯拉计、光信号和磁信号前置放大器、激光器电源组成.

仪器前面板如图 4-5-10 所示.

面板中左边方框为光功率计和特斯拉计,切换使用,光功率计分为 2 μW,20 μW,200 μW,2 000 μW 四挡切换,表头采用三位半数字电压表.光功率计用来测量激光器输出光功率大小,以及通过布儒斯特定律来确定格兰-汤普逊棱镜的起偏方向.特斯拉计单位为毫特.中间两个增益调节方框通过四挡切换分别调节光路信号和磁路信号的放大倍数,当左边标"1"倍放大的琴键开关按下去时为自动挡,即通过电脑自动扫描,磁路信号中也相同.

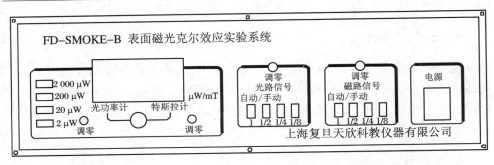

图 4 - 5 - 10　SMOKE 光功率计前面板示意图

如图 4 - 5 - 11 所示,为 SMOKE 前置放大器后面板示意图,最左边方框为电源插座,上部"磁路输入"将放置在磁场中的霍尔传感器输出的信号按照对应颜色接入 SMOKE 光功率计控制主机中,同样,"光路输入"将光电接收器中的输出的光信号接入 SMOKE 光功率计控制主机进行前置放大.下部"磁路输出"和"光路输出"分别用五芯航空线接入 SMOKE 克尔信号控制主机后面板中的"磁信号"和"光信号".探测器输入通过另外一根音频线可以将探测器检测的光信号送入光功率计中显示(注意,这时主要用来检测光信号,属于手动调节,如果需要电脑采集时,必须将探测器信号送入"光路输入")."DC3V 输出"用作激光器电源.

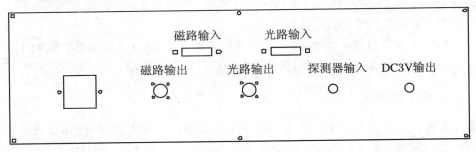

图 4 - 5 - 11　SMOKE 光功率计后面板示意图

克尔信号控制主机主要将经过前置放大的光信号和磁路信号进行放大处理并显示出来,另外内有采集卡通过串行口将扫描信号与计算机进行通信.

SMOKE 克尔信号控制主机前面板如图 4 - 5 - 12 所示,左边方框内三位半表显示克尔信号(切换时可以显示磁路信号),单位为"伏特"(V),实验中应该调节放大增益使初始信号显示 1.25 V 左右(具体原因见调节步骤).中间方框上面一排,通过中间"光路一磁路"两波段开关可以在左边表中切换显示光路信号和磁路信号,同时对应左右两边"光路电平"和"磁路电平"电位器可以调节初始光路信号和磁路信号的电平大小(实验时要求光路信号和磁路信号都显示在 1.25 V 左右).下排中"光路幅度"电位器为光信号后级放大增益调节.右边"光路输入"和"磁路输入"五芯航空插座与 SMOKE 克尔信号控制主机后面板"光信号"和"磁信号"五芯航空插座具有同样作用,平时只需接入后面板即可.

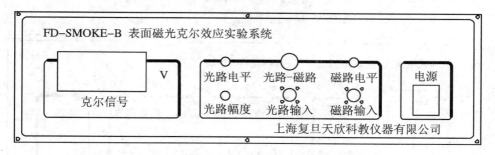

图 4 - 5 - 12　SMOKE 克尔信号控制主机前面板示意图

SMOKE 克尔信号控制主机后面板如图 4 - 5 - 13 所示,左边为 220 V 电源插座,"光信号"和"磁信号"五芯航空插座与 SMOKE 光功率计控制主机后面板"光路输出"和"磁路输出"分别用五芯航空线相连."控制输出"和"换向输出"分别用五芯航空线与 SMOKE 磁铁电源主机后面板"控制输入"和"换向输出"相连."串口输出"通过九芯串口线与电脑相连.

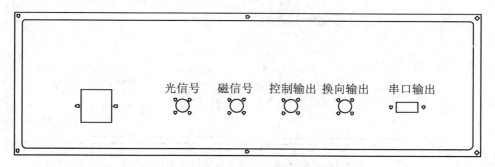

图 4 - 5 - 13　SMOKE 克尔信号控制主机后面板

磁铁电源控制主机主要提供电磁铁的扫描电源.前面板如图 4 - 5 - 14 所示,左边方框中表头显示磁场扫描电流,单位为"安培"(A),右边方框内上排"电流调节"电位器可以调节磁铁扫描最大电流,"手动-自动"两波段开关可以左右切换选择手动扫描和电脑自动扫描."磁场换向"开关选择初始扫描时磁场的方向."输出＋"和"输出－"接线柱与后面板"电流输出"两个红黑接线柱具有同等作用,实验中只接后面板的即可.

如图 4 - 5 - 15 所示,为 SMOKE 磁铁电源控制主机后面板示意图,最左边为 220 V 交流电源插座,"电流输出"接线柱与电磁铁相连."控制输入"和"换向输入"通过五芯航空线与 SMOKE 克尔信号控制主机后面板"控制输出"和"换向输出"分别相连."20 V 40 V"两波段开关为扫描电压上限,拨至"20 V"磁铁电源最大扫描电压为"20 V",此时最大扫描电流为"8 A",拨至"40 V"磁铁电源最大扫描电压为"40 V",此时最大扫描电流为"12 A".

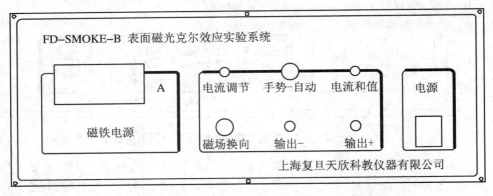

图 4 - 5 - 14　SMOKE 克尔信号控制主机后面板

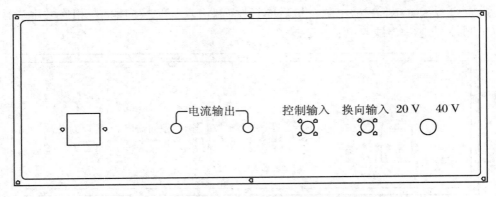

图 4 - 5 - 15　SMOKE 克尔信号控制主机后面板

4. 光学实验平台部分

　　FD-SMOKE-B 型表面磁光克尔效应实验系统实验平台采用标准实验操作台,台面采用铝合金氧化的光学平板,中间装有减震橡胶.光学元件通过底座与台面可以自由固定.

【实验内容与操作步骤】

1. 仪器连接

（1）将 SMOKE 光功率计控制主机前面板上激光器"DC3V"输出通过音频线与半导体激光器相连,将光电接收器与 SMOKE 光功率计控制主机后面板的"光路输入"相连,注意连接线一端为三通道音频插头接光电接收器,另外一端为绿、黄、黑三色标志插头与对应颜色的插座相连. 将霍尔传感器探头一端固定在电磁铁支撑架上(注意霍尔传感器的方向),另外一端与 SMOKE 光功率计控制主机后面板"磁路输入"相连,注意"磁路输入"也有四种颜色区分不同接线柱,对应接入即可. 将"磁路输出"和"光路输出"分别用五芯航空线与 SMOKE 克尔信号控制主机后面板的"磁信号"和"光信号"输入端相连.

（2）将 SMOKE 克尔信号控制主机后面板上"控制输出"和"换向输出"分别与 SMOKE 磁铁电源控制主机后面板上"控制输入"和"换向输入"用五芯航空线相连. 用九芯串口线将"串口输出"与电脑上串口输入插座相连.

（3）将 SMOKE 磁铁电源控制主机后面板上的电流输出与电磁铁相连,"20 V 40 V"波段开关拨至"20 V"(只有在需要大电流情况下才拨至"40 V").

（4）接通三个控制主机的 220 V 电源,开机预热 20 分钟.

2. 样品放置

本仪器可以测量磁性样品,如铁、钴、镍及其合金. 实验时将样品做成长条状,即易磁轴与长边方向一致. 将实验样品用双面胶固定在样品架上,并把样品架安放在磁铁固定架中心的孔内. 这样可以实现样品水平方向的转动,以及实现极克尔效应和纵向克尔效应的转换. 在磁铁固定架的一端有一个手柄,当放置好样品时,可以旋紧螺丝. 这样可以固定样品架,防止加磁场时,样品位置有轻微的变化,影响克尔信号的检测.

3. 光路调整

（1）在入射光光路中,可以依次放置激光器、可调光阑、起偏棱镜(格兰-汤普逊棱镜),调节激光器前端的小镜头,使打在样品上的激光斑越小越好,并调节起偏棱镜使其起偏方向与水平方向一致(仪器起偏棱镜方向出厂前已经校准,参考上面标注角度),这样能使入射线偏振光为 p 光. 另外通过旋转可调光阑的转盘,使入射激光斑直径最小.

（2）在反射接收光路中，可以依次放置可调光阑、检偏棱镜、双凸透镜和光电检测装置. 因为样品表面平整度的影响，所以反射光光束发散角已经远远大于入射光束，调节小孔光阑，使反射光能够顺利进入检偏棱镜. 在检偏棱镜后，放置一个长焦距双凸透镜，该透镜作用是使检偏棱镜出来的光汇聚，以利于后面光电转换装置测量到较强的信号. 光电转换装置前部是一个可调光阑，光阑后装有一个波长为 650 nm 的干涉滤色片. 这样可以减小外界杂散光的影响，从而提高检测灵敏度. 滤色片后有硅光电池，将光信号转换成电信号并通过屏蔽线送入控制主机中.

（3）起偏棱镜和检偏棱镜同为格兰-汤普逊棱镜，机械调节结构也相同. 它由角度粗调结构和螺旋测角结构组成，并且两种结构合理结合，通过转动外转盘，可以粗调棱镜偏振方向，分辨率为 1°，并且外转盘可以 360° 转动. 当需要微调时，可以转动转盘侧面的螺旋测微头，这时整个转盘带动棱镜转动，实现由测微头的线位移转变为棱镜转动的角位移. 因为测微头精度为 0.01 mm，这样通过外转盘的定标，就可以实现角度的精密测量. 通过检测，这种角度测量精度可以达到 1.9 分左右，因为每个转盘有加工误差，所以具体转动测量精度须通过定标测量得到.

（4）实验时，通过调节起偏棱镜使入射光为 p 光，即偏振面平行于入射面. 接着设置检偏棱镜，首先粗调转盘，使反射光与入射光正交，这时光电检测信号最小（在信号检测主机上电压表可以读出），然后转动螺旋测微头，设置检偏棱镜偏离消光位置 1°～2°（具体解释见原理部分）. 然后调节信号 SMOKE 光功率计控制主机上的光路增益调节电位器和 SMOKE 克尔信号控制主机上"光路电平"以及"光路幅度"电位器，使输出信号幅度在 1.25 V 左右.

（5）调节节信号 SMOKE 光功率计控制主机上的磁路增益调节电位器和 SMOKE 克尔信号控制主机上"磁路电平"电位器，使磁路信号大小为 1.25 V 左右. 这样做是因为采集卡的采集信号范围是 0～2.5 V，光路信号和磁路信号都调节在 1.25 V 左右，软件显示正好处于界面中间.

4. 实验操作

（1）将 SMOKE 励磁电源控制主机上的"手动-自动"转换开关指向手动挡，调节"电流调节"电位器，选择合适的最大扫描电流. 因为每种样品的矫顽力不同，所以最大扫描电流也不同，实验时可以首先大致选择，观察扫描波形，然后再细调. 通过观察励磁电源主机上的电流指示，选择好合适的最大扫描电流，然后将转换开关调至"自动"挡.

（2）打开"表面磁光克尔效应实验软件"，在保证通信正常的情况下，设置好

"扫描周期"和"扫描次数",进行磁滞回线的自动扫描.也可以将励磁电源主机上的"手动-自动"转换开关指向手动挡,进行手动测量,然后描点作图.

（3）如果需要检测克尔椭偏率时,按照图 4-5-7 的光路图,在检偏棱镜前放置 1/4 波片,并调节 1/4 波片的主轴平行于入射面,调整好光路后进行自动扫描或者手动测量,这样就可以检测克尔椭偏率随磁场变化的曲线.

实验 4-6　　光纤光谱仪应用综合实验

光谱仪是光谱检测最常用的设备.将光纤与 CCD 技术应用于微型光谱仪,可以大大提高其稳定性和分辨率.微型光纤光谱仪的便携性和高性价比,使得光谱检测从实验室走向检测现场,拓展了光谱仪的应用范围.

一、光纤光谱仪原理与结构

光谱仪器一般由入射狭缝、准直镜、色散元件（光栅或棱镜）、聚焦光学系统和探测器构成.由单色仪和探测器搭建的光谱仪中通常还包括出射狭缝,仅使整个光谱中波长范围很窄的一部分光照射到单像元探测器上.单色仪中的入射和出射狭缝位置固定、宽度可调.对整个光谱的扫描时是通过旋转光栅来完成.

自 20 世纪 90 年代以来,微电子领域中的多像元光学探测器（例如 CCD,光电二极管阵列）制造技术迅猛发展,使得 CCD 器件广泛应用到各个领域.本实验选用的光纤光谱仪使用了同样的 CCD（CCD 光谱仪）和光电二极管阵列探测器,可以对整个光谱进行快速扫描,不需要转动光栅.

低损耗石英光纤,可以用于传输光谱信号——把被测样品产生的信号光传导到光谱仪的光学平台中.由于光纤的连接、耦合非常容易,所以可以很方便地搭建起由光源、采样附件和光纤光谱仪等模块组成的测量系统.

光纤光谱仪的优势在于测量系统的模块化和灵活性.本实验使用的微小型光纤光谱仪的测量速度非常快,可以用于在线分析.由于光纤光谱仪使用了光纤传导光信号,屏蔽了工作环境的杂散光,提高了光学系统的稳定性,可以用于较恶劣环境的现场测试.光纤光谱仪结构图,如图 4-6-1 所示.

本实验光谱仪采用对称式 Czerny-Turner 光学平台设计,焦距有 50 mm,结构示意图如图 4-6-1 所示.光由一个标准的 SMA905 光纤接口进入光学平台,在被一个球面镜准直后由一块平面光栅色散,然后经由第二块球面镜聚焦至线阵探测器上.

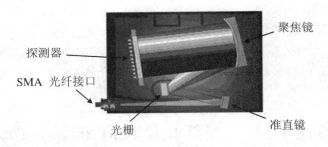

聚焦镜

探测器

SMA 光纤接口

光栅

准直镜

图 4 - 6 - 1　光纤光谱仪结构图

二、光学分辨率

光谱仪的光学分辨率定义为光谱仪所能分辨开的最小波长差.为了分辨两个相邻的谱线,这两根谱线在探测器上的像至少要间隔 2 个像素远,见图 4 - 6 - 2.

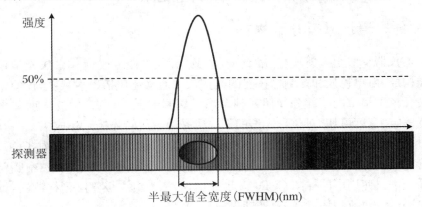

强度

50%

探测器

半最大值全宽度(FWHM)(nm)

图 4 - 6 - 2　光谱仪分辨率示意图

因为光栅决定了不同波长在探测器上可分开(色散)的程度,所以它是决定光谱仪分辨率的一个非常重要的参数.另一个重要参数是进入到光谱仪的光束宽度,它基本上取决于光谱仪上安装的固定宽度的入射狭缝或光纤芯径(当没有安装狭缝时).

在指定波长处,狭缝在探测器阵列上所成的像通常会覆盖几个像元.如果要分开两条光谱线,就必须把它们色散到这个像尺寸再加上一个像元.当使用大芯径的光纤时,可以通过选择比光纤芯径窄的狭缝来提高光谱仪的分辨率,因为这样会大大降低入射光束的宽度.

表 4 - 6 - 1 是光谱仪的典型分辨率表.光栅的线对数越高,色散效应随波长变

化就会越显著,波长越长色散效应越大,因此在最长波长处会得到最高分辨率. 表中的分辨率是 FWHM 值,即最大峰值光强 50% 处所对应的谱线宽度(nm).

表 4 - 6 - 1　光谱仪的分辨率表(FWHM 值,单位 nm)

光栅 (线/mm)	狭缝（μm）					
	10	25	50	100	200	500
300	0.8	1.4	2.4	4.3	8.0	20.0
600	0.4	0.7	1.2	2.1	4.1	10.0
1 200	0.1~0.2*	0.2~0.3*	0.4~0.6*	0.7~1.0*	1.4~2.0*	3.3~4.8*
1 800	0.07~0.12*	0.12~0.21*	0.2~0.36*	0~0.7	0.7~1.4*	1.7~3.3*
2 400	0.05~0.09*	0.08~0.15*	0.14~0.25*	0.3~0.5*	0.5~0.9*	1.2~2.2*
3 600	0.04~0.06*	0.07~0.10*	0.11~0.16*	0.2~0.3*	0.4~0.6*	0.9~1.4*

* 取决于光栅的起始波长:起始波长越长,色散越大,分辨率越高.

实验内容一　利用反射光谱测定印刷品质量

一、色系的描述方式

目前的色彩描述方法分为定性描述的显色系统表示法和定量描述的混色系统表示法两种.

1. 显色系统表示法

显色系统是根据色彩的心理属性即色相、明度和饱和度或彩度进行系统的分类排列的. 显色系统以某种顺序对色彩要素进行分类,首先定义色相,这是颜色的基本特征,用以判断物体颜色是红、绿、蓝等不同颜色,物体的色相取决于光源的光谱组成和物体表面选择性吸收后所反射(透射)的各波长辐射的比例对人眼所产生的感觉. 其次定义明度,对于某一色调按相对明亮感觉分类,就是人眼所感受到的色彩明暗程度. 最后定义饱和度,它表示离开相同明度中性灰色的程度. 常用的显色系统有孟塞尔表色系统、瑞典的自然色系统(NCS)、德国 DIN 表色系统等. 目前在世界各国的印刷业中采用最多的是色谱、油墨色样卡.

孟塞尔表色系统是最具有代表性的显色系统,它按目视色彩感觉等间隔的排列方式采用色卡表示色彩的色相、明度、彩度三种属性.色卡用圆筒坐标进行配置,纵轴表示明度 V,圆周方向表示色相 H,半径方向表示彩度 C.

2. 混色系统

由于显色系统存在的不足,人们迫切需要一种精度更高、对人依赖性低的色彩定量描述系统,因此提出了混色系统.它以采用光的混色实验求出的为了与某一颜色相匹配所必要的色光混合量作为基础并对色彩进行定量描述.混色系统又称为三色表色系统,用三个值表示色刺激.把色刺激的光谱分布称作色刺激函数.三刺激值是由色刺激函数这种物理量和人眼的心理上的光谱响应之组合而求出的,因此是一种心理物理量.我们把表示色刺激特性的三刺激值的三个数值称为色度值,把用色度值表示的色刺激称为心理物理色.因此作为混色系统的表色值可用色度值.

常用的混色系统

(1) CEI1931RGB 表色系统

1931 年,国际照明委员会(CIE)规定三原色光的选取必须为:红原色波长为700.0 nm,绿原色波长为 546.1 nm,蓝原色波长为 435.8 nm.根据实验,当这三原色光的相对亮度比例为 1.000 0∶4.590 7∶0.060 1,或辐射量之比为 72.096 6∶1.379 1∶1.000 0,就能混合匹配产生等能量中性色的白光 E.所以,CIE 选取该比率作为红、绿、蓝三原色光的单位量,即(R)∶(G)∶(B)＝1∶1∶1,将此时每一原色的亮度值归一化,因此确定了标准观察者匹配函数,得到的三刺激值 R、G、B 可以唯一确定具有任意光谱分布的光的颜色.

(2) 1931CEI·XYZ 系统

由于 RGB 系统的负值带来的运算难度,在此基础上,用坐标变换方法,选用三个理想中的原色来代替实际的三原色,从而将 CEI-RGB 系统中的光谱三刺激值和色度坐标均变换为正值.选择(X)、(Y)、(Z)代表三个假想的红、绿、蓝原色.

(3) 均匀表色系统 CEI1976Lab

均匀表色系统是为了使色彩设计和复制更精确、更完美,使色彩的转换和校正尺度或比例更合理,减少由于空间的不均匀而带来的复制误差,因此寻找出的一种最均匀的色彩空间,即在不同位置,不同方向上相等的几何距离在视觉上有对应相等的色差,把易测的空间距离作为色彩感觉差别量.均匀表色系统能使色彩复制技术优化,使颜色匹配和色彩复制的准确性加强.CIE1931 标准色度系统色品图见图4-6-3.

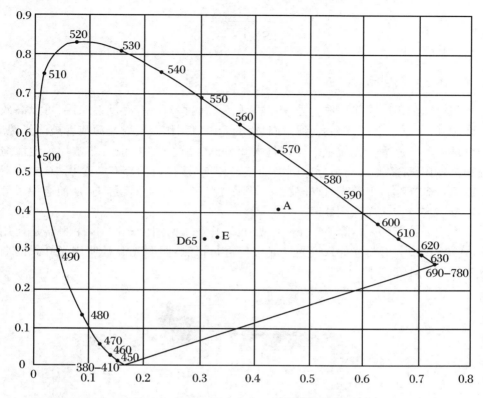

图 4 - 6 - 3　CIE1931 标准色度系统色品图

二、色度测量基本原理

　　色度测量是将人眼对颜色的定性颜色感觉转变成定量的描述,这个描述是基于表色系统. 色度测量的依然是从印刷品表面反射或透射出来的光谱,基本原理是依据颜色的三刺激值 XYZ 色度计算公式

$$x = k \int \Phi(\lambda) \cdot \overline{x}(\lambda) \mathrm{d}_\lambda$$

$$y = k \int \Phi(\lambda) \cdot \overline{y}(\lambda) \mathrm{d}_\lambda$$

$$z = k \int \Phi(\lambda) \cdot \overline{z}(\lambda) \mathrm{d}_\lambda$$

其中 $\Phi(\lambda)$ 为印刷品的色刺激,对于反射物体为 $\Phi(\lambda) = \beta(\lambda) \cdot S(\lambda)$,透射物体为 $\Phi(\lambda) = \tau(\lambda) \cdot S(\lambda)$,$S(\lambda)$ 为照明的光谱分布;$\beta(\lambda)$ 为反射物体的光谱反射率;$\tau(\lambda)$ 为透射物体的光谱透过率;k 为系数,定义为

$$k = \frac{100}{\int S(\lambda) \cdot \overline{y}(\lambda) \mathrm{d}_\lambda}$$

三、积分球原理与结构

积分球的主要功能是作为光收集器,积分球内均匀涂有漫反射涂层,可以高效反射 200~2 500 nm 范围的光线. 被收集的光可以用作漫反射光源或者被测光源. 积分球的基本原理是光通过采样口进入积分球,经过多次反射后非常均匀地散射在积分球内部. 探测口与积分球侧面的接口相连,该接口内部有一个挡板,探测器只能测量到光挡板上的光,这样就不受从采样口进入光的角度影响,从而避免了第一次反射光直接金属探测器.

本实验选用的是内径 50 mm 的光纤式积分球见图 4-6-4,探测器是使用 SMA905 接口光纤将光导入到光纤光谱仪进行探测,照明光源是使用光纤式的白光源使用 SMA905 接口与积分球连接.

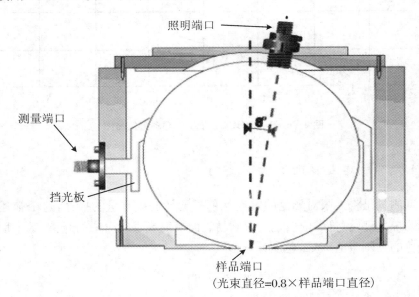

照明端口

测量端口

挡光板

样品端口
(光束直径=0.8×样品端口直径)

图 4-6-4 积分球结构示意图

四、照明及观察方式

照明和观察条件的不同,也会使同一色样呈现的颜色有所不同,为正确评价颜色,照明和观察条件应该统一,为此,CIE 标准对照明和观察条件也做了规定. CIE

规定不透明样品的色度测量推荐使用四种照明和观察条件之一.

方式一　45°/垂直(缩写为 45/0°)见图 4-6-5(a),照明光束的轴线与样品表面的法线成 45°±2°.观察方向与样品法线间夹角不应超过 10°.

方式二　垂直/45°(缩写为 0/45°)见图 4-6-5(b),照明光束的轴线与样品表面法线之间的夹角不应超过 10°.在与法线成 45°±2°的方向观测样品.照明光束的任一照明光线与光轴的夹角不应超过 8°.观察光束也应遵守相同的限制.

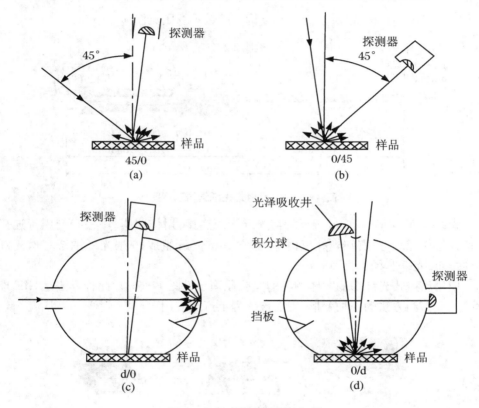

图 4-6-5　照明及观察方式

方式三　漫射/垂直(缩写 d/0)见图 4-6-5(c),样品用积分球漫射照明,样品的法线和观测光束的轴线间的夹角不应超过 10°.积分球可以是任意直径,只要开孔部分的总面积不超过球内反射面积的 10%即可.观测光束中任一观测光线与观测光轴间的夹角不应超过 5°.

方式四　垂直/漫射(缩写为 0/d)见图 4-6-5(d),照明光束的轴线与样品表面法线的夹角不应超过 10°.用积分球收集样品反射光通量.照明光束中任一光线与其光轴的夹角不应超过 5°.积分球可以是任意直径的,只要开孔部分的面积不超过球内反射面积的 10％即可.

五、使用反射式探头探测颜色

在测试一些面积较小的被测物时,由于积分球口径一般都在 10 mm,无法使用积分球精确测试较小区域的颜色信息.工程上普遍采用反射式的通轴光纤作为探测光纤.

本实验采用反射式光纤探头,其结构和参数示意图见图 4-6-6.

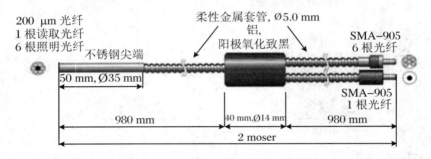

图 4-6-6　反射式光纤结构示意图

光纤呈 Y 字形,其中 6 根光纤与光纤光源连接,用作照明.一根光纤用于连接光谱仪用作探测.探测端光纤束由 7 根 200 μm 光纤组成,6 根光纤围绕一份光纤圆周排布.光纤芯径均为 200 μm.

使用反射式光纤探测物体颜色的实验原理图见图 4-6-7.此种方法是 CIE 推荐的 d/0 探测方法的一种变形.现在被工程上广泛应用.

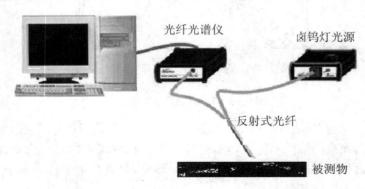

图 4-6-7　利用反射式光纤探测物体颜色原理示意图

六、使用积分球探测物体颜色

当物体面积较大时，为了提高精度，我们一般采用漫射/垂直(缩写 d/0)方法检测，样品用积分球漫射照明，其原理示意图见 4 - 6 - 8.

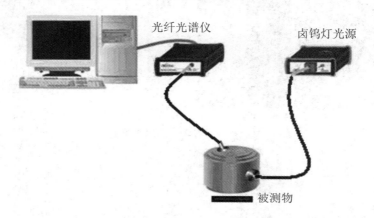

图 4 - 6 - 8　使用积分球探测物体颜色原理示意图

七、系统标定及白参考

按照国标 GB/T 3979—2008 物体色的测量方法的要求，在物体颜色测试前需要使用标准白板进行标定.标准白板的要求遵循 GB 9086—1988《用于色度和光度测量的陶瓷标准白板》标准要求.

标准白板分有光泽和无光泽的两种，这两种标准白板具有较高的光谱反射性能.无光泽的陶瓷标准白板，其表面的漫反射性能接近于氧化镁或硫酸钡漫反射标准白板.既可用于色度和光度的直接测量，又可用于工作标准的标定见图4 - 6 - 9.

本实验选用的标准白板为白色漫反射材料 PTFE 制成，可以满足对漫反射率要求很高的领域.在色度学应用中，这类应用要求在反射测量时先测参考信号.由于 PTFE 材料制作的非常精确，在 350～1 800 nm 光谱范围内达到大约 98％的反射率，在 250～2 500 nm 光谱范围内达到 92％的反射率.PTFE 材料具有非常好的长期稳定性，即使在紫外区也是这样.PTFE 材料不易被水沾湿，而且化学性质也不活跃.

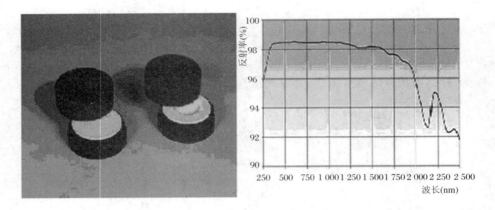

图 4 - 6 - 9　参考白板实物图和反射光谱曲线

八、使用反射探头测试物体颜色

（1）系统搭建

根据实验原理图连接各个器件. 反射式光纤中标有"light source"的一端连接光源 SMA905 接口,另一端连接光谱仪 SMA905 接口. 在使用中应保护光纤短面不接触到其他物体,以免磕碰污染光纤端面影响测量精度. 在连接光纤时应避免光纤弯曲角度过大导致光纤折断. 根据实物图搭建光纤探测平台见图 4 - 6 - 10.

图 4 - 6 - 10　光纤与光谱仪的链接实物图

反射式光纤检测平台搭建如图 4 - 6 - 11 所示.

搭建光路完成后,打开 Avasoft 7.7 USB2 软件连接光谱仪. 将白参考片放置在测试样品位置,点击"开始",开启 Scope Mode 并调节 Integration times 参数值,使得光谱仪探测强度在 50 000 cd 以上,同时调节 Average 参数值,使得光谱谱线平稳. 系统搭建完成.

图 4 - 6 - 11　反射式光纤检测平台搭建

（2）系统标定

将反射式光纤探头对准黑色吸光背景（或者关闭照明光源），待曲线稳定后单击 Save Dark 保存背景数据.

打开照明光源，将白色参考片置于探头下方 20 mm 的距离，待曲线稳定后单击 Save Reference 保存白色参考数据.

（3）测试数据

打开 Application 菜单栏，选定 Color Measurement，在 LABChart 界面设定 Illuminant 参数为 D65，设定 CIE Standard Observer 参数为 10 degrees（前面两项也可根据需要选择其他标准选项），在 Reference Color 栏选定参考颜色（也就是待测颜色的理论设计值或者参考值），然后单击 OK.

将反射探头对准待测物体方向，距离约 20 mm，即可开始测量，若 dE 等参数的值过大（大于 0.1）或者数据变动量很大，可适当增大 Average 的参数再试.

数据测试：随即测试色标卡中 5 种色标. 记录数据如下：

测试仪器：光纤光谱仪 AvaSpec-2048.

测试波长范围：350～1 100 nm，$\Delta\lambda=2.4$ nm.

采用 0°照明，漫反射接收几何条件，标准照明体 D65.

环境条件：温度：_____℃；湿度：_____%RH.

色标卡序号	三刺激值 XYZ	L　$a*$　$b*$	x　y

九、使用积分球测试物体颜色

（1）系统搭建

根据实验原理图连接各个器件. 用 200 μm 粗的光纤连接光谱仪与积分球（采样口垂直面的 SMA905 接口）；用 400 μm 光纤连接 D65 标准光源和积分球（采样口对面的 SMA 接口）. 其中 200 μm 光纤型号为"FC-UV200-2"，400 μm 光纤的型号为 FC-UV400-2.

注意事项：

① 在使用中应保护光纤短面不接触到其他物体，以免磕碰污染光纤端面影响测量精度.

② 在连接光纤时应避免光纤弯曲角度过大导致光纤折断.

根据实物图搭建光纤探测平台如图 4-6-12 所示.

图中标注：采样口、照明光纤、探测光纤

图 4-6-12　光纤探测平台

搭建光路完成后，打开 Avasoft 7.7 软件连接光谱仪将白色参考白板紧贴在积分球采样口上，在 Scope Mode 下调节 Integration times 参数值，使得光谱仪探测强度在 5 000 cd 以上，调节 Average 参数值，使得光谱谱线平稳，系统搭建完成.

（2）系统标定

打开 D65 标准光源，将积分球采样口对准黑色吸光背景，待曲线稳定后单击 Save Dark 保存背景数据.

将白色参考白板紧贴在积分球采样口上，让积分球采样口对准参考白板，待曲线稳定后单击 Save Reference 保存白色参考数据.

（3）数据测试

打开 Application 菜单栏，选定 Color Measurement，在 LABChart 界面设定 Illuminant 参数为 D65，设定 CIE Standard Observer 参数为 10 degrees（前面两项

也可根据需要选择其他标准选项),在 Reference Color 栏选定参考颜色(也就是待测颜色的理论设计值或者参考值),然后单击 OK.

将反射式探头对准待测物体方向,距离 20 mm 即可开始测量,若 dE 等参数的值过大(大于 0.1)或者浮动严重,可适当增大 Average 的参数再试.

数据测试:随机测试色标卡中 5 种色标. 记录数据如下:

测试仪器:光纤光谱仪 AvaSpec-2048

测试波长范围:380~1 100 nm,$\Delta\lambda=2.4$ nm.

采用漫射照明,10°接收几何条件,标准照明体 D65.

环境条件:温度:＿＿＿＿℃;湿度:＿＿＿＿%RH.

色标卡序号	三刺激值 XYZ	$L\ a*\ b*$	$x\ y$

注意事项:

① 将反射探头或者积分球对准待测物体即可开始测量,若 dE 等参数的值过大(大于 0.1)或者浮动厉害,可适当增大 Average 的参数再试.

② 应保持光源、光纤、光谱仪等各器件的稳定,尤其是光纤不要剧烈晃动. 被测物体表面应尽可能是平面. 测量过程中应该保持积分时间和平均次数等参数不变.

③ 使用反射式探头测量时,尤其应当注意保持反射式探头与被测物体的距离不变,并且与白参考片的距离相等.

④ 使用积分球测量时,由于光强较弱,积分时间和平均次数可能较大,因而测试时间稍长,这时要注意进入稳定的测量周期之后再进行存白/黑参考等操作.

⑤ 为了提高测试的稳定性,白光源和光谱仪应提前预热 30 分钟.

十、液体颜色测定(拓展选做)

说明:当测试无腐蚀的透明液体时,可直接将反射式光纤探头插入液体内进行测试,测试标定方法与实验 1 相同. 测试结束后应使用清水冲洗光纤,并擦拭干净. 注意,光纤端面如果被腐蚀将对测试结果产生极大影响.

实验配置如表 4-6-2 所示.

【实验配置】

序号	产品名称	主要指标	数量
1	光纤光谱仪	AvaSpec-2048 光谱仪,UA 光栅(350~1 100 nm),DUV 镀膜,DCL-UV/VIS 灵敏度增强透镜,100 μm 狭缝,OSC-UA 消二阶衍射效应镀膜	1
2	Y 型反射式光纤	FCR-7UV200-2 反射探头(包括 6×200 μm 照明光纤,1 根读出光纤,UV/VIS 谱段,1.5 m 长,SMA 接头)	1
3	积分球	辐照式直径 50 mm SMA905 接口	1
4	卤钨灯	AvaLight-HAL 350~1 100 nm	1
5	照明光纤	SMA905 芯径 400 μm 长度 1 m	1
6	探测光纤	SMA905 芯径 200 μm 长度 1 m	1
7	探测光纤支架		1
8	标准白板	WS-2	1
9	标准色卡	83 色	1
10	AvaSoft-Full 软件		1

实验内容二　利用透射光谱测定滤光片透过率

　　光学透过率是所有的透光器件的重要指标,掌握光学器件的透过率检验方法可以帮助我们研究各种光学器件,系统的性能.光学滤光片产品应用于医疗仪器、金融、冶金、照相器材、航空、航天、军事、生化仪器、光学仪器、科研等领域.滤光片的主要指标有:光谱透过率、中心波长(窄带干涉滤光片)、半波宽、截止波长等.本实验主要目的是测试不同种类的滤光片的光学指标,并熟悉测试方法.

【实验原理】

　　本实验使用卤钨光纤白光源准直后作为照明光源,使用积分球作为匀光器,使用光纤光谱仪检测光谱.

实验原理如图 4-6-13 所示.

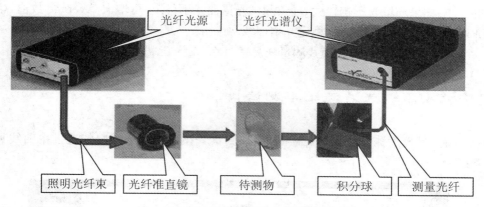

图 4-6-13　滤光片透过率测试原理图

图 4-6-14　透过率测试实验图

【实验系统搭建与标定】

（1）根据实验原理图连接光纤卤钨光源、准直镜、积分球和光谱仪.

（2）根据实验实物图（见图 4-6-14），安装各夹持部件.并调整各器件同心等高.

注：有些定制产品配置，光纤准直镜调节支架可能与实物图不符.

（3）打开光谱仪，在不开光纤光源的情况下记录黑背景.

（4）打开光纤光源，调整光纤准直镜与积分球采样口等高，并使得光束正入射进采样口，待光纤光源预热 30 分钟后，调整光谱仪和 Average 值使得光谱强度在

10 000 cd 以上,并稳定.

　　注:如果环境光影响较大,导致测试光谱曲线不稳定.可增大 Average 数值,增加计算参数的平均值范围,稳定光谱曲线.

　　(5)使用透过率测量模式测量样品透过率.选择 T 模式 ▩SATI▩.

【中性密度滤光片透过率测试】

　　将中性密度测量片装卡在样品位置.测量其在各光谱范围内的透过率曲线见图 4 - 6 - 15.

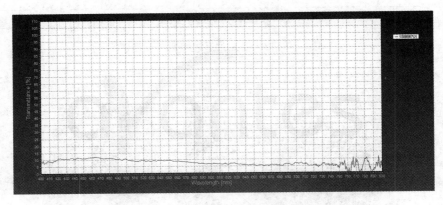

图 4 - 6 - 15　透过率测试效果图

【长波通滤光片样品测试】

　　不同的带通滤光片装卡在样品测试位置.测量其在各光谱范围内的透过率曲线.通过软件自带的测量功能▩,测量长波通滤光片的透过波段、透过率、截止波长、截止带宽等参数.测试效果如图 4 - 6 - 16 所示.

【窄带滤光片设计实验】

　　将窄带滤光片装卡在样品测试位置,测量其在各光谱范围内得透过率曲线.通过软件自带的测量功能,测量带通滤光片的峰值透过率、半波带宽参数.测试效果如图 4 - 6 - 17 所示.

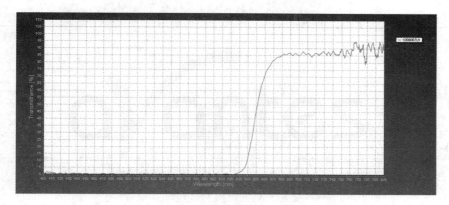

图 4 - 6 - 16　滤光片测试效果图

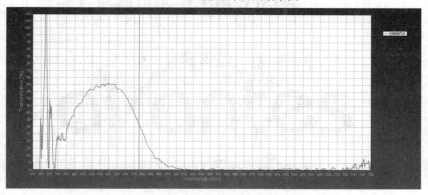

图 4 - 6 - 17　窄带滤色片测试效果图

【实验配置】

序号	产品名称	主要指标	数量
1	光纤光谱仪	AvaSpec-2048 光谱仪，UA 光栅（200～1100 nm），DUV 镀膜，DCL-UV/VIS 灵敏度增强透镜，100 μm 狭缝，OSC-UA 消二阶衍射效应镀膜	1
2	积分球	辐照式 直径 50 mm SMA905 接口	1
3	卤钨光源	AvaLight-HAL 芯径 1 000 μm	1
4	照明光纤	SMA905 芯径 400 μm 长度 1 m	1
5	光纤准直镜	SMA905 接口 5 mm	1
6	探测光纤	SMA905 芯径 200 μm 长度 1 m	1

续表

序号	产品名称	主要指标	数量
7	二维可调棱镜台	用于夹持光纤准直镜	1
8	AvaSoft-Full 软件		1
9	中性密度透过率测试样品	25.4 mm 3 片	1
10	长波通带滤色片	2 片	1
11	窄带滤色片	488 nm 半波带宽 10 nm	1

实验内容三　利用等离子体光谱测定气体成分

随着温度的升高,一般物质依次表现为固体、液体和气体,它们统称物质的三态.当气体温度进一步升高时,其中许多,甚至全部分子或原子将由于激烈的相互碰撞而离解为电子和正离子.这时物质将进入一种新的状态,即主要由电子和正离子(或是带正电的核)组成的状态.这种状态的物质叫等离子体,它可以称为物质的第四态.

目前,直接测量等离子体的仪器分为两大类:一大类是测量等离子体的密度和温度,方法又分两种:一种是根据落到传感器上的带电粒子产生的电流来推算,如法拉第筒、减速势分析器和离子捕集器,另一种是探针,通过在探针上加不同电压引起的电源变化推算;另一大类是测量等离子体的特征谱线(光谱法),使用光纤探测等离子体信号,通过光谱仪进行数据采集和分析.

【实验原理】

等离子体实验原理图如图 4-6-18 所示.辉光球发光是低压气体(或叫稀疏气体)在高频强电场中的放电现象.玻璃球中央有一个黑色球状电极.球的底部有一块振荡电路板,通电后,振荡电路产生高频电压电场,由于球内稀薄气体受到高频电场的电离作用而光芒四射.辉光球工作时,在球中央的电极周围形成一个类似于点电荷的场.当用手(人与大地相连)触及球时,球周围的电场、电势分布不再均匀对称,故辉光在手指的周围处变得更为明亮.

图 4 - 6 - 18　等离子体实验原理图

【实验步骤】

等离子体检测系统实物图如图 4 - 6 - 19 所示.

图 4 - 6 - 19　等离子体检测体统实物图

（1）开启光谱仪,将光谱仪模式选择为 S 模式.

（2）开启辉光球.

（3）将光纤使用光纤卡具贴近积分球. 注意:不能让光纤端面与积分球接触,否则容易导致光纤污损.

（4）调整光谱仪积分时间 `integration time [ms]: 10.00` ,使得最大光强在 3 000 cd 左右.

（5）使用软件自带的测量功能测量各条特征谱线的波长值.

（6）根据实验附录提供的各种惰性气体特征谱线,查表判断其他成分. 等离子体检测实验效果图如图 4 - 6 - 20 所示.

附注:

（1）原子特征谱线可以在 www. nist. gov 网页中查询.

（2）实验附录提供了相对强度较高的惰性气体特征光谱值查询表.

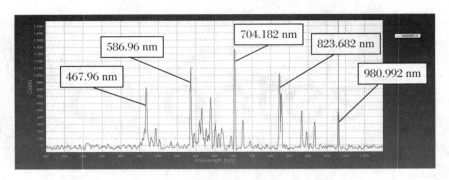

图 4 - 6 - 20　等离子体检测实验效果图

【实验配置】

序号	产品名称	主要指标	数量
1	光纤光谱仪	AvaSpec-2048 光谱仪,UA 光栅(200-1 100 nm), DUV 镀膜,DCL-UV/VIS 灵敏度增强透镜,100 μm 狭缝,OSC-UA 消二阶衍射效应镀膜	1
2	光纤准直镜	SMA905 接口	1
3	探测光纤	SMA905 芯径 200 μm 长度 2 m	1
4	光纤支架		1
5	AvaSoft-Ful 软件		1
6	辉光放电球		1

实验内容四　利用白光干涉测定薄膜厚度测量

随着信息产业的发展,光学薄膜的需求不断增大,对器件特性的要求也越来越高.物理厚度是薄膜最基本的参数之一,它会影响整个器件的最终性能,因此快速而精确地测量薄膜厚度具有重要的意义.台阶仪是常用的厚度测试方法,然而它需要在样品上制作台阶,同时测试中机械探针与样品接触,会对一些软膜的表面造成损伤,因而非破坏的光学手段是更为理想的方法.传统的测量薄膜物理厚度的光学方法主要有光度法和椭偏法两种.其中光度法是通过拟合分光光度计测得的透/反射率曲线来得到光学薄膜厚度的一种方法,但它要求膜层较厚以产生一定的干涉振荡并且只能测量弱吸收膜;椭偏仪测量具有灵敏度高的优点,但是受界面层等因素的影响,需要复杂的数学模型来求解厚度,上述这些方法已经成功而广泛地应用在各个领域,然而随着近年来微光机电系统等微加工技术的发展,经常需要在高低起伏的基板上(Patterned Substrate)沉积薄膜,因此用测量表面轮廓的白光干涉仪来进行薄膜厚度测试的方法引起了人们的关注.

【实验原理】

薄膜测量系统是基于白光干涉的原理来确定光学薄膜的厚度,如图 4 - 6 - 21 所示.白光干涉图样通过数学函数被计算出薄膜厚度.对于单层膜来说,如果已知薄膜介质的 n 和 k 值就可以计算出它的物理厚度.

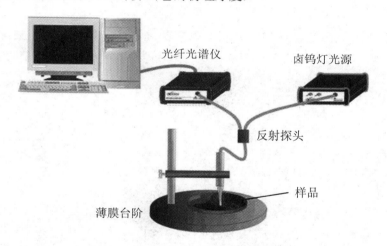

图 4 - 6 - 21　白光干涉测厚原理示意图

一束光从空气垂直入射到薄膜表面,由菲涅耳反射定律,其振幅反射系数为

$$r_{01} = \frac{\tilde{n} - n_0}{\tilde{n} + n_0}$$

其中 $\tilde{n} = n - \mathrm{i}k$,为复折射率,k 为消光系数.

振幅透射系数为

$$t_{01} = \frac{2n_0}{\tilde{n} + n_0}$$

透射光在薄膜/基底界面再次发生反射,其振幅反射率为

$$r_{12} = \frac{\tilde{s} - \tilde{n}}{\tilde{s} + \tilde{n}}$$

反射光在两界面间多次发生反射. 则第一次的反射光和多次反射的透射光在空气中发生多光束干涉, 其干涉的总振幅相对于入射光的反射比为

$$r = \frac{r_{01} + r_{12}\mathrm{e}^{-\mathrm{i}2\beta}}{1 + r_{01}r_{12}\mathrm{e}^{-\mathrm{i}2\beta}}$$

其中 $\beta = \dfrac{2\pi d(n - \mathrm{i}k)}{\lambda}$, 则光强反射比 $R = |r|^2$.

1. air/film/substrate/air 系

如果其中 substrate 为吸收材料, 且足够厚, 而没有反射光从基底/空气界面反射回来, 则反射率

$$R = |r|^2$$

2. air/film/substrate/air 系

如果其中 substrate 为无吸收材料, 则基底/空气界面有光反射上来, 设空气折射率为 1, 则

(1) 透射率曲线

$$T = \text{transmittance} = \frac{Ax}{B - Cx + Dx^2}$$

其中

$$A = 16s(n^2 + k^2)$$
$$B = [(n+1)^2 + k^2][(n+1)(n+s^2) + k^2]$$
$$C = [(n^2 - 1 + k^2)(n^2 - s^2 + k^2) - 2k^2(s^2 + 1)]2\cos\varphi$$
$$\qquad - k[2(n^2 - s^2 + k^2) + (s+1)(n^2 - 1 + k^2)]2\sin\varphi$$
$$D = [(n-1)^2 + k^2][(n-1)(n-s^2) + k^2]$$
$$\varphi = 4\pi nd/\lambda \ , \ x = \exp(-\alpha d) \ , \ \alpha = 4\pi k/\lambda$$

其中 d 为薄膜物理厚度, n 是薄膜折射率, k 是薄膜消光系数, s 是基底折射率.

(2) 反射率曲线

$$R = \text{reflectance} = \frac{E - Fx + Gx^2}{B - Cx + Dx^2}$$

其中

$$E = [k^2 + (n-1)^2][k^2 + (1+n)(n+s^2)]$$
$$F = H - 8(s-1)^2\left(\frac{p_0 - p_1 x + p_2 x^2}{q_0 - q_1 x + q_2 x}\right)$$
$$G = [k^2 + (1+n)^2][k^2 + (n-1)(n-s^2)]$$
$$H = -[(n^2 - 1)(n^2 - s^2) + k^2(1 + 2n^2 + k^2 + s^2)]2\cos\varphi$$
$$\qquad + k(1 + k^2 + n^2)(s^2 - 1)\sin\varphi$$

B,C,D 和上面相同.

$$B = \left[(n+1)^2 + k^2\right]\left[(n+1)(n+s^2) + k^2\right]$$

$$C = \left[(n^2 - 1 + k^2)(n^2 - s^2 + k^2) - 2k^2(s^2 + 1)\right]2\cos\varphi$$
$$\quad - k\left[2(n^2 - s^2 + k^2) + (s+1)(n^2 - 1 + k^2)\right]2\sin\varphi$$

$$D = \left[(n-1)^2 + k^2\right]\left[(n-1)(n-s^2) + k^2\right]$$

3. 对于多层膜系

界面矩阵为

$$\boldsymbol{I}_{ab} = \begin{pmatrix} 1/t_{ab} & r_{ab}/t_{ab} \\ r_{ab}/t_{ab} & 1/t_{ab} \end{pmatrix}$$

膜层矩阵为

$$\boldsymbol{L} = \begin{pmatrix} \mathrm{e}^{\mathrm{i}\beta} & 0 \\ 0 & \mathrm{e}^{\mathrm{i}\beta} \end{pmatrix}$$

多层膜系的矩阵为

$$\boldsymbol{S} = I_{01}L_1I_{12}L_2\cdots I_{(m-1)m}L_mI_{ms} = \begin{pmatrix} S_{11} & S_{12} \\ S_{21} & S_{22} \end{pmatrix}$$

则

$$r = \frac{S_{21}}{S_{11}}, \quad t = \frac{1}{S_{11}}, \quad R = |r|^2$$

【优化拟合方法】

最优化方法的基本原理是,根据反射光干涉的基本理论,在一定范围内改变反射曲线的参量(d, $s(\lambda_i)$, $n(\lambda_i)$, $k(\lambda_i)$),使理论曲线和实验得到的曲线方差最小,即

$$\text{minimize} \sum_{i=1}^{m} \left[R^{\text{theor}}(\lambda_i) - R^{\text{meas}}(\lambda_i)\right]^2$$

由于变量数太多,为了确定解和加快收敛速度,要对这些参量加入一些限制或对参量进行转换再加入限制,比如建立折射率和消光系数的色散模型(即折射率和消光系数随波长改变而改变的规律).

注意事项:

(1) 此光源必须在较干燥的环境中使用和保存.

(2) 此设备应避免与其他热源接触.

(3) 此设备必须与使用与仪器匹配的电源供电,否则会随坏设备.

（4）避免设备跌落.

（5）避免有水渗入机壳.

（6）避免人眼直视出光口.

【实验步骤】

（1）按照薄膜测厚实验原理图见图 4 - 6 - 22,将 Y 型光纤一端标有光源的光纤与光纤光源连接. 将标有光谱仪的一端与光纤光谱仪连接. 将探测端与薄膜测厚支架连接. 并固定稳定.

（2）软件安装后,按 Start 可以开始测量.

（3）保存参考光谱:取一块待测,未镀膜的光学基底,放置于光纤探测端下方,调整适当的探测高度约 10 mm,CCD 积分时间 Integration time [ms]: 10.00 参数使得光强在 5 000 cd 以上. 使用 File Save-Reference 选项,保存参考光谱 reference spectrum. 也可以使用自动积分时间调整功能 ∫ᴀᴄ.

图 4 - 6 - 22　薄膜测厚实物图

（4）输入测量参数:在 Layer Display 窗口中输入:材料、波长限制,膜厚限制等参数. 按 Apply 键保存设置.

（5）将反射式光纤探头对准黑色吸光背景(或者关闭光纤光源),点击"save dark data"保存黑背景参考.

注意:当积分时间和探头位置更改后,需要重新进行参考光谱和黑背景的标定.

（6）重新打开光纤光源,更换上待测的薄膜. 观察此时光谱强度是否饱和? 如果饱和应重新按照(3)～(5)步骤,调整积分时间并重新保存参考光谱和黑背景数据.

（7）开始测量：按选择 R 模式，并点击绿色 Start 按钮，开始进行膜厚测量. 薄膜测试的效果图见 4-6-23.

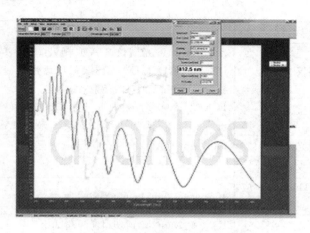

图 4-6-23　薄膜测厚测试效果图

附注：

（1）更详细的实验方法及步骤参看：AVASOFT 7.7 ThinFilm for USB2 manual.

（2）软件提供 2 种计算薄膜厚度算法 FFT 和光谱干涉算法，FFT 算法适用于薄膜厚度大于 20 μm 的薄膜. 选择在 Layer Display 窗口的 Options 选项里更改此指标.

（3）膜层厚度较薄的薄膜，光谱干涉区偏紫外短波区，较厚的薄膜光谱干涉区在偏红的红外区. 根据测试的波形选择合适的计算区域将提高测量精度.

（4）测试前可以通过对薄膜的性能参数对其物理厚度有一定的了解，选择适当的物理厚度计算区间将有助于提高测试精度.

（5）Fit Quality 参数是软件提供的一个计算结果与测试曲线符合程度的一个参数，此参数值越小表明计算曲线与测试曲线符合度高，意味着测试精度越高.

【实验配置】

序号	产品名称	主要指标	数量
1	光纤光谱仪	AvaSpec-2048 光谱仪,UA 光栅(200～1 100 nm),DUV 镀膜,DCL-UV/VIS 灵敏度增强透镜,100 μm 狭缝,OSC-UA 消二阶衍射效应镀膜	1
2	Y 型反射式光纤	FCR-7UV200-2 反射探头(包括 6×200 微米照明光纤,1 根读出光纤,UV/VIS 谱段,1 米,SMA 接头)	1
3	光纤卤钨光源	AvaLight-HAL 220～2 500 nm	1
4	探测光纤支架		1
5	AvaSoft-Thinfilm 应用软件	10 nm～50 μm,1 nm 分辨率	1
6	薄膜测试片	K9 基底 MgF2 增透塑料薄膜测试片	1组

第 5 单元　磁共振技术

引　言

　　磁共振定义为具有磁矩的物质,在恒定的磁场作用下对电磁辐射能的共振吸收现象.磁共振吸收谱在射频和微波波段范围内,是物质的整个电磁波谱中的长波部分,它构成了波谱学中的最重要部分.除磁共振外,波谱学中还有核电四矩共振、气体微波波谱学等内容.像光谱技术一样,磁共振技术在研究物质结构方面具有重要作用,此外在实际应用方面也有很多独到之处.鉴于在实验原理与技术方面的共同点,将各种磁共振技术合为一个实验大类.

　　物体内的磁矩可以来自电子自旋,也可以是核自旋,因此有不同的磁共振,但共振现象是一样的,可以用共同的理论去处理.

　　物质在恒定磁场和高频交变电磁场的共同作用下,在某一频率附近产生对高频电磁场的共振吸收现象,在恒定外磁场作用下物质发生磁化,物质中的磁矩要绕外磁场进动.由于存在阻尼,这种进动很快衰减掉.但若在垂直于外磁场的方向上加一高频电磁场,当其频率与进动频率一致时,就会从交变电磁场中吸收能量以维持其进动,物质对入射的高频电磁场能量在上述频率处产生一个共振吸收峰.若产生磁共振的磁矩是顺磁体中的原子(或离子)磁矩,则称为顺磁共振;若磁矩是原子核的自旋磁矩,则称为核磁共振;若磁矩为铁磁体中的电子自旋磁矩,则称为铁磁共振.核磁矩比电子磁矩约小3个数量级,故核磁共振的频率和灵敏度比顺磁共振低得多;同理,弱磁物质的磁共振灵敏度又比强磁物质低.从量子力学观点看,在外磁场作用下电子和原子核的磁矩是空间量子化的,相应地具有离散能级.当外加高频电磁场的能量等于能级间距时,电子或原子核就从高频电磁场吸收能量,使之从低能级跃迁到高能级,从而在共振频率处形成吸收峰.

　　利用顺磁共振可研究分子结构及晶体中缺陷的电子结构等.核磁共振谱不仅与物质的化学元素有关,还受原子周围的化学环境的影响,故核磁共振已成为研究固体结构、化学键和相变过程的重要手段. 核磁共振成像技术与超声和 X 射线成像技术一样已普遍应用于医疗检查. 铁磁共振是研究铁磁体中的动态过程和测量磁性参量的重要方法. 光泵磁共振在基础物理研究中有重要应用,在量子频标、精确测量磁场等方面也有很大的实用价值.

实验 5-1　微波顺磁共振

顺磁共振又称电子自旋共振. 电子顺磁共振是指处于恒定磁场中的电子自旋磁矩在射频电磁场作用下发生的一种磁能级间的共振跃迁现象. 这种共振跃迁现象只能发生在原子的固有磁矩不为零的顺磁材料中,称为电子顺磁共振. 1944 年由苏联的柴伏依斯基首先发现的. 它与核磁共振(NMR)现象十分相似,所以 1945 年 Purcell、Paund、Bloch 和 Hanson 等人提出的 NMR 实验技术后来也被用来观测 ESR 现象. 由于电子的磁矩比核磁矩大得多,在同样的磁场下,顺磁共振的灵敏度也比核磁共振高得多. 在微波和射频范围内都能观察到电子自旋共振现象,本实验使用微波进行电子顺磁共振实验.

ESR 已被成功地应用于顺磁物质的研究,目前它在化学、物理、生物和医学等各方面都获得了极其广泛的应用. 例如发现过渡族元素的离子,研究半导体中的杂质和缺陷、离子晶体的结构、金属和半导体中电子交换的速度以及导电电子的性质等. 所以,ESR 也是一种重要的近代物理实验技术.

【实验目的】

(1) 研究、了解微波波段电子顺磁共振现象.
(2) 了解、掌握微波仪器和器件的应用.
(3) 测量 DPPH 中的 g 因子.
(4) 从矩形谐振腔长度的变化,进一步理解谐振腔中 TE_{10} 波形成驻波的情况.
(5) 利用样品有机自由基 DPPH 在谐振腔中的位置变化,探测微波磁场的情况.

【实验原理】

本实验有关物理理论方面的原理请参考有关"电子自旋(顺磁)共振"实验"微

波参数测量"实验等有关章节.

在外磁场 B_0 中,电子自旋磁矩与 B_0 相互作用,产生能级分裂,其能量差为

$$\Delta E = g\mu_B B_0 \tag{5-1-1}$$

其中 g 为自由电子的朗德因子,$g = 2.0023$.

在与 B_0 垂直的平面内加一频率为 ν 的微波磁场 B_1,当 ν 满足

$$h\nu = g\mu_B B_1 \tag{5-1-2}$$

时,处于低能级的电子就要吸收微波磁场的能量,在相邻能级间发生共振跃迁,这就是微波顺磁共振.

在热平衡时,上下能级的粒子数遵从玻尔兹曼分布

$$\frac{N_1}{N_2} = e^{-\frac{\Delta E}{KT}} \tag{5-1-3}$$

由于磁能级间距很小,$\Delta E \ll KT$,上式可以写成

$$\frac{N_1}{N_2} = 1 - \frac{\Delta E}{KT} \tag{5-1-4}$$

由于 $\Delta E/KT > 0$,因此 $N_2 < N_1$,即上能级上的粒子数应稍低于下能级的粒子数. 由此可知,外磁场越强,射频或微波场频率 f 越高,温度越低,则粒子差数越大. 因为微波波段的频率比射频波波段高得多,所以微波顺磁共振的信号强度比较高. 此外,微波谐振腔具有较高的 Q 值,因此微波顺磁共振有较高的分辨率.

微波顺磁共振有通过法和反射法. 反射法是利用样品所在谐振腔对于入射波的反射状况随着共振的发生而变化,因此,观察反射波的强度变化就可以得到共振信号. 反射法利用微波器件魔 T 来平衡微波源的噪声,所以有较高的灵敏度.

为了观察共振信号,通常采用调场法,即在直流磁场 B_D 上叠加一个交变调场 $B_A\cos(\omega t)$,这样样品上的外磁场为 $B = B_D + B_A\cos(\omega t)$. 当磁场扫过共振点,满足

$$B = \frac{hf}{g\mu_B} \tag{5-1-5}$$

时,发生共振,改变谐振腔的输出功率或反射状况,通过示波器显示共振信号.

【实验装置一】

实验装置由磁共振实验仪和电磁铁系统、微波系统、特斯拉计和示波器等组成,如图 5-1-1 所示.

图 5-1-1　微波顺磁共振实验系统

1. 电磁铁系统

由电磁铁和磁共振实验仪组成,用于产生外磁场 $B = B_D + B_A \cos(\omega t)$,并且有检波装置.励磁电源接到电磁铁直流绕组产生 B_D ,通过调整励磁电流改变 B_D .调场电源接到电磁铁交流绕组产生 $B_A \cos(\omega t)$,并经过相移电路接到示波器 X 轴输入端.

2. 微波系统

(1) 3 cm 固态信号源:产生 8.6~9.6 GHz 的微波信号.

(2) 隔离器:使微波信号从输入端进时衰减量很小,而反方向传输时衰减量很大.起隔离微波源与负载的作用.可变衰减器:用于调整输入功率.

(3) 波长计:用来测量微波波长.使用时调整螺旋测微计,在示波器上会出现吸收峰,或微安表指示大幅度下降,根据螺旋测微计的读数查表,即可得到吸收峰处的微波频率.

(4) 调配器:使两种不同阻抗的微波器件达到匹配的可调器件.匹配就是将输入的波完全吸收,没有反射.

(5) 检波器:用来测量微波信号在被测点的强度.

(6) 谐振腔:本实验使用 TE 型谐振腔,如图 5-1-2 所示,腔内形成驻波,将样品置于驻波磁场最强的地方,才能出现磁共振.微波从腔的一端进入,另一端是一个活塞,用来调节腔长,以产生驻波.腔内装有样品,样品位置可沿腔长方向调整.

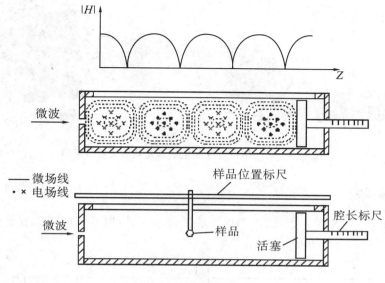

图 5 - 1 - 2　谐振腔示意图

（7）DPPH 样品：密封在细尼龙管中，置于谐振腔内.

（8）魔 T：它有 4 个臂，相对臂之间是互相隔离的，如图 5 - 1 - 3 所示. 当 4 个臂都匹配时，微波从臂 4 进入，则等分进入相邻两臂（2,3），而不进入相对的臂 1；但当相邻两臂（2,3）有微波反射时，则能进入相对的臂 1. 这样将臂 3 接谐振腔，臂 2 接匹配器，臂 1 接检波器，当样品产生磁共振吸收，微波能量改变魔 T 匹配状态时，就有微波从谐振腔反射回来进入检波器.

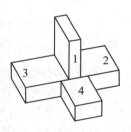

图 5 - 1 - 3　魔 T 示意图

（9）示波器：观测共振信号.

（10）特斯拉计：测量静磁场强度.

【实验装置二】

如图 5 - 1 - 4 所示由微波传输部件把 X 波段体效应二极管信号源的微波功率馈给谐振腔内的样品，样品处于恒定磁场中，磁铁由 50 Hz 交流电对磁场提供扫描，当满足共振条件时输出共振信号，信号由示波器直接检测. 以下介绍各个微波部件的原理、性能及使用方法.

图 5 - 1 - 4　FD-ESR-II 型电子顺磁共振仪实验装置

1. 谐振腔

谐振腔由矩形波导组成,A 为谐振腔耦合膜片,B 为可变短路调节器也为短路膜片.如图 5 - 1 - 5 所示.

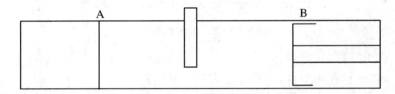

图 5 - 1 - 5　谐振腔由矩形波导

下面我们讨论,谐振腔的工作原理.

设 A 膜片反射系数为 T,透射为 r,当处于无损状态时:$T^2 + r^2 = 1$;B 反射系数为 1,样品及传输的损耗为 η.输入幅度为 I,经过膜片反射后初次反射为 $-IT$,因为反射相位与入射相反,所以为采用负号;经过 A 膜片透射强度 Ir,经过一次反射后达到 A 膜片,这时电磁场为 $Ir \cdot \eta e^{i2kx}$,经 A 膜片部分反射部分透射,反射为 $Ir \cdot \eta e^{-2ikx} \cdot T$,透射为 $Ir^2 \cdot \eta e^{2kx}$,同理得出多次反射后反射强度为

$$Ir \cdot \eta e^{-i2kx} (T\eta e^{-2kx})^n \tag{5 - 1 - 6}$$

透射为

$$Ir^2 \eta e^{2kx} (T\eta e^{2kx})^n \tag{5 - 1 - 7}$$

真实反射等于初反射和多次透射的叠加如图 5 - 1 - 6 所示,得

$$-IT + Ir^2 \eta e^{-2ikx} + \sum_{n=1}^{10} Ir^2 \eta e^{-2ikx} (T\eta e^{2ikx})^n \tag{5 - 1 - 8}$$

$$= -IT + Ir^2 \eta e^{-2ikx} + Ir^2 \eta e^{-2ikx} \cdot \frac{T\eta e^{i2kx}}{1 - T\eta e^{2ikx}} \tag{5 - 1 - 9}$$

$$= -IT + Ir^2 \cdot \frac{\eta e^{-2ikx}}{1 - T\eta e^{-2ikx}}$$

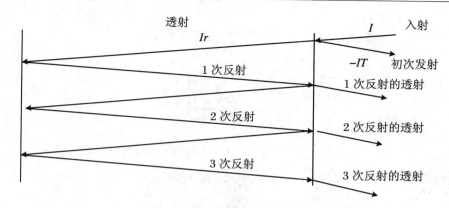

图 5 - 1 - 6　谐振腔由矩形波导

当谐振时：$e^{-2ikx} = 1$ 得反射强度为

$$I_{\text{out}} = I \cdot \left(-T + \frac{r^2\eta}{1-T\eta}\right) \tag{5-1-10}$$

因为共振信号表现为 η 的变化，所以我们将式（5 - 1 - 10）对 η 求导得

$$I_s = I_{\text{out}}(\eta) \cdot \Delta\eta = I\frac{r^2(1-T\eta)}{(1-T\eta)^2}\Delta\eta + \frac{r^2\eta T}{(1-T\eta)^2}\Delta\eta = I \cdot \frac{1-T^2}{(1-T\eta)^2}\Delta\eta$$

$$\tag{5-1-11}$$

增益

$$K = I \cdot \frac{1-T^2}{(1-T\eta)^2} \tag{5-1-12}$$

对 T 求最大值得

$$T = \eta \tag{5-1-13}$$

增益最大值

$$K = \frac{1-\eta^2}{(1-\eta^2)^2} = \frac{1}{1-\eta^2} = Q \tag{5-1-14}$$

此时反射强度

$$I_{\text{out}} = I\left(-\eta + \frac{(1-\eta^2)\eta}{1-\eta\eta}\right) = 0 \tag{5-1-15}$$

Q 为品质因素 $\left(Q = \dfrac{1}{(1-\eta^2)}\right)$. 可以得出膜孔最佳耦合时增益最高，反射为 0. 谐振腔的品质因素决定增益的大小.

2. 微波源

微波源由体效应管、变容二极管、频率调节组成，微波源供电电压为 12 V，其发射频率为 9.37 GHz. 如图 5 - 1 - 7 所示.

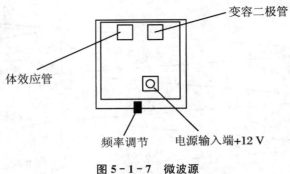

图 5 - 1 - 7　微波源

3. 隔离器

隔离器具有单向传输功能.图 5 - 1 - 8 中 1 输入、2 输出基本无衰减;2 输入、1 输出有极大的衰减.

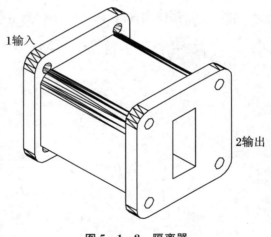

图 5 - 1 - 8　隔离器

4. 环形器

环形器具有定向传输功能.

图 5 - 1 - 9 中,1 输入,2 输出无衰减,3 输出衰减＞30 dB;2 输入,3 输出无衰减,1 输出衰减＞30 dB;3 输入,1 输出无衰减,2 输出衰减＞30 dB.

5. 晶体检波器

用于检测微波信号,由前置的三个螺钉调配器、晶体管座和末端的短路活塞三

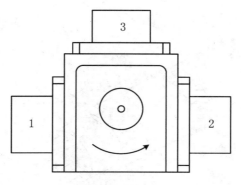

图 5-1-9　环形器

部分组成. 其核心部分是跨接于矩形波导宽壁中心线上的点接触微波二极管(也叫晶体管检波器),其管轴沿 TE10 波的最大电场方向,它将拾取到的微波信号整流(检波). 当微波信号是连续波,整流后的输出为直流. 输出信号由与二极管相连的同轴线中心导体引出,接到相应的指示器,如直流电表、示波器. 测量时要反复调节波导终端的短路活塞的位置以及输入前端三个螺钉的穿伸度,使检波电流达到最大值,以获得较高的测量灵敏度. 其结构如图 5-1-10 所示.

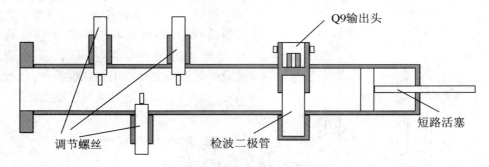

图 5-1-10　晶体管检波器

6. 扭波导

扭波导改变波导中电磁波的偏振方向(对电磁波无衰减). 主要作用是便于机械安装.

7. 短路活塞

短路活塞是接在传输系统终端的单臂微波元件,它接在终端对入射微波功率几乎全部反射而不吸收,从而在传输系统中形成纯驻波状态. 它是一个可移动金属短路面的矩形波导,也可称可变短路器. 其短路面的位置可通过螺旋来调节并可直接读数. 如图 5 - 1 - 11 所示.

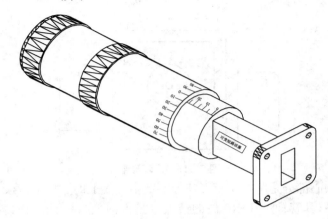

图 5 - 1 - 11   短路活塞

8. 阻抗调配器

阻抗调配器是双轨臂波导元件, 调节 E 面和 H 面的短路活塞可以改变波导元件的参数. 它的主要作用是改变微波系统的负载状态, 它可以系统调节至匹配状态、容性负载、感性负载等不同状态. 在微波顺磁共振中主要作用是观察吸收、色散信号. 图 5 - 1 - 12 是阻抗调配器外观图.

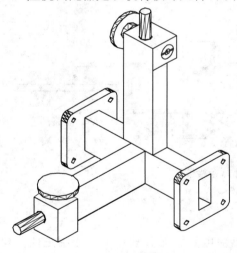

图 5 - 1 - 12   阻抗调配器

【实验步骤(装置一)】

1. 实验准备

(1) 按图 5 - 1 - 12 将实验装置连接好. 打开三厘米固态波信号源的电源, "工作状态"置"连续"挡. 预热 10 分钟.

(2) 用特斯拉计测量电磁铁的磁感应强度与工作电流的关系曲线, 调节电磁铁电流从 0.5 A 开始逐步增加, 每隔 0.1 A 测一次, 测到电流增加至 2.2 A, 再逐步降低电流重测一次, 记录所测数据.

(3) 把微波顺磁共振仪上检波/扫频按钮按下, 使共振仪处在检波位置. 调节信号源的频率, 同时用波长计测频率, 直到将频率调到 9.37 GHz 为止.

（4）将谐振腔活塞调到适当位置,使腔体的吸收峰与波长计的吸收峰重合,调好后谐振腔活塞的位置固定,不再旋动.样品位置调到 88～90 mm 之间.

（5）微调样品位置,使检波电流最小.此时样品位于谐振腔中微波磁场最强位置.

2. ESR 信号的观测

（1）将顺磁共振仪上检波/扫频按钮按起,调节电磁铁的电流大小,顺时针旋转扫场旋钮到最大.调整示波器为 XY 工作方式,两通道都置"AC"挡,X 灵敏度置 1 mV/DIV,Y 灵敏度置 10 mV/DIV,打开示波器.

（2）将在 1.5～2.1 A 范围内仔细调整励磁电流,使示波器显示共振峰,调整调配器,使共振峰重合.在此过程中,需要调整示波器和衰减器,使示波器能够清晰显示共振峰.衰减器不要调得过小,一般不低于 3,以保护检波器.

（3）调整扫场电源的相位,使两共振峰重合.调整励磁电流使共振峰居中.记录励磁电流值.在步骤(1)所测的 H-I 曲线上查找该电流对应得磁场.

（4）选做:移动样品位置,测出各共振信号出现的位置 $z_1, z_2, z_3, \cdots$.

3. 测量 g 因子

首先找到共振信号,然后测出共振时的磁场 H_0 和共振频率 f,由公式 $g = 7.145 \times 10^{-8} \dfrac{f(\text{Hz})}{H(\text{mT})}$,计算 g 因子.

4. 测量共振线宽

测量共振线宽,采用磁场定标法:因共振吸收曲线在 X 轴上是以时间为标度的,而共振线宽是 ΔH 来表示的,故须把时间标度换成磁场标度,具体做法是:先将共振峰调至示波器的中心.此后示波器的放大倍数衰减都应不变,记下共振曲线的半高度的宽度 l (在示波器屏上的格数),改变稳恒磁场使共振峰平移 X (在屏上的格数)并记下峰值所对应的电流 i_1 和 i_2,再由 H-I 曲线上找出对应的 H_1 和 H_2,则 $\dfrac{|H_1 - H_2|}{X}$,即 X 轴向上每格代表的毫特值,这就是磁场定标.因此共振线宽为

$$\Delta H = \frac{|H_1 - H_2|}{X} l \tag{5-1-16}$$

【实验步骤（装置二）】

用示波器观察顺磁共振信号的操作步骤:

1. 连线方法

(1) 通过连接线将主机上的扫描输出端接到磁铁的一端.

(2) 将主机上的直流输出端连接在磁铁的另一端.

(3) 通过 Q9 连接线将检波器的输出连到示波器上.

2. 微波系统的连接

(1) 将微波源上的连接线连到主机后面板上的 5 芯插座上.

(2) 将微波源与隔离器相接(按箭头方向连接).

(3) 将隔离器的另一端与环型器中的(Ⅰ)端相连.

(4) 将扭波导与环型器中的(Ⅱ)端相接.

(5) 将环型器中的(Ⅲ)端与检波器相接.

(6) 将扭波导的另一端与直波导的一端连接.

(7) 将直波导的另一端与短路活塞相接.

其装配图如图 5-1-4 所示.

3. 仪器的操作

(1) 将 DPPH 样品插在直波导上的小孔中.

(2) 打开电源,将示波器的输入通道打在直流(DC)挡上.

(3) 调节检波器中的旋钮,使直流(DC)信号输出最大.

(4) 调节短路活塞,再使直流(DC)信号输出最小.

(5) 将示波器的输入通道打在交流(AC)挡上.

(6) 这时在示波器上就可以观察到共振信号,但此时的信号不一定为最强,可以对短路活塞与检波器进行微调,也可以调节样品在磁场中的位置(样品在磁场中心处为最佳状态),使信号达到一个最佳的状态.

(7) 信号调出以后,关机,将阻抗匹配器接在环型器中的(Ⅱ)端与扭波导中间,开机,通过调节阻抗匹配器上的旋钮,就可以观察到吸收波形.

图 5 - 1 - 13　吸收波形

【数据处理】

(1) 用步骤 2 的数据作 H - I 曲线.

(2) 由公式 $g = 7.145 \times 10^{-7} \dfrac{f}{H}$,计算 g 因子.

(3) 采用磁场定标法测共振线宽:

$$\Delta H = \frac{H_1 - H_2}{X} l \qquad (5 - 1 - 17)$$

(4) 选做:求波导波长 λ_g.

$$\lambda_g = 2(Z_{n+1} - Z_n) \qquad (5 - 1 - 18)$$

将上式中 λ_g 代入下式

$$\lambda = \frac{\lambda_g}{\sqrt{1 + \left(\dfrac{\lambda_g}{2a}\right)}} \qquad (5 - 1 - 19)$$

计算自由空间波长 λ,并与由波长表测量所得到的 λ 相比较,计算误差,其中波导宽度 $a = 22.8$ mm.

【思考题】

(1) 本实验中谐振腔的作用是什么? 谐振腔的中心频率的是什么?

(2) 样品应位于什么位置? 为什么?

(3) 在微波段 ESR 实验中,应怎样调节微波系统才能搜索到共振信号? 为什么?

实验 5 - 2　核 磁 共 振

核磁共振(NMR)就是指处于某个静磁场中物质的原子核系统受到相应频率的电磁辐射时,在它们的磁能级之间发生的共振跃迁现象. 它自问世以来已在物理、化学、生物、医学等方面获得广泛应用,是测定原子的核磁矩和研究核结构的直接而准确的方法,也是精确测量磁场的重要方法之一.

【实验目的】

(1) 了解核磁共振的基本原理和实验方法.
(2) 测量氢核 ^{1}H 的旋磁比和 g 因子.
(3) 测量氟核 ^{19}F 的旋磁比和 g 因子.

【实验原理】

其原理可从两个角度阐明.

一、量子力学观点

1. 单个核的磁共振

实验中以氢核为研究对象.

若将原子核的总磁矩 $\boldsymbol{\mu}$ 与角动量 $\boldsymbol{P}$ 之比用一个称之为旋磁比的系数 γ 来表示的话,它们之间关系可写成

$$\boldsymbol{\mu} = \gamma \boldsymbol{P} \tag{5-2-1}$$

对于质子,式中 $\gamma = \dfrac{g_N e}{2m_p}$,其中 e 为质子电荷,m_p 为质子质量,g_N 为核的朗德因子. 按照量子力学,原子核角动量的大小由下式决定:

$$P = \sqrt{I(I+1)}\,\hbar \tag{5-2-2}$$

式中 $\hbar$ 为约化普朗克常数,I 为核自旋量子数,对于氢核 $I = \dfrac{1}{2}$.

把氢核放在外磁场 $\boldsymbol{B}$ 中,取坐标轴 z 方向为 $\boldsymbol{B}$ 的方向,核角动量在 $\boldsymbol{B}$ 方向的

投影值由下式决定:

$$P_z = m\hbar \tag{5-2-3}$$

式中 m 为核的磁量子数,可取 $m = I, I-1, \cdots, -I$. 对于氢核,$m = -\frac{1}{2}, \frac{1}{2}$,核磁矩在 $\boldsymbol{B}$ 方向的投影值

$$\mu_z = \gamma P_z = g_N \frac{e}{2m_p} m\hbar = g_N \left(\frac{e\hbar}{2m_p}\right) m \tag{5-2-4}$$

将之写为

$$\mu_z = g_N \mu_N m \tag{5-2-5}$$

式中 $\mu_N = \frac{e\hbar}{2m_p} = 5.050\,787 \times 10^{-27}$ J·T^{-1},称为核磁子,用作核磁矩的单位. 磁矩为 μ 的原子核在恒定磁场中具有势能

$$E = -\boldsymbol{\mu} \cdot \boldsymbol{B} = -\mu_z B = -g_N \mu_N m B \tag{5-2-6}$$

任何两个能级间能量差为

$$\Delta E = E_{m_1} - E_{m_2} = -g_N \mu_N B(m_1 - m_2) \tag{5-2-7}$$

根据量子力学选择定则,只有 $\Delta m = \pm 1$ 的两个能级之间才能发生跃迁,其能量差为

$$\Delta E = g_N \mu_N B \tag{5-2-8}$$

若实验时外磁场为 $\boldsymbol{B}_0$,用频率为 ν_0 的电磁波照射原子核,如果电磁波的能量 $h\nu_0$ 恰好等于氢原子核两能级能量差,即

$$h\nu_0 = g_N \mu_N B_0 \tag{5-2-9}$$

则氢原子核就会吸收电磁波的能量,由 $m = \frac{1}{2}$ 的能级跃迁到 $m = -\frac{1}{2}$ 的能级,这就是核磁共振吸收现象. 式(5-2-9)为核磁共振条件. 为使用上的方便,常把它写为

$$\nu_0 = \left(\frac{g_N \mu_N}{h}\right) B_0 \quad \text{或} \quad \omega_0 = \gamma B_0 \tag{5-2-10}$$

上式为本实验的理论公式. 对于氢核,$\gamma_H = 2.675\,22 \times 10^2$ MHz·T^{-1}.

2. 核磁共振信号强度

实验所用样品为大量同类核的集合. 由于低能级上的核数目比高能级上的核数目略微多些,但低能级上参与核磁共振吸收未被共振辐射抵消的核数目很少,所以核磁共振信号非常微弱.

推导可知,T 越低,B_0 越高,则共振信号越强,因而核磁共振实验要求磁场强些. 另外,还需磁场在样品范围内高度均匀,若磁场不均匀,则信号被噪声所淹没,难以观察到核磁共振信号.

二、经典理论观点

1. 单个核的拉摩尔进动

具有磁矩 $\boldsymbol{\mu}$ 的原子核放在恒定磁场 $\boldsymbol{B}_0$ 中,设核角动量为 $\boldsymbol{P}$,则由经典理论可知

$$\frac{\mathrm{d}\boldsymbol{P}}{\mathrm{d}t}=\boldsymbol{\mu}\times\boldsymbol{B}_0 \qquad (5-2-11)$$

将式(5-2-1)代入式(5-2-11)得

$$\frac{\mathrm{d}\boldsymbol{\mu}}{\mathrm{d}t}=\gamma(\boldsymbol{\mu}\times\boldsymbol{B}_0) \qquad (5-2-12)$$

由推导可知核磁矩 $\boldsymbol{\mu}$ 在静磁场 $\boldsymbol{B}_0$ 中的运动特点为:

(1) 围绕外磁场 $\boldsymbol{B}_0$ 做进动,进动角频率 $\omega_0=\gamma B_0$,跟 $\boldsymbol{\mu}$ 和 $\boldsymbol{B}_0$ 间夹角 θ 无关;

(2) 它在 xy 平面上的投影 $\mu_\perp$ 是一常数;

(3) 它在外磁场 $\boldsymbol{B}_0$ 方向上的投影 μ_z 为常数.

如果在与 $\boldsymbol{B}_0$ 垂直的方向上加一个旋转磁场 $\boldsymbol{B}_1$,且 $B_1\ll B_0$,设 $\boldsymbol{B}_1$ 的角频率为 ω_1,当 $\omega_1=\omega_0$ 时,则旋转磁场 $\boldsymbol{B}_1$ 与进动着的核磁矩 $\boldsymbol{\mu}$ 在运动中总是同步. 可设想建立一个旋转坐标系 $x'y'z'$,z' 与固定坐标系 xyz 的 z 轴重合,x' 与 y' 以角速度 ω_1 绕 z 轴旋转,则从旋转坐标系来看,$\boldsymbol{B}_1$ 对 $\boldsymbol{\mu}$ 的作用恰似恒定磁场,它必然要产生一个附加转矩. 因此 $\boldsymbol{\mu}$ 也要绕 $\boldsymbol{B}_1$ 做进动,使 $\boldsymbol{\mu}$ 与 $\boldsymbol{B}_0$ 间夹角 θ 发生变化. 由核磁矩的势能公式

$$E=-\boldsymbol{\mu}\cdot\boldsymbol{B}=-\mu B\cos\theta \qquad (5-2-13)$$

可知,θ 的变化意味着磁势能 E 的变化. 这个改变是以所加旋转磁场的能量变化为代价的. 即当 θ 增加时,核要从外磁场 $\boldsymbol{B}_1$ 中吸收能量,这就是核磁共振现象. 共振条件是

$$\omega_1=\omega_0=\gamma B_0 \qquad (5-2-14)$$

这一结论与量子力学得出的结论一致.

如果外磁场 $\boldsymbol{B}_1$ 的旋转速度 $\omega_1\neq\omega_0$,则 θ 角变化不显著,平均起来变化为零,观察不到核磁共振信号.

2. 布洛赫方程

上面讨论的是单个核的核磁共振,但实验中观察到的现象是样品中磁化强度矢量 $\boldsymbol{M}$ 变化的反映,所以必须研究 $\boldsymbol{M}$ 在外磁场 $\boldsymbol{B}$ 中的运动方程.

在核磁共振时,有两个过程同时起作用:一是受激跃迁,核磁矩系统吸收电磁波能量,其效果是使上下能级的粒子数趋于相等;一是弛豫过程,核磁矩系统把能

量传与晶格,其效果是使粒子数趋向于热平衡分布.这两个过程达到一个动态平衡,于是粒子差数稳定在某一新的数值上,我们可以连续地观察到稳态的吸收.

现在首先研究磁场对 $\boldsymbol{M}$ 的作用.在外磁场 $\boldsymbol{B}$ 作用下,可得

$$\frac{\mathrm{d}\boldsymbol{M}}{\mathrm{d}t} = \gamma(\boldsymbol{M} \times \boldsymbol{B}) \tag{5-2-15}$$

可导出 $\boldsymbol{M}$ 围绕 $\boldsymbol{B}$ 做进动,进动角频率 $\omega = \gamma B$.假定外磁场 $\boldsymbol{B}$ 沿 z 轴方向,再沿 x 轴方向加一线偏振磁场

$$\boldsymbol{B}_1 = 2B_1 \cos(\omega t) \boldsymbol{e}_x \tag{5-2-16}$$

$\boldsymbol{e}_x$ 为沿 x 轴的单位矢量,$2B_1$ 为振幅.根据振动理论,该线偏振场可看作左旋圆偏振场和右旋圆偏振场的叠加,只有当圆偏振场的旋转方向与进动方向相同时才起作用.对于 γ 为正的系统,只有顺时针方向的圆偏振场起作用.以此为例,$B_1 = B_{1顺}$.则 $\boldsymbol{B}_1$ 在坐标轴的投影为

$$B_{1x} = B_1 \cos(\omega t) \tag{5-2-17}$$

$$B_{1y} = B_1 \sin(\omega t) \tag{5-2-18}$$

当旋转磁场 $\boldsymbol{B}_1$ 不存在且自旋系统与晶格处于热平衡时,$\boldsymbol{M}$ 只有沿外磁场 z 方向的分量 M_z,而 $M_x = M_y = 0$,则

$$M_z = M_0 = \chi_0 H = \chi_0 B/\mu_0 \tag{5-2-19}$$

式中 χ_0 为静磁化率,μ_0 为真空磁导率,M_0 为自旋系统与晶格达到热平衡时的磁化强度.

其次考虑弛豫对 $\boldsymbol{M}$ 的影响.核磁矩系统吸收了旋转磁场的能量后,处于高能态的核数目增大($M_z < M_0$),偏离了热平衡态.由于自旋与晶格的相互作用,晶格将吸收核的能量,使核跃迁到低能态而向热平衡过渡,表示这个过渡的特征时间称为纵向弛豫时间,以 T_1 表示.假设 M_z 向平衡值 M_0 过渡的速度与 M_z 偏离 M_0 的程度($M_z - M_0$)成正比,则 M_z 的运动方程可写成

$$\frac{\mathrm{d}M_z}{\mathrm{d}t} = \frac{-(M_z - M_0)}{T_1} \tag{5-2-20}$$

此外,自旋和自旋间也存在相互作用,对每个核而言,都受邻近其他核磁矩所产生局部磁场的作用,而这个局部磁场对不同的核稍有不同,因而使每个核的进动角频率也不尽相同.假若某时刻所有的核磁矩在 xy 平面上的投影方向相同,由于各个核的进动角频率不同,经过一段时间 T_2 后,各个核磁矩在 xy 平面上的投影方向将变为无规则分布,从而使 M_x 和 M_y 最后变为零.T_2 称为横向弛豫时间.与 M_z 类似,假设 M_x 和 M_y 向零过渡的速度分别与 M_x 和 M_y 成正比,则运动方程可写成

$$\begin{cases} \dfrac{\mathrm{d}M_x}{\mathrm{d}t} = -\dfrac{M_x}{T_2} \\[3mm] \dfrac{\mathrm{d}M_y}{\mathrm{d}t} = \dfrac{M_y}{T_2} \end{cases} \tag{5-2-21}$$

同时考虑磁场 $\boldsymbol{B} = \boldsymbol{B}_0 + \boldsymbol{B}_1$ 和弛豫过程对磁化强度 $\boldsymbol{M}$ 的作用,如果假设各自的规律性不受另一因素影响,由式(5-2-15)、(5-2-17)、(5-2-18)、(5-2-19)、(5-2-21),就可简单地得到描述核磁共振现象的基本运动方程

$$\frac{\mathrm{d}\boldsymbol{M}}{\mathrm{d}t} = \gamma \boldsymbol{M} \times \boldsymbol{B} - \frac{1}{T_2}(M_x \boldsymbol{i} + M_y \boldsymbol{j}) - \frac{1}{T_1}(M_z - M_0)\boldsymbol{k} \tag{5-2-22}$$

该方程称为布洛赫方程,其中 $\boldsymbol{B} = \boldsymbol{i}B_1\cos(\omega t) - \boldsymbol{j}B_1\sin(\omega t) + \boldsymbol{k}B_0$. 方程(5-2-22)的分量式为

$$\begin{cases} \dfrac{\mathrm{d}M_x}{\mathrm{d}t} = \gamma[M_y B_0 + M_z B_1 \sin(\omega t)] - \dfrac{M_x}{T_2} \\[3mm] \dfrac{\mathrm{d}M_y}{\mathrm{d}t} = \gamma[M_z B_1 \cos(\omega t) - M_x B_0] - \dfrac{M_y}{T_2} \\[3mm] \dfrac{\mathrm{d}M_z}{\mathrm{d}t} = -\gamma[M_x B_1 \sin(\omega t) + M_y B_1 \cos(\omega t)] - \dfrac{1}{T}(M_z - M_0) \end{cases} \tag{5-2-23}$$

在各种条件下解上述方程,可以解释各种核磁共振现象. 一般来说,对液体样品是相当正确的,而对固体样品不很理想. 本实验中,氢样品的实验结果就比氟样品精确.

建立旋转坐标系 $x'y'z'$,$\boldsymbol{B}_1$ 与 x' 重合,$\boldsymbol{M}_\perp$ 为 $\boldsymbol{M}$ 在 xy 平面内的分量,u 和 $-v$ 分别为 $\boldsymbol{M}_\perp$ 在 x' 和 y' 方向上的分量. 推导可知 M_z 的变化是 v 的函数而非 u 的函数,而 M_z 的变化表示核磁化强度矢量的能量变化,所以 v 的变化反映了系统能量的变化. 如果磁场或频率的变化十分缓慢,可得稳态解

$$\begin{cases} u = \dfrac{\gamma B_1 T_2^2 (\omega_0 - \omega) M_0}{1 + T_2^2(\omega_0 - \omega)^2 + \gamma^2 B_1^2 T_1 T_2} \\[4mm] v = \dfrac{\gamma B_1 M_0 T_2}{1 + T_2^2(\omega_0 - \omega)^2 + \gamma^2 B_1^2 T_1 T_2} \\[4mm] M_z = \dfrac{[1 + T_2^2(\omega_0 - \omega)] M_0}{1 + T_2^2(\omega_0 - \omega)^2 + \gamma^2 B_1^2 T_1 T_2} \end{cases} \tag{5-2-24}$$

则可得 u,v 随 ω 变化的函数关系曲线,如图 5-2-1 所示,(a)称为色散信号,(b)称为吸收信号. 可知当外加旋转磁场 $\boldsymbol{B}_1$ 的角频率 ω 等于 $\boldsymbol{M}$ 在磁场 $\boldsymbol{B}_0$ 中进动的角频率 ω_0 时,吸收信号最强,即出现共振吸收.

此外,在做核磁共振实验时,观察到的共振信号出现"尾波". 这是由于频率调制速度太快,通过共振点的时间比弛豫时间小得多,这时共振吸收信号的形状会发生很大的变化,在通过共振点之后,会出现衰减振荡,这个衰减的振荡称为"尾波". 这种尾波非常有用,因为磁场越均匀,尾波越大. 所以应调节匀场线圈使尾波达到最大.

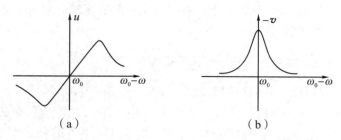

图 5 - 2 - 1　核磁共振时的色散信号和吸收信号

【实验装置】

核磁共振实验装置由探头、电磁铁及磁场调制系统、磁共振实验仪、外接示波器、频率计数器组成.

1. 磁场

磁场由稳流电源激励电磁铁产生,保证了磁场强度从 0 到几千高斯范围内连续可调. 数字电压表和电流表使得磁场强度的调节得到直观的显示,稳流电源保证了磁场强度的高度稳定.

2. 扫场

观察核磁共振信号有两种方法:扫场法,即旋转磁场 B_1 的频率 ω_1 固定,而让磁场 B 连续变化通过共振区域;扫频法,即磁场 B 固定,让旋转磁场 B_1 的频率 ω_1 连续变化通过共振区域. 两者完全等效,但后者更简单易行. 本实验采用扫频法,在稳恒磁场 B_0 上叠加一个低频调制磁场 $B' = B'_m \sin(\omega' t)$,则样品所在区域的磁场为 $B_0 + B'_m \sin(\omega' t)$. 由于 B'_m 很小,总磁场方向保持不变,只是磁场幅值按调制频率在 $B_0 - B'_m \sim B_0 + B'_m$ 范围内发生周期性变化. 可得相应的拉摩尔进动频率 ω_0 为

$$\omega_0 = \gamma [B_0 + B'_m \sin(\omega' t)] \qquad (5 - 2 - 25)$$

只要旋转场频率 ω_1 调在 ω_0 附近,同时 $B_0 - B'_m \leqslant B \leqslant B_0 + B'_m$,则共振条件在调制场的一个周期内被满足两次. 在示波器上将观察到共振吸收信号.

3. 边限振荡器

边限振荡器是指振荡器调节至振荡与不振荡的边缘,当样品吸收能量不同亦即线圈 Q 值改变时,振荡器的振幅将有较大变化. 边限振荡器既可避免产生饱和效应,也使样品中少量的能量吸收引起振荡器振幅较大的相对变化,提高检测共振信

号的灵敏度. 当共振时样品吸收增强, 振荡变弱, 在示波器上就可显示出反映振荡器振幅变化的共振吸收信号.

4. 示波器触发信号的形式——内扫描和外扫描

示波器用内扫描, 当射频场角频率 ω_1 调节到 ω_0 附近, 且 $B_0 - B_m' \leqslant B \leqslant B_0 + B_m'$ 时, 磁场变化曲线在一周内能观察到两个共振吸收信号. 当对应射频磁场频率发生共振的磁场 B 的值不等于稳恒磁场 B_0 时, 出现间隔不等的共振吸收信号. 如图 5-2-2(a)所示. 若间隔相等, 则 $B = B_0$. 信号相对位置与 B_m' 的幅值无关, 如图 5-2-2(b)所示. 改变 B 的大小或 B_1 的频率 ω_1, 均可使共振吸收信号的相对位置发生变化, 出现"相对走动"的现象. 这也是区分共振信号和干扰信号的依据.

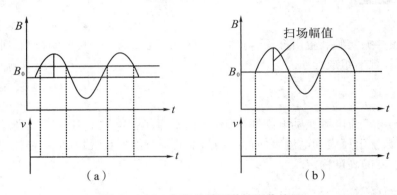

（a）   （b）

图 5-2-2 扫场法检测共振吸收信号

示波器用外扫描时, 即从扫场分出一路, 通过移相器接到示波器的水平输入轴, 作为外触发信号. 当磁场扫描到共振点时, 可在示波器上观察到如图 5-2-3 所示的两个形状对称的信号波形, 它对应于磁场 B 一周内发生两次核磁共振. 再细心地把波形调节到示波器荧光屏的中心位置并使两峰重合, 此时共振频率和磁场满足 $\omega_0 = \gamma B_0$.

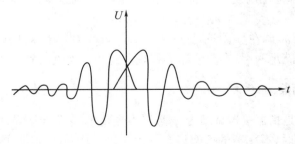

图 5-2-3 对称的共振吸收信号波形

【实验步骤与要求】

(1) 打开系统各仪器(磁共振实验仪、频率计数器、示波器)电源开关,示波器置于外扫描状态,把含质子的样品($CuSO_4$溶液)插入电磁铁均匀磁场中间,预热20 min.

(2) 缓慢调节磁场电源或频率调节旋钮,直至示波器上出现共振信号.调节样品在磁场中的位置使共振信号最强.

(3) 调节"调相"旋钮,使两波的第一峰重合,并通过调节磁场电流或频率调节旋钮使之位于示波器的中央.此时的 f_H 即为样品在该磁场电流下的共振频率,记录相应数据 I 和 f_H.

(4) 保持磁场电流不变,将示波器改为内扫描状态,微调频率调节旋钮,使共振信号间距相等,此时的 f_H 即为内扫描时样品在该磁场电流下的共振频率,记录相应数据 I 和 f_H.

(5) 改变频率,重复(3),(4),测定样品在其工作范围内不同频率下的共振磁场.

(6) 把原来的含质子样品更换为含氟样品,重复上述步骤(2),(3),(4),(5).

【数据处理】

(1) 观察氢离子 H^+ 的共振信号,测出 H^+ 的旋磁比 γ_H,并由公式(5 - 2 - 10)计算 H^+ 的 g 因子.

(2) 已知 $\gamma_H = 2.675\ 22 \times 10^2$ MHz·T^{-1},与前面 γ_H 的结果比较,计算误差.

(3) 观察氢离子 F^+ 的共振信号,从而求出 γ_F 和 g 因子.

(4) 由于已知 $\gamma_H = 2.675\ 22 \times 10^2$ MHz·T^{-1},所以只要测出与待测磁场相对应的共振频率 f_H,即可由公式 $B_0 = \dfrac{\omega}{\gamma_H}$ 算出待测磁场强度,式中频率单位为 MHz.可用此方法校准特斯拉计.

【思考题】

(1) 什么叫核磁共振?

(2) 从量子力学角度推导满足核磁共振条件的公式.

(3) 核磁共振中有哪两个过程同时起作用?

（4）观察核磁共振信号有哪两种方法？并解释之.

（5）内扫描时，核磁共振信号达到何种形式时，其共振磁场为 B_0？

（6）外扫描时，核磁共振信号达到何种形式时，其共振磁场为 B_0？

（7）如何判断共振信号和干扰信号，为什么？

（8）当 $\gamma_F = \dfrac{f_F \gamma_H}{f_H}$ 时，为什么含质子样品的共振频率 f_H 和含氟样品的共振频率 f_F 必须在同一磁场电流下测出？

（9）怎样利用核磁共振测量磁场强度？

（10）布洛赫方程的稳态解是在何种条件下得到的？

实验 5-3　铁 磁 共 振

　　铁磁共振（FMR）是指铁磁介质处在频率为 f 的微波电磁场中，当改变外加磁场 H 的大小时，磁畴吸收能量维持进动的共振吸收现象.铁磁共振不仅是磁性材料在微波技术应用上的物理基础，也是研究其他宏观性能与微观结构的有效手段.它在磁学乃至固体物理学中都占有重要地位，它是微波铁氧体物理学的基础.微波铁氧体在雷达技术和微波通信方面都已经获得重要应用.

　　在现代，铁磁共振也和电子自旋共振、核磁共振等一样是研究物质宏观性能和微观结构的有效手段.早在 1935 年栗弗席兹等就提出铁磁性物质具有铁磁共振特性，十年后由于超高频技术发展起来，1947 年又观察到多晶铁氧体的铁磁共振现象，以后的工作多采用单晶样品，这是因为多晶样品的共振吸收曲线较宽，又非洛伦兹分布，也不对称，并在许多样品中出现细结构，单晶样品的共振数据易于分析，不仅普遍用来测量 g 因子、共振线宽 ΔH 以及弛豫时间 τ，而且还可以用来测量磁晶各向异性参量.

【实验目的】

　　（1）了解铁磁共振（FMR）的基本原理和实验方法.

　　（2）了解、掌握微波仪器和器件的应用.

　　（3）通过测定多晶铁氧体 YIG 小球的磁共振谱线，确定共振磁场，根据微波频率计算单晶样品的 g 因子和旋磁比 γ、朗德因子和弛豫时间.

　　（4）观察单晶铁氧体 YIG 小球的磁共振谱线，求出共振线宽.

（5）通过示波器观察 YIG 单晶小球的铁磁共振信号,通过移相器观察单个共振信号,学会用示波器观测确定共振磁场的方法.

（6）测量已经定向的 YIG 单晶样品共振磁场与 θ 的关系,确定易磁化轴共振磁场 $H_{0[111]}$ 与难磁化轴共振磁场 $H_{0[001]}$ 的大小,计算各向异性常数 K_1 与 g 因子.

【实验原理】

1. 铁磁共振原理与共振线宽的测量

由磁学理论可知,物质的铁磁性主要来源于原子或离子在未满壳层中存在的非成对电子自旋磁矩.一块宏观的铁磁体包括许多磁畴,在每一个磁畴中,自旋磁矩平行排列产生自发磁化,但各个磁畴之间的取向并不完全一致,只有在外加饱和磁场的作用下,铁磁体内部的所有自旋磁矩才趋向同一方向,并围绕着外磁场方向做进动,这时的总磁矩或磁化强度可用 M 表示.其进动方程和进动频率可分别写为

$$\frac{\mathrm{d}\boldsymbol{M}}{\mathrm{d}t} = \gamma \boldsymbol{H} \tag{5-3-1}$$

式中 $\gamma = \dfrac{ge}{2mc}$ 为旋磁比,由于铁磁性反映了电子自旋磁矩的集体行为,取电子的朗德因子 $g=2$.

上述情况未考虑阻尼作用.在外加恒磁场作用下,磁矩 M 绕 H 进动不会很久,因为磁介质内部有损耗存在.实际上铁磁物质的自旋磁矩与周围环境之间必定存在着能量的交换,与晶格或邻近的磁矩存在着某种耦合,使磁化强度矢量 M 的进动受到阻力.绕着外磁场进动的幅角 θ 会逐渐减小,则 M 最终趋近磁场方向,这个过程就是磁化过程.磁性介质能被磁化,就说明其内部有损耗,如果要维持其进动,必须另外提供能量.因此一般来说外加磁场由两部分组成:一是外加恒磁场 H,二是交变磁场 h(即微波磁场).显然,此时系统从微波磁场吸收的全部能量恰好补充铁磁样品通过某种机制所损耗的能量.这正是铁磁共振可以用来研究铁磁材料的宏观性能和微观机制之间关系的物理基础.阻尼的大小还意味着进动角度 θ 减小的快慢,θ 减小得快,趋于平衡态的时间就短,反之亦然.因此,这种阻尼也可用弛豫时间 τ 来表示.τ 的定义是进动振幅减小到原来最大振幅的 $1/e$ 的时间.磁化强度 M 进动时所受到的阻尼作用是一个极其复杂的过程,不仅其微观机理还在探讨中,其宏观表达式也并不统一,这里我们采用朗德阻尼力矩的形式

$$\boldsymbol{T}_{\mathrm{D}} = -\frac{1}{\tau}(\boldsymbol{M} - \chi_0 \boldsymbol{H}) \tag{5-3-2}$$

于是

$$\frac{\mathrm{d}\boldsymbol{M}}{\mathrm{d}t}=-\gamma(\boldsymbol{M}\times\boldsymbol{H})+\boldsymbol{T}_{\mathrm{D}}=-\gamma(\boldsymbol{M}\times\boldsymbol{H})-\frac{1}{\tau}(\boldsymbol{M}-\chi_0\boldsymbol{H}) \quad (5-3-3)$$

式中 $\chi_0=\dfrac{M_0}{H_0}$ 为静磁化率.

　　磁学中通常用磁导率 μ 来表示磁性材料被磁化的难易程度. 磁导率与磁化率的定义分别为

$$\mu=\frac{B}{\mu_0 H} \quad (5-3-4)$$

它们之间的关系可写为

$$\chi=\frac{M}{H} \quad (5-3-5)$$

$$\mu=1+\chi \quad (5-3-6)$$

在恒定磁场下, μ 可用实数表示;在交变磁场下, μ 要用复数表示: $\mu=\mu'-\mathrm{i}\mu''$,其中实部 μ' 为铁磁介质在恒定磁场中的磁导率,它决定磁性材料中储存的磁能,虚部 μ'' 反映交变磁场能在磁性材料中的损耗. 如果铁磁介质处在直流磁场和交变磁场的共同作用下,该铁磁样品就会出现两个新的特征——旋磁性和共振吸收.

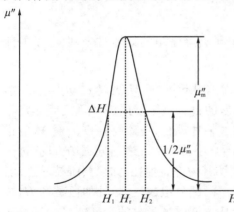

图 5-3-1　铁磁共振线宽 ΔH 的表示

　　我们关心的是铁磁介质的铁磁共振特性. 当改变直流磁场或微波频率时,我们总能发现在某一条件下,铁磁体会出现一个最大的磁损耗,也就是进动的磁矩会对微波能量产生一个强烈的吸收,这时 μ'' 最大,这就是共振吸收现象. 在研究铁磁共振现象时,通常保持微波频率稳定,而改变直流磁场的强度. 图5-3-1给出了 μ'' 随磁场 H 变化的规律.

　　在前面我们已经指出,磁矩 $\boldsymbol{M}$ 在进动时总要受到由磁损耗所表现出来的阻尼作用. 实际上铁磁共振损耗并不用 μ'' 来说明,而是采用铁磁共振线宽 ΔH 来表示. ΔH 的定义可根据 $\mu''-H$ 曲线(图 5-3-1)来说明. 在发生共振时 μ'' 有最大值 μ''_{m},令 $\mu''=\dfrac{1}{2}\mu''_{\mathrm{m}}$ 处的磁场分别为 H_1 和 H_2,则 $\Delta H=H_2-H_1$ 就是共振吸收线宽. 一般, ΔH 越窄,磁损耗越低. ΔH 的大小也同样反映磁性材料对电磁波的吸收性能,并在实验中可以直接测定.

　　就谐振腔而言,在共振区附近,如改变 H 而保持微波频率 f 不变,则由于铁磁共振,将会使谐振系统的参数发生变化,即样品的磁导率 μ 将随 H 相应改变,从而

引起腔的谐振频率 f_0 和品质因数 Q 的改变. 由腔的微扰理论可导出 f_0, Q 与 $\mu = \mu' - i\mu''$ 之间的关系

$$
\begin{cases}
\dfrac{f - f_0}{f} = A(\mu' - 1) \\[2mm]
\Delta\left(\dfrac{1}{Q_L}\right) = 2A\mu''
\end{cases}
\tag{5-3-7}
$$

此处 Q_L 为腔的有载 Q 值, f_0, f 分别为放置样品前后腔的谐振频率, A 为与腔的谐振模式和体积有关的常数.

腔的谐振特性通常用传播系数 $T(f)$ 来表示, 且当 $f = f_0$ 时有

$$
T(f_0) = \frac{P_{出}(f_0)}{P_{入}(f_0)} = \frac{4Q_L^2}{Q_{e1}Q_{e2}}
\tag{5-3-8}
$$

所以

$$
P_{出}(f_0) = \frac{4P_{入}(f_0)}{Q_{e1}Q_{e2}}Q_L^2
\tag{5-3-9}
$$

式中 Q_{e1}, Q_{e2} 为腔的外界品质因数, 在保证腔的输入功率 $P_{入}(f_0)$ 不变时, 腔的输出功率 $P_{出}(f_0) \propto Q_L^2$, 所以要测量 ΔH, 就要测出 μ'' 值, 即要测量 Q_L 值的变化, 而 Q_L 值的变化可通过测量 $P_{出}$ 的变化反映出来, 因果关系可用程序表示: $P_{出} \rightarrow Q_L \rightarrow \mu'' \rightarrow \Delta H$. 这就是测量铁磁共振基本原理.

图 5-3-2 为谐振腔输出功率 P 与直流磁场 H 的关系曲线, 半共振点时的输出功率 $P_{\frac{1}{2}}$ 与共振时的输出功率 P_r 和远离共振区时的输出功率 $P_\infty (P_\infty \approx P_0)$ 有如下关系

$$
P_{\frac{1}{2}} = \frac{4P_\infty}{\left(\sqrt{\dfrac{p_\infty}{p_r}} + 1\right)^2}
\tag{5-3-10}
$$

与 $P_{\frac{1}{2}}$ 对应的外加恒磁场之差 $(H_2 - H_1)$ 即为共振线宽 ΔH. 但在进行共振曲线实测时, 必须考虑样品的 μ' 会引起谐振频率的偏离 (频散效应). 要消除频散, 只有装有样品的谐振腔频率始终与输入谐振腔的微波频率相同 (调谐), 才可以测得精确的共振曲线和 ΔH. 这就需对输入的微波频率进行多次调谐. 这在实验中很难做到, 但频散效应又不能忽略, 因而考虑频散效应的影响, 对式 (5-3-10) 进行修正后得到

$$
P_{\frac{1}{2}} = \frac{2P_0 P_r}{P_0 + p_r}
\tag{5-3-11}
$$

如果检波晶体管的检波满足平方律关系, 则检波电流 $I \propto P$, 则上式为

$$
I_{\frac{1}{2}} = \frac{2I_0 I_r}{I_0 + I_r}
\tag{5-3-12}
$$

这样就可以由 I-H 曲线测定共振线宽 ΔH.

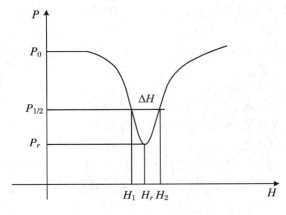

图 5 - 3 - 2　P - H 关系曲线

2. 磁晶各向异性与 K_1 的测量

实际上,铁磁共振具有不寻常的特点,铁磁共振发生时,共振角频率与外磁场的关系还与样品的其他参量有关.

首先必须考虑样品形状引起退磁场 H_d 的影响. 因为铁磁体具有很强的磁性,在直流磁场和高频磁场作用下,在样品表面产生"磁荷",相应地在样品内部产生恒定的高频退磁场,对共振产生影响,其作用是使共振场发生很大的位移. H_d 的大小于 M 成正比,并与"磁荷"的分布有关,"磁荷"的分布显然与样品形状有关,则

$$H_d = -NM \tag{5-3-13}$$

式中 N 称为退磁因子或形状各向异性因子. Kittel 最早考虑了这一因素. 对于椭球样品共振角频率 ω 满足

$$\left(\frac{\omega}{\gamma}\right)^2 = [H + (N_x - N_z)M_S][H + (N_y - N_z)M_S] \tag{5-3-14}$$

式(5-3-14)中的 N_x, N_y, N_z 分别为椭球三个主轴方向上退磁因子,M_S 为样品的饱和磁化强度. $N_x + N_y + N_z = 1$,$H // z$. 对于球状样品纵向和横向退磁场相抵消,于是式(5-3-14)就变成了 $\omega = \gamma H$. 这就是我们前面讨论的共振式,即改共振条件只适用于无限大或球状的多晶样品. 对于其他形状样品如圆片或长棒等必须考虑其退磁因子的影响.

铁磁共振的另一特点是必须考虑磁晶各向异性. 磁晶各向异性来源于各向异性交换作用及各向异性自旋——轨道耦合作用,有时也来源于各向异性磁偶极子相互作用,它使磁矩沿不同方向磁化的难易程度不同. 铁磁性单晶体是各向异性的,即表现出共振时外加直流磁场的大小随其对晶体的晶轴取向不同而改变. 这是由于磁晶各向异性场 H_{ar} 作用的影响. 于是 Kittel 对式(5-3-14)做了修正,即有

$$\left(\frac{\omega}{\gamma}\right)^2 = [H + H_{ax} + (N_x - N_z)M_S][H + H_{ay} + (N_y - N_z)M_S]$$

$$(5-3-15)$$

式(5-3-15 中) H_{ax} 和 H_{ay} 分别代表由于 M 偏离 z 轴方向而在 x、y 两轴方向上所产生的磁晶各向异性场,也即等于在 x、y 两方向上各增加了一部分等效退磁场的作用.

我们实验用的样品为 YIG 单晶小球,属于立方晶系(见图 5-3-3(a)),并且为球形(忽略形状各向异性),拟 H 在[110]晶面内与[001]轴夹角为 θ(见图 5-3-3(b)),则

$$\begin{cases} H_{ax} = \left(1 - 2\sin^2\theta - \dfrac{3}{8}\sin^2 2\theta\right)\dfrac{2k_1}{\mu_0 M_S} \\[3mm] H_{ay} = (2 - \sin^2\theta - 3\sin^2 2\theta)\dfrac{k_1}{\mu_0 M_S} \end{cases} \qquad (5-3-16)$$

式中 k_1 为磁晶各向异性常数,略去了高次磁晶各向异性常数 k_2,k_3,…. 当 $\dfrac{k_1}{\mu_0 M_S} \ll H$ 时,又可略去 $\dfrac{k_1}{\mu_0 M_S}$ 高次项,Kittel 铁磁共振公式可进一步简化为(一级近似):

$$\omega = \gamma\left[H + \left(2 - \frac{5}{2}\sin^2\theta - \frac{15}{8}\sin^2 2\theta\right)\frac{k_1}{\mu_0 M_S}\right] \qquad (5-3-17)$$

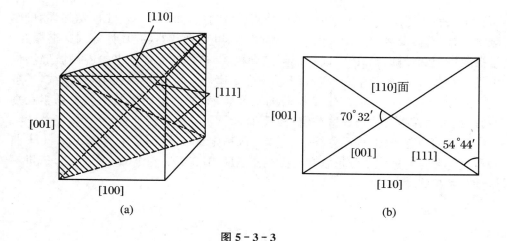

图 5-3-3

图 5-3-3 中(a)YIG 单晶结构及[110]晶面;(b)[110]晶面内各晶轴及 H 的取向将 $\theta = 0°$ 和 $\theta = \arcsin\sqrt{2/3} \approx 54°44'$ 分别代入式(5-3-16),则得到(对于 $K_1 < 0$)

$$\omega(\theta = 0°) = \gamma\left(H_{[001]} + \frac{2K_1}{\mu_0 M_S}\right) \quad (H /\!/ [001] 轴) \quad\quad (5-3-18)$$

$$\omega(\theta \approx 54°44') = \gamma\left(H_{[111]} - \frac{4K_1}{3\mu_0 M_S}\right) \quad (H /\!/ [111] 轴) \quad (5-3-19)$$

取 $\omega = \omega_0$(相应的共振磁场表示为 H_0),由式(5-3-17)和式(5-3-18)联立求解得

$$\frac{K_1}{\mu_0 M_S} = -\frac{3}{10}(H_{0[001]} - H_{0[111]}) \quad\quad\quad (5-3-20)$$

$$g = \frac{10\omega_0}{\dfrac{\mu_0 e}{2m}(4H_{0[001]} + 6H_{0[111]})} \quad\quad\quad (5-3-21)$$

为能准确测出 $H_{0[001]}$ 和 $H_{0[111]}$,首先必须对样品进行定向,即定出[110]晶面,并使其在整个共振测量过程中与直流磁场 H 共面.

比较式(5-3-17)和式(5-3-18)可知,[001]轴为难磁化轴,[111]轴为易磁化轴,采用磁场定向方法找出两根[111]轴(两者夹角为 70°32′),由此定出[110]晶面,见图5-3-3(b).

【实验装置一】

本实验采用微波通过式矩形谐振腔法进行测量,如图5-3-4所示.其测量原理是:由固态微波源产生微波信号,经隔离器、可变衰减器、波长计等到达谐振腔.谐振腔由两端带耦合片的一段矩形直波导构成.被测样品放在谐振腔微波磁场最大处.通过测量谐振腔中心频率和半功率点频率可以画出谐振腔的谐振曲线,了解谐振腔的工作特性,同时确定谐振腔的工作频率.外加恒磁场与微波磁场相互垂直,由通过时谐振腔输出的微波信号经晶体检波器送入检流计进行测量.

由实验原理可知,样品磁导率 μ' 和 μ'' 随恒定磁场 H 而发生变化,由 $\mu'' - H$ 曲线可直接测得共振曲线的形状和共振线宽 ΔH. 用高斯计测定 $I_{\frac{1}{2}}$ 对应的磁场,进一步计算共振线宽 ΔH.

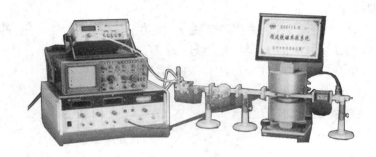

图 5 - 3 - 4　微波铁磁共振实验装置图

【实验装置二】

FD-FMR-A 型微波铁磁共振实验仪如图 5 - 3 - 5 所示。

图 5 - 3 - 5　FD-FMR-A 型微波铁磁共振实验仪

【实验步骤(装置一)】

(1) 开启磁共振实验仪电源,调节"检波灵敏度"旋钮使检波电流表指针指示不超过满刻度,预热 10 分钟.

(2) 开启微波源电源,本实验采用固态微波源,将电源工作方式选择在等幅状态下.

(3) 调节"检波"旋钮,置检波电流初值在一适当大小(70~80 μm),逐渐加大磁场电流以改变磁场大小,粗略观察检波电流变化情况,可通过调节"衰减器"检波电流变化最大,即检波电流最大值和最小值的差值最大.

(4) 测量谐振腔的中心频率 f_0 和两个半功率点频率 f_1、f_2. 然后再将信号源频率调至谐振腔的中心频率 f_0 处,并记下最大输出功率 P_0.

(5) 调节磁场电流大小,找出输出功率与直流磁场 H 的关系,记下共振时的输

出功率 Pr 测出共振磁场 Hr.

（6）计算 $P_{\frac{1}{2}}$，根据得到的数据调节磁场，使功率达到相应 $P_{\frac{1}{2}}$，用特斯拉计分别测出左右两侧 $P_{\frac{1}{2}}$ 对应的 H_1 和 H_2，$\Delta H = |H_1 - H_2|$.

（7）观测单晶铁氧体 YIG 小球的共振曲线.

【实验步骤（装置二）】

1. 仪器连接

将两台实验主机与微波系统、电磁铁以及示波器连接，如图 5-3-5 所示. 具体方法为：电磁铁励磁电源用两根红黑带手枪插线与电磁铁相连，注意红黑不要接反，磁铁扫描电源用两根 Q9 线一路接电磁铁，一路接示波器 CH1 通道，此时换向开关拌于"接通"端（此开关的作用是控制扫描电源与扫描线圈的通断，接通时用于示波器检测，断开时用于微电流计直接测量），移相器用于示波器观察单个共振信号（李萨如图观察），需要时接于示波器 CH1 通道.

另一台实验主机共振信号检测（微电流计）中"接检波器"Q9 座与检波器相连，"接示波器"Q9 座与示波器 CH2 通道相连，中间"转换"开关向左拨表示检波器输出接于微电流计，进行直接测量，向右拨表示检波器输出接于示波器，进行交流观察和测量. 琴键开关可以选择"2 mA"挡和"20 mA"挡，一般情况下使用"20 mA"挡. 磁场测量（高斯计）中"信号输入"接高斯计探头，并将探头固定在电磁铁转动支架上，用同轴线将主机"DC12 V"输出与微波源相连. 开启实验主机和示波器的电源，预热 20 分钟.

2. 测量磁场

转动高斯计探头固定臂，将高斯计探头放入谐振腔中心孔中，并转动探头方向，使传感器与磁场方向垂直（根据霍尔效应原理，也就是使得传感器输出数值最大），调节主机"电磁铁励磁电源""电压调节"电位器，改变励磁电流，观察数字式高斯计表头读数，如果随着励磁电流（表头显示为电压，因为线圈发热很小，电压与励磁电流呈线性关系）增加，高斯计读数增大说明励磁线圈产生磁场与永磁铁产生磁场方向一致，反之，则两者方向相反，此时只要将红黑插头交换一下即可.

调节励磁电源的"电压调节"电位器，将磁场调节至 0.336 T 左右（因为微波频率在 9.4 GHz 左右，根据共振条件，此时的共振磁场在 0.336 T 左右），亦可由小至大改变励磁电流，记录电压读数与高斯计读数，做电压－磁感应强度关系图，找出关系式，在后面的测量中可以不用高斯计，而通过拟合关系式计算得出中心磁感应强度数值.

3. 示波器观测 YIG 多晶样品共振信号

移开高斯计探头并放入样品,磁铁扫描电源换向开关掷于"接通"端,并旋转"电流调节"电位器至合适位置(一般取中间位置),共振信号检测(微电流计)"转换"开关掷于"接示波器"端.

调节双 T 调配器,观察示波器上信号线是否有跳动,如果有跳动说明微波系统工作,如无跳动,检查 12 V 电源是否正常. 将示波器的输入通道打在直流(DC)挡上,调节双 T 调配器,使直流(DC)信号输出最大,调节短路活塞,再使直流(DC)信号输出最小,然后将示波器的输入通道打在交流(AC)5 mV 或 10 mV 挡上,这时在示波器上应可以观察到共振信号,但此时的信号不一定为最强,可以再小范围地调节双 T 调配器和短路活塞使信号最大,而后仔细调节励磁电压,使示波器上观察到的共振信号均匀分布(此时的磁场才为测量 g 因子的共振磁场). 调节短路活塞,可以在两到三个位置能够观察到均匀并且最大的铁磁共振信号(实验信号调节完成,可以记下这几个位置,在后面的测量过程中只需调节到这几个合适位置即可).

4. 确定共振磁场并测量微波频率,计算 YIG 多晶样品的旋磁比 γ 以及 g 因子

旋转频率计上端黑色旋钮,当达到微波频率时,能够在示波器上看到共振信号有突然的抖动,仔细调节确定抖动的位置,根据机械式频率计的读数测量微波频率 f_0(一般在 9.4 GHz 左右). 将"磁铁扫描电源"转换开关掷于"断开"端,"共振信号检测(微电流计)"中"转换"开关掷于"接检波器"端,微电流计置于"20 mA"挡,通过微电流计检测共振点磁场,方法为:由小至大改变励磁电压,可以看到微电流计数值在某一点会有突然的减小,减至最小值时的励磁电流即为共振磁场的电压值,测出该励磁电压对应的磁场 H_0 大小,根据测量得出的 f_0 和 H_0 的大小,根据原理部分的相应公式,可以计算得出 YIG 单晶样品的旋磁比 γ 和 g 因子的大小.

5. 手动测量 YIG 多晶样品的共振线宽 ΔH,估算样品的弛豫时间 τ(分为描点和直接测量两种)

根据前面步骤 4 测量得出的共振曲线,可以用作图法找到半功率点,并得出共振线宽 ΔH 的大小. 这里我们选用另外一种方法,通过电流计直接测量得到,方法是:仔细调节励磁电源的电压调节电位器,首先得到 I_0 和 I_r 的大小,根据原理部分公式(5-3-11)和(5-3-12)可以知道,只要测量得出 I_0 和 I_r,就可以得出 $I_{1/2}$ 的大小,根据 $I_{1/2}$ 的值,仔细调节找出两个半功率点的对应励磁电压,根据前面拟合的励磁电压与磁场的关系式计算得出 ΔH,根据共振线宽的大小计算得出弛豫时间 τ.

6. 示波器观察 YIG 单晶样品共振信号

同样的方法,放入已经定向的 YIG 单晶样品(带转盘的样品),重复步骤 3、步骤 4 我们同样可以在示波器上观察到 YIG 单晶的共振曲线(注意此时要调节励磁电压至合适的值,因为对应不同的方向,共振磁场的大小也不一样). 注意,YIG 单晶小球的共振线宽较窄(约 1 Oe),所以描点测量或者电流计直接测量比较困难. 这里就只作定性观察,另外将移相器的信号接入示波器的"CH1 通道",YIG 单晶样品共振信号接入示波器"CH2 通道",可以观察李萨图的图形. 调节短路活塞以及励磁电源的电压值,使信号左右对称,再调节移相器"相位调节"电位器可以使两个共振信号重合,这时对应的磁场即为共振磁场,这种方法可以通过示波器来确定共振点磁场的大小.

7. 测量已经定向的 YIG 单晶样品的各向异性常数以及 g 因子

在成功调出 YIG 单晶共振信号的基础上,旋转样品,可以发现在某一固定磁场时,在固定角度才有信号在示波器上出现,这是因为共振磁场 H_0 在随 θ 而变化. 用手动测量的方法可以得出共振场 H_0 随 θ 的变化曲线(两种方法,示波器观察与电流计观测),其中 $H_{0\max}$ 和 $H_{0\min}$ 分别对应于 $H_{0[001]}$ 和 $H_{0[111]}$,根据公式(5 - 3 - 20)和(5 - 3 - 21),就可以计算得出各向异性常数 K_1 和 g 因子.

【数据处理】

(1) 测量谐振腔的中心频率 f_0 和两个半功率点频率 f_1、f_2,作谐振腔的谐振曲线,由公式 $Q_L = \dfrac{f_0}{|f_2 - f_1|}$,计算谐振腔品质因数 Q_L.

(2) 测量共振磁场 H_r,并与理论值($H_r = \dfrac{\omega}{\gamma}$,其中 $\gamma = 2.8 \times 2\pi \times 10^4$ MHz/T),并比较计算误差.

(3) 因为 $P_\infty \approx P_0$ 由公式 $P_{\frac{1}{2}} = \dfrac{2P_0 P_r}{P_0 + P_r}$ 计算 $P_{\frac{1}{2}}$,分别测出 $P_{\frac{1}{2}}$ 对应的 H_1 和 H_2,计算 $\Delta H = |H_1 - H_2|$.

(4) 示波器观测 YIG 单晶样品的共振曲线并测量其各向异性常数 K_1 以及 g 因子(已定向样品)放入已经定向的 YIG 单晶样品小球,测量旋转角度与共振磁场之间的关系曲线,实验中每隔 5°测量一个数据,因为数据较多,这里不再列表,只把作者测量得到的关系曲线列出,如图 5 - 3 - 6 所示.

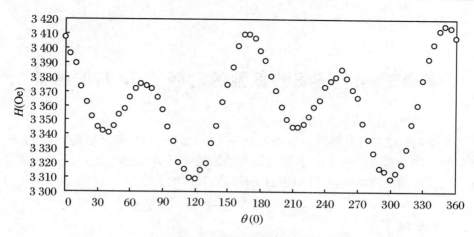

图 5-3-6　YIG 单晶定向样品旋转角度与共振磁场的关系曲线

由测量曲线可以得到

$$H_{0\max} = 3\ 415\ \text{Oe}, \quad H_{0\min} = 3\ 309\ \text{Oe}$$

即 $H_{0[001]} = 3\ 415\ \text{Oe}$, $H_{0[111]} = 3\ 309\ \text{Oe}$, 另外测量得 $f_0 = 9.4\ \text{GHz}$, 根据公式 $g = \dfrac{10\omega_0}{\dfrac{\mu_0 e}{2m}(4H_{0[001]} + 6H_{0[111]})}$, 取 $\mu_0 = 4\pi \times 10^{-7}\ \text{H/m}$, $e = 1.602 \times 10^{-19}\ \text{C}$, $m = 9.109 \times 10^{-31}\ \text{kg}$, 代入得 $g = \dfrac{10\omega_0}{\dfrac{\mu_0 e}{2m}(4H_{0[001]} + 6H_{0[111]})}$.

计算得到 $g = 2.003$. 根据公式 $\dfrac{K_1}{\mu_0 M_S} = -\dfrac{3}{10}(H_{0[001]} - H_{0[111]})$ 可以得到 $K_1 = -\dfrac{3}{10}\mu_0 M_S(H_{0[001]} - H_{0[111]})$, 其中 YIG 单晶样品饱和磁化强度取 $4\pi M_S = 0.17\ \text{T}$, 计算得到磁晶各向异性常数 $K_1 = -4.3 \times 10^2\ \text{J/m}^3$.

【思考题】

(1) 什么叫铁磁共振? 铁磁共振的基本原理是什么?

(2) 什么叫铁磁共振吸收线宽?

(3) 样品磁导率的 μ' 和 μ'' 分别反映什么?

(4) 样品磁导率的 μ' 会在实验中造成什么影响?

(5) 本实验是怎样测量磁损耗的?

(6) 如何消除频散效应?

（7）简述 ΔH 的计算过程.

实验 5 - 4　核磁共振弛豫时间 T_1 和 T_2 的测量

当受到强磁场加速的原子束外加以一个已知频率的弱振荡磁场时,原子核就要吸收某些频率的能量,同时跃迁到较高的磁场亚层中.通过测定原子束在频率逐渐变化的磁场中的强度,就可测定原子核吸收频率的大小.

【实验目的】

（1）了解脉冲核磁共振的基本实验装置和基本物理思想,学会用经典矢量模型方法解释脉冲核磁共振中的一些物理现象.

（2）用自由感应衰减法测量表观横向弛豫时间 T_2^* ,分析磁场均匀度对信号的影响.

（3）用自旋回波法测量不同样品的横向弛豫时间 T_2 .

（4）用反转恢复法测量不同样品的纵向弛豫时间 T_1 .

（5）调节磁场均匀度,通过傅里叶变换测量样品的化学位移.

（6）测量不同浓度硫酸铜溶液中氢原子核的横向弛豫时间 T_2 和纵向弛豫时间 T_1 ,测定其随 $CuSO_4$ 浓度的变化关系.（选做）

【实验原理】

核磁共振,是指具有磁矩的原子核在恒定磁场中由电磁波引起的共振跃迁现象.1945 年,美国哈佛大学的珀塞尔等人,报道了他们在石蜡样品中观察到质子的核磁共振吸收信号;1946 年,美国斯坦福大学布洛赫等人,也报道了他们在水样品中观察到质子的核感应信号.两个研究小组用了稍微不同的方法,几乎同时在凝聚物质中发现了核磁共振.因此,布洛赫和珀塞尔荣获了 1952 年的诺贝尔物理学奖.

以后,许多物理学家进入了这个领域,取得了丰硕的成果.目前,核磁共振已经广泛地应用到许多科学领域,是物理、化学、生物和医学研究中的一项重要实验技术.它是测定原子的核磁矩和研究核结构的直接而又准确的方法,也是精确测量磁场的重要方法之一.

下面我们以氢核为主要研究对象,以此来介绍核磁共振的基本原理和观测方法. 氢核虽然是最简单的原子核, 但它是目前在核磁共振应用中最常见和最有用的核.

(一) 核磁共振的量子力学描述

1. 单个核的磁共振

通常将原子核的总磁矩在其角动量 P 方向上的投影 μ 称为核磁矩, 它们之间的关系通常写成

$$\mu = \gamma \cdot P \quad \text{或} \quad \mu = g_N \cdot \frac{e}{2m_p} \cdot P \tag{5-4-1}$$

式中 $\gamma = g_N \cdot \dfrac{e}{2m_p}$ 称为旋磁比; e 为电子电荷; m_p 为质子质量; g_N 为朗德因子. 对氢核来说, $g_N = 5.585\,1$.

按照量子力学, 原子核角动量的大小由下式决定

$$P = \sqrt{I(I+1)}\,\hbar \tag{5-4-2}$$

式中 $\hbar = \dfrac{h}{2\pi}$, h 为普朗克常数. I 为核的自旋量子数, 可以取 $I = 0, \dfrac{1}{2}, 1, \dfrac{3}{2}, \cdots$, 对氢核来说, $I = \dfrac{1}{2}$.

把氢核放入外磁场 B 中, 可以取坐标轴 z 方向为 B 的方向. 核的角动量在 B 方向上的投影值由下式决定

$$P_B = m \cdot \hbar \tag{5-4-3}$$

式中 m 称为磁量子数, 可以取 $m = I, I-1, \cdots, -(I-1), -I$. 核磁矩在 B 方向上的投影值为

$$\mu_B = g_N \frac{e}{2m_p} P_B = g_N \left(\frac{e\hbar}{2m_p}\right) m$$

将它写为

$$\mu_B = g_N \mu_N m \tag{5-4-4}$$

式中 $\mu_N = 5.050\,787 \times 10^{-27}\ \mathrm{J \cdot T^{-1}}$ 称为核磁子, 是核磁矩的单位.

磁矩为 μ 的原子核在恒定磁场 B 中具有的势能为

$$E = -\mu \cdot B = -\mu_B B = -g_N \mu_N m B \tag{5-4-5}$$

任何两个能级之间的能量差为

$$\Delta E = E_{m1} - E_{m2} = -g_N \mu_N B(m_1 - m_2) \tag{5-4-6}$$

考虑最简单的情况, 对氢核而言, 自旋量子数 $I = \dfrac{1}{2}$, 所以磁量子数 m 只能取两个

值,即 $m = \dfrac{1}{2}$ 和 $m = -\dfrac{1}{2}$. 磁矩在外场方向上的投影也只能取两个值,如图 5-4-1中(a)所示,与此相对应的能级如图 5-4-1 中(b)所示.

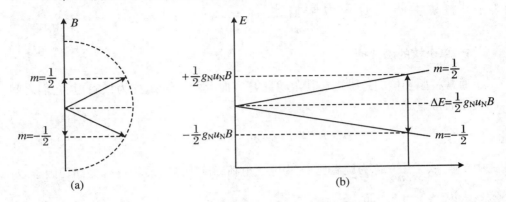

图 5-4-1　氢核能级在磁场中的分裂

根据量子力学中的选择定则,只有 $\Delta m = \pm 1$ 的两个能级之间才能发生跃迁,这两个跃迁能级之间的能量差为

$$\Delta E = g_N \mu_N B \tag{5-4-7}$$

由这个公式可知:相邻两个能级之间的能量差 ΔE 与外磁场 $\boldsymbol{B}$ 的大小成正比,磁场越强,则两个能级分裂也越大.

如果实验时外磁场为 $\boldsymbol{B}_0$,在该稳恒磁场区域又叠加一个电磁波作用于氢核,如果电磁波的能量 $h\nu_0$ 恰好等于这时氢核两能级的能量差 $g_N\mu_N B_0$,即

$$h\nu_0 = g_N\mu_N B_0 \tag{5-4-8}$$

则氢核就会吸收电磁波的能量,由 $m = \dfrac{1}{2}$ 的能级跃迁到 $m = -\dfrac{1}{2}$ 的能级,这就是核磁共振吸收现象.式(5-4-8)就是核磁共振条件.为了应用上的方便,常写成

$$\nu_0 = \left(\frac{g_N \cdot \mu_N}{h} \right) B_0, \quad 即 \omega_0 = \gamma \cdot B_0 \tag{5-4-9}$$

2. 核磁共振信号的强度

上面讨论的是单个的核放在外磁场中的核磁共振理论.但实验中所用的样品是大量同类核的集合.如果处于高能级上的核数目与处于低能级上的核数目没有差别,则在电磁波的激发下,上下能级上的核都要发生跃迁,并且跃迁几率是相等的,吸收能量等于辐射能量,我们就观察不到任何核磁共振信号.只有当低能级上的原子核数目大于高能级上的核数目,吸收能量比辐射能量多,这样才能观察到核磁共振信号.在热平衡状态下,核数目在两个能级上的相对分布由玻尔兹曼因子

决定

$$\frac{N_2}{N_1} = \exp\left(-\frac{\Delta E}{kT}\right) = \exp\left(-\frac{g_N \mu_N B_0}{kT}\right) \qquad (5-4-10)$$

式中 N_1 为低能级上的核数目，N_2 为高能级上的核数目，ΔE 为上下能级间的能量差，k 为玻尔兹曼常数，T 为绝对温度. 当 $g_N \mu_N B_0 \ll kT$ 时，上式可以近似写成

$$\frac{N_2}{N_1} = 1 - \frac{g_N \mu_N B_0}{kT} \qquad (5-4-11)$$

上式说明，低能级上的核数目比高能级上的核数目略微多一点. 对氢核来说，如果实验温度 $T = 300$ K，外磁场 $B_0 = 1$ T，则

$$\frac{N_2}{N_1} = 1 - 6.75 \times 10^{-6} \quad \text{或} \quad \frac{N_1 - N_2}{N_1} \approx 7 \times 10^{-6} \qquad (5-4-12)$$

这说明，在室温下，每百万个低能级上的核比高能级上的核大约只多出 7 个. 这就是说，在低能级上参与核磁共振吸收的每一百万个核中只有 7 个核的核磁共振吸收未被共振辐射所抵消. 所以核磁共振信号非常微弱，检测如此微弱的信号，需要高质量的接收器.

由式(5-4-11)可以看出，温度越高，粒子差数越小，对观察核磁共振信号越不利. 外磁场 B_0 越强，粒子差数越大，越有利于观察核磁共振信号. 一般核磁共振实验要求磁场强一些，其原因就在这里.

另外，要想观察到核磁共振信号，仅仅磁场强一些还不够，磁场在样品范围内还应高度均匀，否则磁场再强也观察不到核磁共振信号. 原因之一是，核磁共振信号由式(5-4-8)决定，如果磁场不均匀，则样品内各部分的共振频率不同. 对某个频率的电磁波，将只有少数核参与共振，结果信号被噪声所淹没，难以观察到核磁共振信号.

(二) 核磁共振的经典力学描述

以下从经典理论观点来讨论核磁共振问题. 把经典理论核矢量模型用于微观粒子是不严格的，但是它对某些问题可以做一定的解释. 数值上不一定正确，但可以给出一个清晰的物理图像，帮助我们了解问题的实质.

1. 单个核的拉摩尔进动

我们知道，如果陀螺不旋转，当它的轴线偏离竖直方向时，在重力作用下，它就会倒下来. 但是如果陀螺本身做自转运动，它就不会倒下而绕着重力方向做进动，如图 5-4-2 所示.

由于原子核具有自旋和磁矩，所以它在外磁场中的行为同陀螺在重力场中的行为是完全一样的. 设核的角动量为 $\boldsymbol{P}$，磁矩为 $\boldsymbol{\mu}$，外磁场为 $\boldsymbol{B}$，由经典理论可知

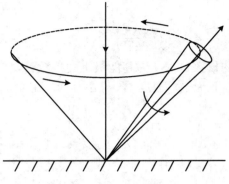

图 5 - 4 - 2　　陀螺的进动

$$\frac{\mathrm{d}\boldsymbol{P}}{\mathrm{d}t} = \boldsymbol{\mu} \times \boldsymbol{B} \qquad (5-4-13)$$

由于, $\boldsymbol{\mu} = \gamma \cdot \boldsymbol{P}$, 所以有

$$\frac{\mathrm{d}\boldsymbol{\mu}}{\mathrm{d}t} = \lambda \cdot \boldsymbol{\mu} \times \boldsymbol{B} \qquad (5-4-14)$$

写成分量的形式则为

$$\begin{cases} \dfrac{\mathrm{d}\mu_x}{\mathrm{d}t} = \gamma \cdot (\mu_y B_z - \mu_z B_y) \\[2mm] \dfrac{\mathrm{d}\mu_y}{\mathrm{d}t} = \gamma \cdot (\mu_z B_x - \mu_x B_z) \\[2mm] \dfrac{\mathrm{d}\mu_z}{\mathrm{d}t} = \gamma \cdot (\mu_x B_y - \mu_y B_x) \end{cases} \qquad (5-4-15)$$

若设稳恒磁场为 $\boldsymbol{B}_0$,且 z 轴沿 $\boldsymbol{B}_0$ 方向,即 $B_x = B_y = 0$, $B_z = B_0$,则上式将变为

$$\begin{cases} \dfrac{\mathrm{d}\mu_x}{\mathrm{d}t} = \gamma \cdot \mu_y B_0 \\[2mm] \dfrac{\mathrm{d}\mu_y}{\mathrm{d}t} = -\gamma \cdot \mu_x B_0 \\[2mm] \dfrac{\mathrm{d}\mu_z}{\mathrm{d}t} = 0 \end{cases} \qquad (5-4-16)$$

由此可见,磁矩分量 μ_z 是一个常数,即磁矩 $\boldsymbol{\mu}$ 在 $\boldsymbol{B}_0$ 方向上的投影将保持不变. 将式(5 - 4 - 15)的第一式对 t 求导,并把第二式代入有

$$\frac{\mathrm{d}^2\mu_x}{\mathrm{d}t^2} = \gamma \cdot B_0 \frac{\mathrm{d}\mu_y}{\mathrm{d}t} = -\gamma^2 B_0^2 \mu_x$$

或

$$\frac{\mathrm{d}^2\mu_x}{\mathrm{d}t^2} + \gamma^2 B_0^2 \mu_x = 0 \qquad (5-4-17)$$

这是一个简谐运动方程,其解为 $\mu_x = A\cos(\gamma \cdot B_0 t + \varphi)$,由式(5-4-15)第一式得到

$$\mu_y = \frac{1}{\gamma \cdot B_0} \frac{\mathrm{d}\mu_x}{\mathrm{d}t} = -\frac{1}{\gamma \cdot B_0} \gamma \cdot B_0 A\sin(\gamma \cdot B_0 t + \varphi) = -A\sin(\gamma \cdot B_0 t + \varphi)$$

$$(5-4-18)$$

以 $\omega_0 = \gamma \cdot B_0$ 代入,有

$$\begin{cases} \mu_x = A\cos(\omega_0 t + \varphi) \\ \mu_y = -A\sin(\omega_0 t + \varphi) \\ \mu_L = \sqrt{(\mu_x + \mu_y)^2} = A = 常数 \end{cases} \quad (5-4-19)$$

由此可知,核磁矩 $\boldsymbol{\mu}$ 在稳恒磁场中的运动特点是:

(1) 它围绕外磁场 $\boldsymbol{B}_0$ 做进动,进动的角频率为 $\omega_0 = \gamma \cdot B_0$,和 $\boldsymbol{\mu}$ 与 $\boldsymbol{B}_0$ 之间的夹角 θ 无关.

(2) 它在 xy 平面上的投影 μ_L 是常数.

(3) 它在外磁场 $\boldsymbol{B}_0$ 方向上的投影 μ_z 为常数.

其运动图像如图 5-4-3 所示.

现在来研究如果在与 $\boldsymbol{B}_0$ 垂直的方向上加一个旋转磁场 $\boldsymbol{B}_1$,且 $B_1 \ll B_0$,会出现什么情况. 如果这时再在垂直于 $\boldsymbol{B}_0$ 的平面内加上一个弱的旋转磁场 $\boldsymbol{B}_1$,$\boldsymbol{B}_1$ 的角频率和转动方向与磁矩 $\boldsymbol{\mu}$ 的进动角频率和进动方向都相同,如图 5-4-4 所示. 这时,和核磁矩 $\boldsymbol{\mu}$ 除了受到 $\boldsymbol{B}_0$ 的作用之外,还要受到旋转磁场 $\boldsymbol{B}_1$ 的影响. 也就是说 $\boldsymbol{\mu}$ 除了要围绕 $\boldsymbol{B}_0$ 进动之外,还要绕 $\boldsymbol{B}_1$ 进动. 所以 $\boldsymbol{\mu}$ 与 $\boldsymbol{B}_0$ 之间的夹角 θ 将发生变化. 由核磁矩的势能

$$E = -\boldsymbol{\mu} \cdot \boldsymbol{B} = -\mu \cdot B_0 \cos\theta \quad (5-4-20)$$

可知,θ 的变化意味着核的能量状态变化. 当 θ 值增加时,核要从旋转磁场 $\boldsymbol{B}_1$ 中吸收能量. 这就是核磁共振. 产生共振的条件为

$$\omega = \omega_0 = \gamma \cdot B_0 \quad (5-4-21)$$

这一结论与量子力学得出的结论完全一致.

如果旋转磁场 $\boldsymbol{B}_1$ 的转动角频率 ω 与核磁矩 μ 的进动角频率 ω_0 不相等,即 $\omega \neq \omega_0$,则角度 θ 的变化不显著. 平均说来,θ 角的变化为零. 原子核没有吸收磁场的能量,因此就观察不到核磁共振信号.

2. 布洛赫方程

上面讨论的是单个核的核磁共振. 但我们在实验中研究的样品不是单个核磁矩,而是由这些磁矩构成的磁化强度矢量 $\boldsymbol{M}$;另外,我们研究的系统并不是孤立的,而是与周围物质有一定的相互作用. 只有全面考虑了这些问题,才能建立起核磁共

振的理论.

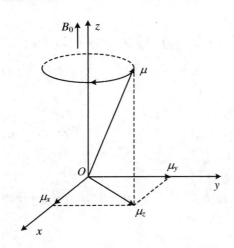

图 5-4-3 磁矩在外磁场中的进动图

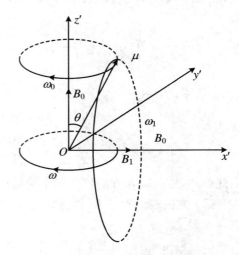

图 5-4-4 转动坐标系中的磁矩

因为磁化强度矢量 $\boldsymbol{M}$ 是单位体积内核磁矩 $\boldsymbol{\mu}$ 的矢量和,所以有

$$\frac{\mathrm{d}\boldsymbol{M}}{\mathrm{d}t} = \gamma \cdot (\boldsymbol{M} \times \boldsymbol{B}) \tag{5-4-22}$$

它表明磁化强度矢量 $\boldsymbol{M}$ 围绕着外磁场 $\boldsymbol{B}_0$ 做进动,进动的角频率 $\omega = \gamma \cdot B$;现在假定外磁场 $\boldsymbol{B}_0$ 沿着 z 轴方向,再沿着 x 轴方向加上一射频场

$$\boldsymbol{B}_1 = 2B_1\cos(\omega \cdot t)\boldsymbol{e}_x \tag{5-4-23}$$

式中 $\boldsymbol{e}_x$ 为 x 轴上的单位矢量,$2B_1$ 为振幅. 这个线偏振场可以看作是左旋圆偏振场和右旋圆偏振场的叠加,如图 5-4-5 所示. 在这两个圆偏振场中,只有当圆偏振场的旋转方向与进动方向相同时才起作用. 所以对于 γ 为正的系统,起作用的是顺时针方向的圆偏振场,即

$$M_z = M_0 = \chi_0 H_0 = \chi_0 B_0/\mu_0 \tag{5-4-24}$$

式中 χ_0 是静磁化率,μ_0 为真空中的磁导率,M_0 是自旋系统与晶格达到热平衡时自旋系统的磁化强度.

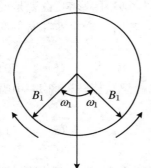

图 5-4-5 线偏振磁场分解
为圆偏振磁场

原子核系统吸收了射频场能量之后,处于高能态的粒子数目增多,亦使得 $M_z < M_0$,偏离了热平衡状态. 由于自旋与晶格的相互作用,晶格将吸收核的能量,使原子核跃迁到低能态而向热平衡过渡. 表示这个过渡的特征时间称为纵向弛豫时间,用 T_1 表示(它反映了沿外磁场方向上磁化强度矢量 M_z 恢复到平衡值 M_0 所需时间的大小). 考虑了纵向弛豫作用后,假定 M_z 向平

衡值 M_0 过渡的速度与 M_z 偏离 M_0 的程度（M_0-M_z）成正比,即有

$$\frac{\mathrm{d}M_z}{\mathrm{d}t}=-\frac{M_z-M_0}{T_1} \tag{5-4-25}$$

此外,自旋与自旋之间也存在相互作用,M 的横向分量也要由非平衡态时的 M_x 和 M_y 向平衡态时的值 $M_x=M_y=0$ 过渡,表征这个过程的特征时间为横向弛豫时间,用 T_2 表示.与 M_z 类似,可以假定

$$\begin{cases} \dfrac{\mathrm{d}M_x}{\mathrm{d}t}=-\dfrac{M_x}{T_2}\\[2mm] \dfrac{\mathrm{d}M_y}{\mathrm{d}t}=-\dfrac{M_y}{T_2} \end{cases} \tag{5-4-26}$$

前面分别分析了外磁场和弛豫过程对核磁化强度矢量 M 的作用.当上述两种作用同时存在时,描述核磁共振现象的基本运动方程为

$$\frac{\mathrm{d}M}{\mathrm{d}t}=\gamma\cdot(M\times B)-\frac{1}{T_2}(M_xi+M_yj)-\frac{M_z-M_0}{T_1}k \tag{5-4-27}$$

该方程称为布洛赫方程.式中 i,j,k 分别是 x,y,z 方向上的单位矢量.

值得注意的是,式中 B 是外磁场 B_0 与线偏振场 B_1 的叠加.其中,$B_0=B_0k$,$B_1=B_1\cos(\omega\cdot t)i-B_1\sin(\omega\cdot t)j$,$M\times B$ 的三个分量是

$$\begin{cases} (M_yB_0+M_zB_1\sin\omega\cdot t)i\\ (M_zB_1\cos\omega\cdot t-M_xB_0)j\\ (-M_xB_1\sin\omega\cdot t-M_yB_1\cos\omega\cdot t)k \end{cases} \tag{5-4-28}$$

这样布洛赫方程写成分量形式即为

$$\begin{cases} \dfrac{\mathrm{d}M_x}{\mathrm{d}t}=\gamma\cdot(M_yB_0+M_zB_1\sin\omega\cdot t)-\dfrac{M_x}{T_2}\\[2mm] \dfrac{\mathrm{d}M_y}{\mathrm{d}t}=\gamma\cdot(M_zB_1\cos\omega\cdot t-M_xB_0)-\dfrac{M_y}{T_2}\\[2mm] \dfrac{\mathrm{d}M_z}{\mathrm{d}t}=-\gamma\cdot(M_xB_1\sin\omega\cdot t+M_yB_1\cos\omega\cdot t)-\dfrac{M_z-M_0}{T_1} \end{cases} \tag{5-4-29}$$

在各种条件下来解布洛赫方程,可以解释各种核磁共振现象.一般来说,布洛赫方程中含有 $\cos\omega\cdot t$,$\sin\omega\cdot t$ 这些高频振荡项,解起来很麻烦.如果我们能对它作一坐标变换,把它变换到旋转坐标系中去,解起来就容易得多.

如图 5-4-6 所示,取新坐标系 $x'y'z'$,z' 与原来的实验室坐标系中的 z 重合,旋转磁场 B_1 与 x' 重合.显然,新坐标系是与旋转磁场以同一频率 ω 转动的旋转坐标系.图中 $M_\perp$ 是 M 在垂直于恒定磁场方向上的分量,即 M 在 xy 平面内的分量,设 u 和 v 是 $M_\perp$ 在 x' 和 y' 方向上的分量,则

$$\begin{cases} M_x=u\cos\omega\cdot t-v\sin\omega\cdot t\\ M_y=-v\cos\omega\cdot t-u\sin\omega\cdot t \end{cases} \tag{5-4-30}$$

把它们代入(5-4-26)式即得

$$
\begin{cases}
\dfrac{\mathrm{d}u}{\mathrm{d}t} = -(\omega_0 - \omega)v - \dfrac{u}{T_2} \\[2mm]
\dfrac{\mathrm{d}v}{\mathrm{d}t} = (\omega_0 - \omega)u - \dfrac{v}{T_2} - \gamma \cdot B_1 M_z \\[2mm]
\dfrac{\mathrm{d}M_z}{\mathrm{d}t} = \dfrac{M_0 - M_z}{T_1} + \gamma \cdot B_1 v
\end{cases}
\qquad (5-4-31)
$$

式中 $\omega_0 = \gamma \cdot B_0$，上式表明 M_z 的变化是 v 的函数而不是 u 的函数. 而 M_z 的变化表示核磁化强度矢量的能量变化，所以 v 的变化反映了系统能量的变化.

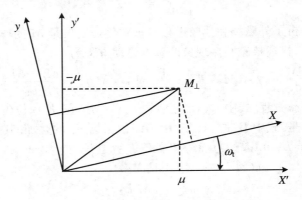

图 5-4-6　旋转坐标系

从式(5-4-31)可以看出，它们已经不包括 $\cos(\omega t)$，$\sin(\omega t)$ 这些高频振荡项了. 但要严格求解仍是相当困难的. 通常是根据实验条件来进行简化. 如果磁场或频率的变化十分缓慢，则可以认为 u, v, M_z 都不随时间发生变化，$\dfrac{\mathrm{d}u}{\mathrm{d}t} = 0$，$\dfrac{\mathrm{d}v}{\mathrm{d}t} = 0$，$\dfrac{\mathrm{d}M_z}{\mathrm{d}t} = 0$，即系统达到稳定状态，此时上式的解称为稳态解

$$
\begin{cases}
u = \dfrac{\gamma \cdot B_1 T_2^2 (\omega_0 - \omega) M_0}{1 + T_2^2 (\omega_0 - \omega)^2 + \gamma^2 B_1^2 T_1 T_2} \\[3mm]
v = \dfrac{\gamma \cdot B_1 M_0 T_2}{1 + T_2^2 (\omega_0 - \omega)^2 + \gamma^2 B_1^2 T_1 T_2} \\[3mm]
M_z = \dfrac{[1 + T_2^2 (\omega_0 - \omega)] M_0}{1 + T_2^2 (\omega_0 - \omega)^2 + \gamma^2 B_1^2 T_1 T_2}
\end{cases}
\qquad (5-4-32)
$$

根据式(5-4-29)中前两式可以画出 u 和 v 随 ω 而变化的函数关系曲线. 根据曲线知道，当外加旋转磁场 $\boldsymbol{B}_1$ 的角频率 ω 等于 $\boldsymbol{M}$ 在磁场 $\boldsymbol{B}_0$ 中的进动角频率 ω_0 时，吸收信号最强，即出现共振吸收现象.

3. 结果分析

由上面得到的布洛赫方程的稳态解可以看出,稳态共振吸收信号有几个重要特点:

当 $\omega = \omega_0$ 时,v 值为极大,可以表示为 $v_{极大} = \dfrac{\gamma \cdot B_1 T_2 M_0}{1 + \gamma^2 B_1^2 T_1 T_2}$,可见,$B_1 =$ $\dfrac{1}{\gamma \cdot (T_1 T_2)^{1/2}}$ 时,v 达到最大值 $v_{\max} = \dfrac{1}{2} \sqrt{\dfrac{T_2}{T_1}} M_0$. 由此表明,吸收信号的最大值并不是要求 B_1 无限的弱,而是要求它有一定的大小.

共振时 $\Delta \omega = \omega_0 - \omega = 0$,则吸收信号的表示式中包含有 $S = \dfrac{1}{1 + \gamma \cdot B_1^2 T_1 T_2}$ 项,也就是说,B_1 增加时,S 值减小,这意味着自旋系统吸收的能量减少,相当于高能级部分被饱和,所以人们称 S 为饱和因子.

实际的核磁共振吸收不是只发生在由式(5-4-7)所决定的单一频率上,而是发生在一定的频率范围内. 即谱线有一定的宽度. 通常把吸收曲线半高度的宽度所对应的频率间隔称为共振线宽. 由于弛豫过程造成的线宽称为本征线宽. 外磁场 $\boldsymbol{B}_0$ 不均匀也会使吸收谱线加宽. 由式(5-4-29)可以看出,吸收曲线半宽度为

$$\omega_0 - \omega = \dfrac{1}{T_2(1 - \gamma^2 B_1^2 T_1 T_2^{1/2})} \tag{5-4-33}$$

可见,线宽主要由 T_2 值决定,所以横向弛豫时间是线宽的主要参数.

(三) 脉冲核磁共振

1. 射频脉冲磁场瞬态作用

实现核磁共振的条件:在一个恒定外磁场 B_0 作用下,另在垂直于 B_0 的平面(x,y 平面)内加进一个旋转磁场 B_1,使 B_1 转动方向与 μ 的拉摩尔进动同方向,见图5-4-7. 如 B_1 的转动频率 ω 与拉摩尔进动频率 ω_0 相等时,μ 会绕 B_0 和 B_1 的合矢量进动,使 μ 与 $\boldsymbol{B}_0$ 的夹角 θ 发生改变,θ 增大,核吸收 B_1 磁场的能量使势能增加. 如果 B_1 的旋转频率 ω 与 ω_0 不等,自旋系统会交替地吸收和放出能量,没有净能量吸收. 因此能量吸收是一种共振现象,只有 B_1 的旋转频率 ω 与 ω_0 相等才能使发生共振.

旋转磁场 B_1 可以方便地由振荡回路线圈中产生的直线振荡磁场得到. 因为一个 $2B_1 \cos(\omega t)$ 的直线磁场,可以看成两个相反方向旋转的磁场 B_1 合成,见图5-4-8. 一个与拉摩尔进动同方向,另一个反方向. 反方向的磁场对 μ 的作用可以忽略. 旋转磁场作用方式可以采用连续波方式也可以采用脉冲方式.

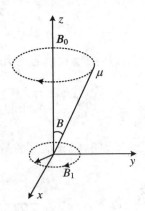

图 5 - 4 - 7　拉摩尔进动

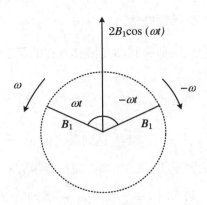

图 5 - 4 - 8　直线振荡场

　　因为磁共振的对象不可能是单个核,而是包含大量等同核的系统,所以用体磁化强度 M 来描述,核系统 M 和单个核 $\boldsymbol{\mu}_i$ 的关系为

$$M = \sum_{i=1}^{N} \boldsymbol{\mu}_i \qquad (5-4-34)$$

M 体现了原子核系统被磁化的程度. 具有磁矩的核系统,在恒磁场 B_0 的作用下,宏观体磁化矢量 M 将绕 B_0 作拉摩尔进动,进动角频率

$$\omega_0 = \gamma B_0 \qquad (5-4-35)$$

　　如引入一个旋转坐标系 (x', y', z),z 方向与 B_0 方向重合,坐标旋转角频率 $\omega = \omega_0$,则 M 在新坐标系中静止. 若某时刻,在垂直于 B_0 方向上施加一射频脉冲,其脉冲宽度 t_p 满足 $t_p \ll T_1$,$t_p \ll T_2$(T_1,T_2 为原子核系统的弛豫时间),通常可以把它分解为两个方向相反的圆偏振脉冲射频场,其中起作用的是施加在轴上的恒定磁场 B_1,作用时间为脉宽 t_p,在射频脉冲作用前 M 处在热平衡状态,方向与 z 轴(z' 轴)重合,施加射频脉冲作用,则 M 将以频率 γB_1 绕 x' 轴进动.

　　M 转过的角度 $\theta = \gamma B_1 t_p$(如图 5 - 4 - 9 中(a)所示)称为倾倒角,如果脉冲宽度恰好使 $\theta = \pi/2$ 或 $\theta = \pi$,称这种脉冲为 90°或 180°脉冲. 90°脉冲作用下 M 将倒在 y' 上,180°脉冲作用下 M 将倒向 $-z$ 方向. 由 $\theta = \gamma B_1 t_p$ 可知,只要射频场足够强,则 t_p 值均可以做到足够小而满足 $t_p \ll T_1$,T_2,这意味着射频脉冲作用期间弛豫作用可以忽略不计.

2. 脉冲作用后体磁化强度 M 的行为——自由感应衰减(FID)信号

　　设 $t = 0$ 时刻加上射频场 B_1,到 $t = t_p$ 时 M 绕 B_1 旋转 90°而倾倒在 y' 轴上,这时射频场 B_1 消失,核磁矩系统将由弛豫过程回复到热平衡状态. 其中 $M_z \to M_0$ 的变化速度取决于 T_1,$M_x \to 0$ 和 $M_y \to 0$ 的衰减速度取决于 T_2,在旋转坐标系看来，M 没有进动，恢复到平衡位置的过程如图 5-4-10 中(a)所示.在实验室坐标系看来，M 绕 z 轴旋进按螺旋形式回到平衡位置，如图 5-4-10 中(b)所示.

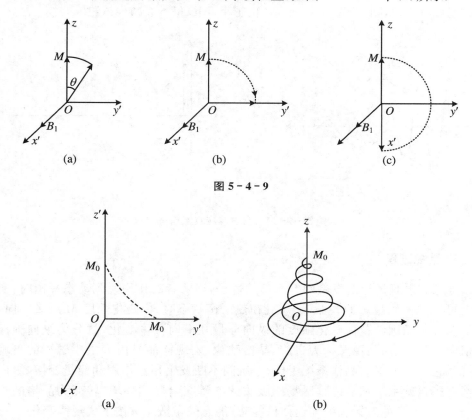

图 5-4-9

图 5-4-10　90°脉冲作用后的弛豫过程

　　在这个弛豫过程中，若在垂直于 z 轴方向上置一个接收线圈，便可感应出一个射频信号，其频率与进动频率 ω_0 相同，其幅值按照指数规律衰减，称为自由感应衰减信号，也写作 FID 信号.经检波并滤去射频以后，观察到的 FID 信号是指数衰减的包络线，如图 5-4-11(a)所示.FID 信号与 M 在 xy 平面上横向分量的大小有关，所以 90°脉冲的 FID 信号幅值最大，180°脉冲的幅值为零.

　　实验中由于恒定磁场 B_0 不可能绝对均匀，样品中不同位置的核磁矩所处的外场大小有所不同，其进动频率各有差异，实际观测到的 FID 信号是各个不同进动频率的指数衰减信号的叠加，如图 5-4-11 中(b)所示，设 T_2' 为磁场不均匀所等效的横向弛豫时间，则总的 FID 信号的衰减速度由 T_2 和 T_2' 两者决定，可以用一个称为表观横向弛豫时间 T_2^* 来等效

$$\frac{1}{T_2^*} = \frac{1}{T_2} + \frac{1}{T_2'} \tag{5-4-36}$$

若磁场域不均匀,则 T_2' 越小,从而 T_2^* 也越小,FID 信号衰减也越快.

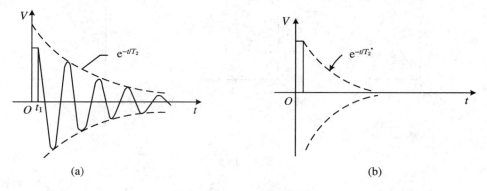

图 5 - 4 - 11　自由感应衰减信号

3. 弛豫过程

弛豫和射频诱导激发是两个相反的过程,当两者的作用达到动态平衡时,实验上可以观测到稳定的共振讯号.处在热平衡状态时,体磁化强度 $\boldsymbol{M}$ 沿 Z 方向,记为 $\boldsymbol{M}_0$.弛豫因涉及体磁化强度的纵向分量和横向分量变化,故分为纵向弛豫和横向弛豫.纵向弛豫又称为自旋-晶格弛豫.宏观样品是由大量小磁矩的自旋系统和它们所依附的晶格系统组成.系统间不断发生相互作用和能量变换,纵向弛豫是指自旋系统把从射频磁场中吸收的能量交给周围环境,转变为晶格的热能.自旋核由高能态无辐射地返回低能态,能态粒子数差 n 按下式规律变化

$$n = n_0 \exp(-t/T_1) \tag{5-4-37}$$

式中 n_0 为时间 $t=0$ 时的能态粒子差,T_1 粒子数的差异与体磁化强度 $\boldsymbol{M}$ 的纵向分量 M_z 的变化一致,粒子数差增加 M_z 也相应增加,故 T_1 称为纵向弛豫时间.T_1 是自旋体系与环境相互作用时的速度量度,T_1 的大小主要依赖于样品核的类型和样品状态,所以对 T_1 的测定可知样品核的信息.

横向弛豫又称为自旋-自旋弛豫.自旋系统内部也就是说核自旋与相邻核自旋之间进行能量交换,不与外界进行能量交换,故此过程体系总能量不变.自旋-自旋弛豫过程,由非平衡进动相位产生时的体磁化强度 $\boldsymbol{M}$ 的横向分量 $M_\perp \neq 0$ 恢复到平衡态时相位无关 $M_\perp = 0$ 表征,所需的特征时间记为 T_2.由于 T_2 与体磁化强度的横向分量 $M_\perp$ 的弛豫时间有关,故 T_2 也称横向弛豫时间.自旋-自旋相互作用也是一种磁相互作用,进动相位相关主要来自于核自旋产生的局部磁场.射频场 B_1,外磁场空间分布不均匀都可看成是局部磁场.

4. 自旋回波法测量横向弛豫时间 T_2（$90°\sim\tau\sim180°$脉冲序列方式）

自旋回波是一种用双脉冲或多个脉冲来观察核磁共振信号的方法,它特别适用于测量横向弛豫时间 T_2,谱线的自然线宽是由自旋-自旋相互作用决定的,但在许多情况下,由于外磁场不够均匀,谱线就变宽了,与这个宽度相对应的横向弛豫时间是前面讨论过的表观横向弛豫时间 T_2^*,而不是 T_2 了,但用自旋回波法仍可以测出横向弛豫时间 T_2.

实际应用中,常用两个或多个射频脉冲组成脉冲序列,周期性的作用于核磁矩系统. 比如在 $90°$射频脉冲作用后,经过 τ 时间再施加一个 $180°$射频脉冲,便组成一个 $90°\sim\tau\sim180°$脉冲序列,这些脉冲序列的脉宽 t_p 和脉距 τ 应满足下列条件

$$t_p \ll T_1, T_2, \tau \tag{5-4-38}$$

$$T_2^* < \tau < T_1, T_2 \tag{5-4-39}$$

$90°\sim\tau\sim180°$脉冲序列的作用结果如图 $5-4-12$ 所示,在 $90°$射频脉冲后即观察到 FID 信号;在 $180°$射频脉冲后面对应于初始时刻的 2τ 处可以观察到一个"回波"信号. 这种回波信号是在脉冲序列作用下核自旋系统的运动引起的,所以称为自旋回波.

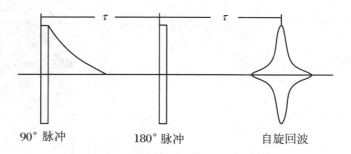

图 5-4-12　自旋回波信号

以下用图 $5-4-13$ 来说明自旋回波的产生过程. 图 $5-4-13$ 中(a)表示体磁化强度 M_0 在 $90°$射频脉冲作用下绕 x' 轴转到 y' 轴上;图 $5-4-13$ 中(b)表示脉冲消失后核磁矩自由进动受到 B_0 不均匀的影响,样品中部分磁矩的进动频率不同,引起磁矩的进动频率不同,使磁矩相位分散并呈扇形展开. 为此可把 M 看成是许多分量 M_i 之和. 从旋转坐标系看来,进动频率等于 ω_0 的分量相对静止,大于 ω_0 的分量(图中以 M_1 代表)向前转动,小于 ω_0 的分量(图中以 M_2 为代表)向后转动;图 $5-4-13$ 中(c)表示 $180°$射频脉冲的作用使磁化强度各分量绕 z' 轴翻转 $180°$,并继续它们原来的转动方向运动;图 $5-4-13$ 中(d)表示 $t = 2\tau$ 时刻各磁化强度分量刚好汇聚到一 y' 轴上;图 $5-4-13$ 中(e)表示 $t > 2\tau$ 以后,用于磁化强度各矢量

继续转动而又呈扇形展开.因此,在 $t = 2\tau$ 处得到如图 5 - 4 - 12 所示的自旋回波信号.

由此可知,自旋回波与 FID 信号密切相关,如果不存在横向弛豫,则自旋回波幅值应与初始的 FID 信号一样,但在 2τ 时间内横向弛豫作用不能忽略,体磁化强度各横向分量相应减小,使得自旋回波信号幅值小于 FID 信号的初始幅值,而且脉距 τ 越大则自旋回波幅值越小,并且回波幅值 U 与脉距 τ 存在以下关系

$$U = U_0 e^{-t/T_2} \tag{5-4-40}$$

式(5 - 4 - 39)中 $t = 2\tau$,U_0 是 $90°$ 射频脉冲刚结束时 FID 信号的初始幅值,实验中只要改变脉距 τ,则回波的峰值就相应地改变,若依次增大 τ 测出若干个相应的回波峰值,便得到指数衰减的包络线.对式(5 - 4 - 39)两边取对数,可以得到直线方程

$$\ln U = \ln U_0 - 2\tau/T_2 \tag{5-4-41}$$

式中 2τ 作为自变量,则直线斜率的倒数便是 T_2.

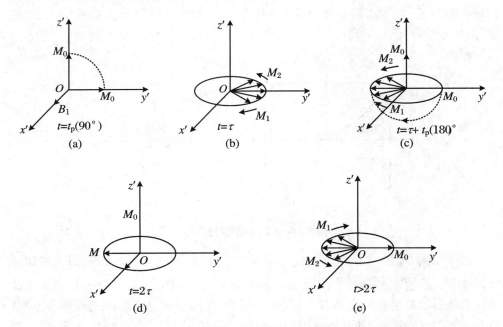

图 5 - 4 - 13　$90°{\sim}\tau{\sim}180°$ 自旋回波矢量图解自旋回波信号

5. 反转恢复法测量纵向弛豫时间 T_1($180°{\sim}90°$ 脉冲序列)

当系统加上 $180°$ 脉冲时,体磁化强度 $\boldsymbol{M}$ 从 z 轴反转至 $-z$ 方向,而由于纵向弛豫效应使 z 轴方向的体磁化强度 M_z 幅值沿 $-z$ 轴方向逐渐缩短,乃至变为零,再

沿 z 轴方向增长直至恢复平衡态 M_0，M_z 随时间变化的规律是以时间 T_2 呈指数增长，见图 5-4-14.

用式表示为

$$M_z(t) = M_0(1 - 2\mathrm{e}^{-t/T_1}) \qquad\qquad (5-4-42)$$

为检测 M_z 瞬时值 $M_z(t)$，在 180°脉冲后，隔一时间 t 再加上 90°脉冲，使 M_z 倾倒至 x' 与 y' 构成平面上产生一自由衰减信号. 这个信号初始幅值必定等于 $M_z(t)$. 如果等待时间 t 比 T_1 长得多，样品将完全恢复平衡. 用另一不同的时间间隔 t 重复 180°~90°脉冲序列的实验，得到另一 FID 信号初始幅值. 这样，把初始幅值与脉冲间隔 t 的关系画出曲线，就能得到图 5-4-14.

曲线表征体磁化强度 $\boldsymbol{M}$ 经 180°脉冲反转后 $M_Z(t)$ 按指数规律恢复平衡态的过程. 以此实测曲线可算出纵向弛豫时间 T_1（自旋-晶格弛豫时间）. 最简约的方法是寻找 $M_Z(t) = 0$ 处，由式 $T_1 = t_n/\ln 2 = 1.44t_n$ 得到.

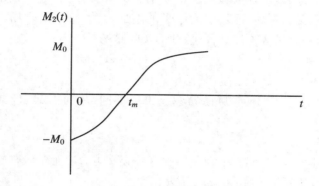

图 5-4-14　M_z 随 t 的变化曲线

6. 脉冲核磁共振的捕捉范围

为了实现核磁共振，连续核磁共振通常采用"扫场法"或者"扫频法"，但效率不高，因为这类方法只捕捉到频率波谱上的一个点. 脉冲核磁共振采用时间短而功率大的脉冲，根据傅里叶变换可知它具备很宽的频谱. 一个无限窄的脉冲对应的频谱是频率成分全部而且各成分幅度相等. 用这样理想的脉冲作用于原子核系统激发所有成分而得到波谱. 而实际工作中使用的是有一定宽度的方形脉冲，它是由一个射频振荡被方形脉冲调制而成的，用傅里叶变换可得它的频率谱，其为连续谱，但各频率的幅度不相同，射频 f_0 成分最强，在 f_0 两边幅度逐渐衰减并有负值出现，当 $f = \dfrac{1}{2T_0}$ 的时候，幅度第一次为零. 但只要 $2T_0$ 足够小，在 f_0 旁边就有足够宽的振幅基本相等的频谱区域，这样就能够很好的激发原子核系统.

相应频率范围幅度如下式

$$I(f) = 2AT_0 \frac{\sin[T_0 \cdot 2\pi \cdot (f - f_0)]}{T_0 \cdot 2\pi \cdot (f - f_0)} \qquad (5-4-43)$$

式中 T_0 是矩形脉冲半宽度，U 是脉冲幅度，f 是射频脉冲频率. 可见，$2T_0$ 愈短 $\frac{1}{2T_0}$ 覆盖的范围愈宽. 所以只要有足够短的脉冲就具有大的捕捉共振频率的范围，同时对测量无任何影响，这是连续核磁共振无法达获得到的，也是脉冲核磁共振广泛应用的原因.

7. 化学位移

化学位移是核磁共振应用于化学上的支柱，它起源于电子产生的磁屏蔽. 原子和分子中的核不是裸露的核，它们周围都围绕着电子. 所以原子和分子所受到的外磁场作用，除了 B_0 磁场，还有核周围电子引起的屏蔽作用. 电子也是磁性体，它的运动也受到外磁场影响，外磁场引起电子的附加运动，感应出磁场，方向与外磁场相反，大小则与外磁场成正比，所以核处的实际磁场是

$$B_核 = B_0 - \sigma B_0 = B_0(1 - \sigma) \qquad (5-4-44)$$

式中 σ 是屏蔽因子，它是个小量，其值小于 10^{-3}.

因此核的化学环境不同，屏蔽常数 σ 也就不同，从而引起它们的共振频率各不同

$$\omega_0 = \gamma(1 - \sigma)B_0 \qquad (5-4-45)$$

化学位移可以用频率进行测量，但是共振频率随外场 B_0 而变，这样标度显然是不方便的，实际化学位移用无量纲的 δ 表示.

$$\delta = \frac{\sigma_R - \sigma_S}{1 - \sigma_S} \times 10^6 \approx (\sigma_R - \sigma_S) \times 10^6 \qquad (5-4-46)$$

式 (5-4-45) 中 σ_R, σ_S 为参照物和样品的屏蔽常数. 用 δ 表示化学位移，只取决于样品与参照物屏蔽常数之差值.

根据化学位移的表达式可知，其数值为考虑屏蔽效应与无屏蔽时的共振频率的偏移大小. 为了能够精确度量，就需要一个绝对恒定的主磁场 B_0，如果 B_0 也是一个不固定的值，那么是无法确定这个偏移量的. 或者说，当主磁场沿着某个主值向左右有展宽时，会使得化学位移值也向左右有展宽. 当主磁场 B_0 的展宽（不均匀度）超过物质的化学位移时，这种偏移量就是没有办法测量的，或者说偏移量淹没在主磁场的不均匀性中. 因此，要对物质进行化学位移的测量，需要主磁场的均匀性满足一定要求.

【实验装置】

　　FD-PNMRC 型脉冲核磁共振实验仪 1 套(恒温箱一个、控制主机两台)、PC 机
1 台.如图 5 - 4 - 15 所示.

【实验内容】

1. 仪器连接

　　将射频发射主机(表头标志"磁铁调场电源显示")后面板中"信号控制(电脑)"
9 芯串口座用白色串行口连接线(注意一定要用白色串行连接线)与电脑主机的串
口连接;将"调场电源"用两芯带锁航空连接线与恒温箱体后部的"调场电源"连接;
将"放大器电源"用五芯带锁航空连接线与恒温箱体后部的"放大器电源"连接;将
"射频信号(O)"用带锁 BNC 连接线与恒温箱体后部的"射频信号(I)"连接;最后插
上电源线.

图 5 - 4 - 15　脉冲核磁共振实验装置

　　将信号接收主机(表头标志"磁铁匀场电源显示")后面板中"恒温控制信号"用
黑色串行连接线(注意一定要用黑色串行连接线,内部接线与白色不同)与恒温箱
体后部的"恒温控制信号"连接;将"加热电源"用四芯带锁航空连接线与恒温箱体
后部的"加热电源(220 V)"连接;将"前放信号(I)"用带锁 BNC 连接线与恒温箱体
后部的"前放信号(O)"连接;用 BNC 转音频连接线将"共振信号(接电脑)"与电脑
麦克风音频插座连接,插上电源线.

2. 仪器预热准备

打开主机后面板的电源开关,可以看到恒温箱体上的温度显示磁铁的当前温度,一般与当时当地的室内温度相当,过一段时间可以看到温度升高,这说明加热器在工作,磁铁温度在升高,因为永磁铁有一定的温漂,所以仪器设置了 PID 恒温控制系统,每台仪器都控制在 36.50 ℃,这样在不同的环境下能够保证磁场稳定.经过 3~4 个小时(各地季节变化会导致恒温时间的不同),可以看到磁铁稳定在 36.50 ℃(有时会在 36.44~36.56 ℃之间变化,属正常现象).

打开采集软件,点击"连续采集"按钮,电脑控制发出射频信号,频率一般在 20.000 MHz,另外初始值一般为:脉冲间隔 10 ms,第一脉冲宽度 0.36 ms,第二脉冲宽度 0.72 ms,这时仔细调节磁铁调场电源,小范围改变磁场,当调至合适值时,可以在采集软件界面中观察到 FID 信号(调节合适也可以观察到自旋回波信号),这时调节主机面板上"磁铁匀场电源"可以看到 FID 信号尾波的变化.

3. 反转恢复法测量纵向弛豫时间 T_1

反转恢复法是采用 $180°~90°$ 脉冲序列测量纵向弛豫时间 T_1,将脉冲间隔从 0 ms 调节至最大(60 ms),首先调节第一脉冲为 $180°$ 脉冲,宽度 0.72 ms,第二脉冲为 $90°$ 脉冲,宽度为 0.36 ms,改变脉冲间隔,每隔 5 ms(或 10 ms)测量第二脉冲的尾波幅度,取 N 个点后进行拟合即可得到纵向弛豫时间 T_1.更换不同浓度的 $CuSO_4$ 样品作比较并记录其数值.

4. 用自旋回波(SE 信号)法测量横向弛豫时间 T_2

在上一步的基础上,找到第一脉冲的时间宽度,将脉冲间隔调节至 10 ms,并调节第二脉冲宽度至第一脉冲宽度的两倍(因为仪器本身特性,并不完全是两倍关系),仔细调节匀场电源和调场电源,使自旋回波信号最大.

应用软件测量不同脉冲间隔情况下的回波信号大小,进行指数拟合得到横向弛豫时间 T_2,与表观横向弛豫时间 T_2^* 进行比较,分析磁场均匀性对横向弛豫时间的影响.换取不同的实验样品进行比较.

5. 测量不同浓度的硫酸铜溶液中氢核的横向弛豫时间,分析弛豫时间随浓度变化的关系(选做)

测量过程同上一步骤,测量五种不同浓度的硫酸铜溶液的横向弛豫时间,拟合其关系,具体参见理论及方法相关论文.

6. 测量样品的相对化学位移

在调节出甘油 FID 信号的基础上,换入二甲苯样品,通过实验软件分析二甲苯的相对化学位移(二甲苯频谱图两个峰的频率大约相差 100 Hz).

【注意事项】

(1) 因为永磁铁的温度特性影响,实验前首先开机预热 3～4 个小时,等到磁铁达到稳定时再开始实验.

(2) 仪器连接时应严格按照说明书要求连线,避免出错损坏主机.

【思考题】

(1) 脉冲核磁共振实验中,磁感应强度 B_0, B_1 和不均匀磁场 B' 各代表什么物理量?

(2) 试述倾倒角 θ 的物理意义. 说明如何实现倾倒角?

(3) 何为 $90° \sim \tau \sim 180°$ 脉冲序列及 $180° \sim 90°$ 脉冲序列? 理解其用处和意义?

(4) 不均匀磁场对 FID 信号有何影响?

第6单元　微波技术

引　　言

微波技术已有几十年的发展历史,现已成为一门比较成熟的学科.在雷达、通信、导航、遥感、电子对抗以及工农业和科学研究等方面,微波技术都得到了广泛的应用.微波技术是无线电电子学门类中一门相当重要的学科,对科学技术的发展起着重要的作用.

一、微波及其特点

1. 微波的含义

微波是超高频率的无线电波.由于这种电磁波的频率非常高,故微波又称为超高频电磁波.电磁波的传播速度 v 与其频率 f、波长 λ 有下列固定关系

$$f\lambda = v \tag{6-0-1}$$

若波是在真空中传播,则速度为 $v = c = 3 \times 10^8 \text{ m} \cdot \text{s}^{-1}$. 微波的频率范围通常为 $3 \times 10^8 \sim 3 \times 10^{12}$ Hz,对应的波长范围从 1 m 到 0.1 mm 左右.

为使人们对微波在电磁波谱中所占的位置有一个全貌的了解,现将整个宇宙中电磁波的波段划分列于图 6-0-1 中.从图中可见,微波频率的低端与普通无线电波的"超短波"波段相连接,其高端则与红外线的"远红外"区相衔接.

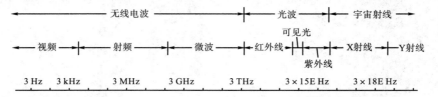

图 6-0-1　宇宙电磁波谱

在使用中,为方便起见,可将微波分为分米波、厘米波、毫米波及亚毫米波等波段.还可做更详细的划分,如厘米波又可分为 10 cm 波段、5 cm 波段、3 cm 波段及 1.25 cm 波段等;毫米波亦可细分为 8 mm、6 mm、4 mm 及 2 mm 波段等.

实际工程中常用拉丁字母代表微波小段的名称.例如 S,C,X 分别代表 10 cm 波段、5 cm 波段和 3 cm 波段,Ka,U,F 分别代表 8 mm 波段、6 mm 波段和 3 mm 波段等,详见表 6-0-1.

表 6-0-1　微波频段的划分

波段	频率范围(GHz)	波段	频率范围(GHz)
UHF	0.30～1.12	Ka	26.50～40.00
L	1.12～1.70	Q	
LS	1.70～2.60		
S	2.60～3.95	M	
C	3.95～5.85	E	60.00～90.00
XC	5.85～8.20	F	90.00～140.00
X	8.20～12.40	G	
Ku	12.40～18.00	R	
K	18.00～26.00		

2. 微波的特点

属于无线电波的微波,之所以作为一个相对独立的学科来加以研究,是因为它具有下列独特性质:

(1) 频率极高

根据电磁振荡周期 T 与频率 f 的关系式

$$T=1/f \tag{6-0-2}$$

可以推知微波波段的振荡周期在 $10^{-9}～10^{-3}$ s 量级,而普通电真空器件中电子的渡越时间一般为 10^{-9} s 量级,就是说两者属于同一数量级.于是,在低频时被忽略了的电子惯性,亦即电磁波与电子间的相互作用、极间电容和引线电感等的影响就不能再忽视了.普通电子管已不能用作微波振荡器、放大器或检波器了,代之而来的则是建立在新的原理基础上的微波电子管、微波固体器件和量子器件,同时伴随频率的升高,高频电流的趋肤效应、传输系统的辐射效应以及电路的延时效应(相位滞后)等明显地表露出来.

由于微波频率极高,故它的实际可用频带很宽,可达 10^9 Hz 数量级,这是低频无线电波无法比拟的.频带宽意味着信息容量大,这就使微波得到了更广泛的应用.

（2）波长极短

一种情况：微波的波长比地球上的宏观物体（如飞机、舰船、导弹、卫星、建筑物等）的几何尺寸小得多，故当微波照射到这些物体上时将产生强烈的反射．微波最早的应用实例——雷达就是根据这个原理工作的．这种直线传播的特点与几何光学相似，故可以说微波具有"似光特性"．利用这一特殊性质，可以制成体积小、方向性很强的天线系统，可以接收到由地面或宇宙空间物体反射回来的微弱信号，从而增加雷达的作用距离并使定位精确．

另一种情况：微波的波长与实验设备（比如波导、微带、谐振腔及其他微波元件）的尺寸相比在同数量级，使得电磁能量分布于整个微波电路之中，形成所谓"分布参数"系统．这与低频电路有原则区别，因为低频时电场和磁场能量是分别集中于所谓"信总参数"的各个元件中．

（3）能穿透电离层

地球大气外层由厚厚一层电离层所包围．低频无线电波由于频率低，所以当它射向电离层时，其一部分被吸收，一部分被反射回来．对低频电磁波来说，电离层形成一个屏蔽层，低频电磁波是无法穿过它的．而微波的频率很高，它可以穿透电离层，从而成为人类探测外层空间的"宇宙之窗"．这样不仅可以利用微波进行卫星通信和宇航通信，也为射电天文学等学科的研究开拓了广阔前程．

（4）量子特性

根据量子理论，电磁辐射的能量不是连续的，而是由一个个的"光量子"所组成．单个量子的能量与其频率的关系为

$$E = hf \tag{6-0-3}$$

式中 $h = 4 \times 10^{-15}$ eV·s^{-1}，称为普朗克常数．由于低频电波的频率很低，量子能量很小，故量子特性不明显．微波波段的电磁波，单个量子的能量为 $10^{-6} \sim 10^{-3}$ eV，而一般顺磁物质在外磁场中所产生的能级间的能量差额介于 $10^{-5} \sim 10^{-4}$ eV 之间，因而电子在这些能级间跃迁时所释放或吸收的量子的频率是属于微波范畴的，因此，微波可用来研究分子和原子的精细结构．同样的，在超低温时物体吸收一个微波量子也可产生显著反应．上述两点对近代尖端科学，如微波波谱学、量子无线电物理的发展都起着重要作用．

二、微波的应用

研究微波的产生、放大、传输、辐射、接收和测量的学科称为微波技术，它是近代科学技术的重大成就之一．微波技术的发展是和它的应用紧密联系在一起的．微波的实际应用极为广泛，主要有以下几个方面：

1. 雷达

雷达是微波技术应用的典型例子. 在第二次世界大战期间,敌对双方为了迅速准确地发现敌人的飞机和舰船的踪迹,继而又为了指引飞机或火炮准确地攻击目标,发明了可以进行探测、导航和定位的装置,这就是雷达. 事实上,正是由于第二次世界大战期间对于雷达的急需,微波技术才迅速发展起来. 雷达的发展经过了几个阶段. 为适应各种不同要求,雷达的种类很多,性能也在不断提高. 现代雷达多数是微波雷达. 迄今为止,各种类型的雷达,例如导弹跟踪雷达、炮火瞄准雷达、导弹制导雷达、地面警戒雷达乃至大型国土管制相控阵雷达等,仍然代表微波频率的主要应用. 又例如,微波超远程预警雷达的作用距离可达一万千米以上,从而可以给出几十分钟的预警时间以应付洲际导弹的突然袭击.

除军事用途之外,还发展了多种民用雷达,如气象探测雷达、医用雷达、盲人雷达、防盗雷达、汽车防撞雷达及机场交通管制雷达等. 这些雷达也多是利用微波频率.

2. 通信

由于微波的可用频带宽、信息容量大,所以一些传送大信息量的远程设备都采用微波作为载体. 微波多路通信是利用微波中继站来实现高效率、大容量的远程通信的. 由于微波的传播只在视距内有效,所以,这种接力通信方式是把人造卫星作为微波接力站. 美国在 1962 年 7 月发射的第一个卫星微波接力站——Telstar 卫星,首次把现场的电视图像由美国传送到欧洲. 这种卫星的直径只有 88 cm,因而,有效的天线系统只可能在微波波段. 近年来,利用微波的卫星通信得到了进一步的发展,利用互成 120°角的 3 个定点同步卫星,可以实现全球性的电视转播和通信联络.

3. 工农业的应用

在工农业生产方面广泛应用微波进行加热和测量. 利用微波进行测量的一个典型例子是微波湿度计. 它是利用微波通过物质时被吸收而减弱的原理制成的. 它可以用来测量煤粉、石油或各种农作物的水分,检查粮库的湿度,测量土壤、织物等的含水量等. 微波加热的独特优点是从物质内部加热,内外同热,无需传热过程,瞬时可达高温,因而加热速度快、均匀、质量好,而且能进行自动控制. 微波加热现已应用于造纸,印刷,制革,橡胶、木材加工及卷烟等工业生产中. 在农业上,微波已用来灭虫、育种、育蚕和谷物干燥等. 在医疗卫生事业中,微波不仅可用于某些疾病的诊断,还可用于治疗,如微波理疗、微波针灸、冷藏器官的快速解冻以及对浅表皮癌的治疗等. 目前, 有人正利用微波进行节制生育的科学研究. 微波热效应的研究也十分活跃, 这将为微波在化学、生物学和医学诸方面的应用开辟新的途径.

4. 微波能的应用

微波本身可以作为一种能源. 目前, 微波加热不仅应用于许多工农业部门, 而且已广泛用于食物烹调. 微波作为能源还有更为令人神往的应用前景, 即在未来的卫星太阳能电站的应用中, 可先将太阳能变为直流电流, 再转换成微波能量发射回地面接收站, 最后将接收到的微波能量转换成直流电功率, 以供人类使用.

实验 6-1 反射式速调管的工作特性

反射式速调管是一种微波电子管, 一般用作实验室的小功率微波振荡器, 它是实验室使用的微波信号源的核心部分. 熟悉速调管的原理、结构、工作特性和使用方法, 是正确使用微波信号源的基础.

微波的振荡周期与电子的渡越时间可以比拟, 甚至还要小, 使得普通电子管在微波波段不能使用; 而反射式速调管正是利用微波这一特点而设计成的微波振荡管. 测量速调管中电子的渡越时间, 可以加深对速调管工作原理的理解.

【实验目的】

(1) 熟悉反射式速调管的结构、特性和使用方法.
(2) 测量反射式速调管中电子渡越时间.

【实验原理】

一、速调管的工作特性

1. 速调管的结构、特性和使用方法

反射式速调管主要由阴极、谐振腔和反射极 3 部分组成 (原理结构图参看图 6-1-1 和图 6-1-2). 从阴极飞出的电子被谐振腔上的正电压加速, 穿过栅网. 在

反射极反向电压的作用下,运动电子返回栅网.当满足一定条件时,在谐振腔中产生微波振荡,微波能量由同轴探针输出.

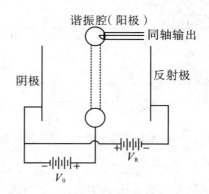

图 6-1-1　反射式速调管的结构原理图

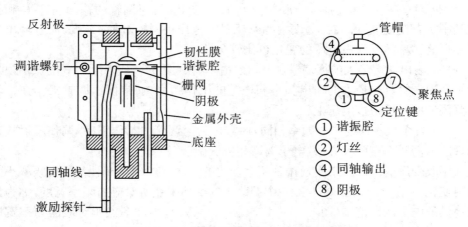

图 6-1-2　反射式速调管 K-27 的结构图

　　反射式速调管 K-27 常用于 3 cm 波段,图中给出了其结构图.图中调谐螺钉的作用是通过改变谐振腔两个栅网的距离来改变调谐频率.

　　反射式速调管的特性曲线(在一定的阳极电压情况下,输出功率 P 以及振荡频率 f 与反射极电压 V_R 的关系曲线)如图 6-1-3 所示.由图可以看出下列特性:具有分立的振荡模;改变反射极电压会引起微波功率和频率的变化;存在最佳振荡模;各个振荡模的中心频率相同等.可归纳为:

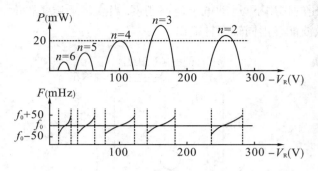

图 6-1-3　反射式速调管 K-27 的特性曲线

（1）反射式速调管并不是在任意的反射极电压数值都能发生振荡，只有在某些特定值才能振荡．每一个有振荡输出功率的区域，叫做速调管的振荡模，n 表示振荡模的序号．

（2）对于每一个振荡模，当反射极电压 V_R 变化时，速调管的输出功率 P 和振荡频率 f 都随之变化．在振荡模中心的反射极电压上，输出功率最大，而且输出功率和振荡频率随反射极电压的变化也比较缓慢．

（3）输出功率最大的振荡模，叫作最佳振荡模（图 6-1-3 中 $n=3$ 的振荡模）．为了使速调管具有最大的输出功率和稳定的工作频率，通常使速调管工作在最佳振荡模的中心反射极电压上．

（4）各个振荡模的中心频率相同，通常称为速调管的工作频率．调整反射式速调管的振荡频率有两种方法：电子调谐和机械调谐．

用改变反射极电压来实现振荡频率变化的方法，称为电子调谐（可使频率小范围内变化，一般 $\Delta f \leqslant 0.005 f_0$）．一个振荡模的半功率点所对应的频率宽度，称为该振荡模的电子调谐范围（图 6-1-4 中的 $|f_1-f_2|$），半功率点所对应的频率宽度与电压宽度的比值 $\left|\dfrac{f_1-f_2}{V_1-V_2}\right|$ 称为平均电子调谐率．

要使速调管的频率有较大的变化，可以通过慢慢转动调谐螺钉（图 6-1-2）改变谐振腔的大小来实现，这种方法称为机械调谐．

2. 反射式速调管的工作状态

一般有三种：

（1）连续振荡状态

就是我们在上面讨论过的工作状态，亦即在反射极上不加任何调制电压，调节反射极电压使反射式速调管处在最佳工作状态（在最佳振荡模的最大输出功率处，具有较好的功率和频率稳定性）．

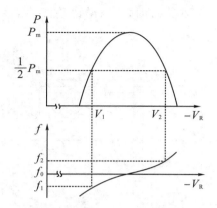

图 6-1-4 电子调谐范围(阳极电压 $V_0 = 300$ V,波长 $\lambda = 3.2$ cm)

(2)方波(或矩形脉冲)调幅状态

图 6-1-5 表示反射式速调管在方波调幅时的特性.为了获得纯粹的调幅振荡,避免引起附加的调频,调制电压必须为严格的方波,而且要选择合适的反射极电压(直流工作点),使调制波形的一个半周处在两个振荡模的不振荡区域内,而另一个半周处在振荡模的功率最大点.在实验中是这样做的:先使速调管处在连续振荡的最佳位置,当从连续状态变到调幅状态时,调节方波的幅度使得输出功率为连续状态的一半,此时的调制幅度为合适.

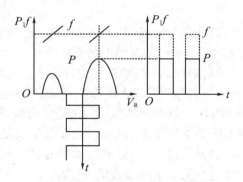

图 6-1-5 反射式速调管在方波调幅时的特性

当速调管处在调幅工作状态时,在微波测量线路中配合使用测量放大器,可以提高测量灵敏度.

(3)锯齿波(或正弦波)调频状态

图 6-1-6 表示反射式调速管在锯齿波调频时的特性.速调管反射极电压的直流工作点选择在某一振荡模的功率最大点,亦即选在频率变化曲线的当中,当锯

齿波的幅度比振荡模的宽度小得多时,可以得到近似直线性的调频信号输出,而附加的调幅很小.

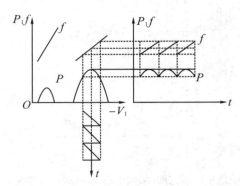

图 6-1-6　反射式速调管在锯齿调频时的特性

当速调管处在调频工作状态时,可用示波器观测微波系统的动态特性.

二、反射式速调管的工作原理

为什么反射式速调管会产生微波振荡?为什么只有在某些特定的反射极电压数值时才有输出功率(存在着分立的振荡模)?为什么能够对反射式速调管进行电子调谐和机械调谐?为了回答这些问题,这里简单介绍反射式速调管的工作原理.

要研究振荡的产生,就必须分析速调管中电子的运动过程和能量转换机构.参看图 6-1-7,从阴极飞出的电子被谐振腔上的正电压所加速,这时直流电源的能量转化为真空中运动电子的动能.问题就在于:怎样把运动电子的动能变成微波振荡的能量?电子在加速电场的作用下飞入谐振腔,在腔中激起感应电流脉冲,使谐振腔中发生了振荡,因而在两个栅网间产生了一个微弱的微波电场.穿过栅网的电子受到微波电场的作用,可能受到加速或减速,速度发生变化,亦即电子受到速度调制.在正半周内电子被微波电场加速,微波电场把能量传给电子;在负半周内电子被微波电场减速,微波电场从电子取得能量.因为电子是均匀连续地从阴极发出的,所以在正半周内电子取得的能量等于负半周内电子失去的能量.总的来说,微波电场净得的能量为零,微波振荡不发生.

为了产生振荡,必须在加速的半周内,使电子完全不通过间隙,或者通过的电子数比减速的半周时少.那么,关键就在于:① 怎样把密度均匀的电子流变成疏密相间的电子流(电子的密度调制)?② 怎样使密集的电子团在通过栅网时正好受到微波电场的减速?上面的两点要求是通过反射极来实现的.为了解释电子团的形成,让我们来研究 4 个在不同时刻飞过栅网的电子的运动并画出它们运动的空间时间图(图6-1-7):电子1在通过栅网时,微波电场 $E=0$,速度不变,进入反射空间,到达反射平面(假想的)后返转;电子2通过栅网时,微波电场 $E=\xi_{max}$,受到加速,越过反射平面后返转;电子3通过栅网时速度不变,进入反射空间到达反射平面后返转;电子4通过栅网时,微波电场 $E=-\xi_{max}$,受到减速,未到达反射平面就返转.电子3成为群聚中心,它的运动轨迹如图6-1-7中的粗线所示.

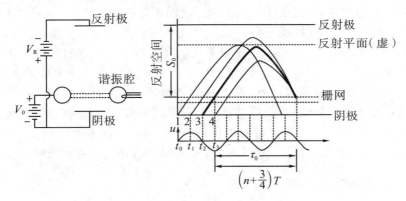

图6-1-7　反射式速调管内电子的运动轨迹

在反射空间,距离 S_0、谐振腔电压 V_0 和反射极电压 V_R 合适的情况下,就有可能做到:围绕着群聚中心电子的密集电子团回到栅网时受到微波电场的最大减速,这样微波电场从运动电子净得的能量最大.如果把电子从离开栅网至回到栅网所需的时间叫作渡越时间(以 τ 表示),则群聚中心电子的渡越时间 τ_0 与微波振荡周期 T 满足下式

$$\tau_0=(n+3/4)T, \quad n=1,2,3,\cdots \tag{6-1-1}$$

此时,电子流给出的功率最大,这一条件相当于振荡的位相条件.显然,渡越时间 τ_0 与电子的电量 e、质量 m,反射空间的距离 S_0,反射极电压 V_R 以及谐振腔电压 V_0 等有关,它们满足下式

$$\tau_0=\frac{4S_0\sqrt{\dfrac{mV_0}{2e}}}{V_0+|V_R|} \tag{6-1-2}$$

群聚中心电子在反射空间中的运动,就好像在重力场中铅直上抛小球的运动一样.感兴趣的话可推导一下上式.利用式(6-1-1),(6-1-2),并注意到 $T=1/f$ (f 为微波频率),我们有

$$\frac{4S_0\sqrt{\dfrac{mV_0}{2e}}}{V_0+|V_R|} \cdot f=n+\frac{3}{4} \tag{6-1-3}$$

上式表明:只有 V_0 和 $|V_R|$ 为某些值时才能产生振荡,而且对于一定的 n 和 V_0,改

变 V_R 会引起 f 的改变,因此反射式速调管具有如图 6-1-3 所示的工作特性曲线,从而也就不难解释本节开始时提出的那些问题. 值得指出的是,由式(6-1-1)可以看出微波振荡周期与电子渡越时间可以比拟甚至还要小,这就是我们在本单元引言中讲到的微波特点之一. 反射式速调管之所以能产生振荡,正是巧妙地利用了这一特点.

满足了相位条件,只是说明振荡可能产生而不是一定会产生. 如果直流的电子流太小,由群聚中心电子团所能传递给微波电场的功率不足以克服电路和负载中的损耗时,振荡就不发生. 因此,要使振荡发生,还需要第二个条件,即要求直流电子流大于某一最小电流(起始电流),也即 $i > i_0$. 这一条件相当于振荡的幅值条件,起始电流 i_0 与电路及外负载有关,并与 $(n+3/4)$ 成比例. 式(6-1-1)、(6-1-2)就是振荡的位相条件和幅值条件,当这两个条件都满足时,微波振荡常常会发生.

使用速调管振荡器时要注意爱护仪器,熟悉仪器面板上各个开关、旋钮的作用,并采取正确的使用方法(注意施加电压的步骤和各极电压的极限值).

2. 电子渡越时间的测定

测量速调管中电子的渡越时间,可以加深对速调管工作原理的理解. 群聚中心电子的渡越时间 τ_0 由下列关系式决定

$$\tau_0 = \left(n + \frac{3}{4}\right)T \quad (n = 1, 2, 3, \cdots), \quad \tau_0 = \frac{4S_0\sqrt{\dfrac{mV_0}{2e}}}{V_0 + |V_R|} \qquad (6-1-4)$$

这里,$|V_R|$ 是相应的模中心反射极电压. 以上两式中含有两个未知量:n(振荡模的序号,参看图 6-1-3)和 S_0(反射空间距离). 利用实验数据(在我们的实验中可以观测到 4 个振荡模)和式(6-1-3),可以算出 n 和 S_0. 下面介绍两种方法.

(1) 求解方程法

式(6-1-3)中含有两个未知量,原则上有两个方程联立即可求解. 由 4 个振荡模的数据可以列出 4 个方程,两两组合解出 n 和 S_0,再求平均值给出结果.

(2) 拟合直线法

将式(6-1-3)变成直线方程 $y = a + bx$,其中 $x = (V_0 + |V_R|)^{-1}$. 当式(6-1-3)中的 n 取值为 $n, n+1, n+2, n+3$ 时,相应有 $y = 1, 2, 3, 4$,

$$a = 0.25 - n, \quad b = 4S_0\sqrt{\frac{mV_0}{2e}} \cdot f_0 \qquad (6-1-5)$$

利用计算器可以求出截距 a 和斜率 b.

已知电子电量 $e = -1.602 \times 10^{-19}$ C,质量 $m = 9.109 \times 10^{-31}$ kg,由实验数据 $V_0, |V_R|, f_0$ 以及 a, b,可由式(6-1-5)求出 n 和 S_0,从而算出群聚中心电子的渡越时间 τ_0. 测量结果表明,渡越时间和微波振荡周期可以比拟,甚至还要小.

【实验装置】

考虑到观测速调管工作特性的需要,以及熟悉常用微波元件和掌握 3 种基本测量的要求,我们采用图 6-1-8 的实验线路.

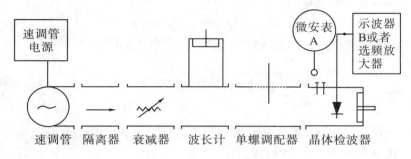

图 6-1-8　实验线路

速调管电源提供阳极电压、反射极电压和灯丝电压,有的还提供反射极的调制电压(方波调制和锯齿波调制).

参考型号:WY-19A 型速调管电源(北京大华无线电仪器厂).

速调管一般采用 K-27 型反射式速调管,工作频率为 8 600～9 600 MHz. 整个微波测量线路由 3 cm 波段波导元件组成,其主要元件为隔离器(GLX-2 型)、波长计为 DH 系列直读频率计. 当速调管处在连续状态时,连接微安表 A;处于方波调幅状态时,B 为测量放大器(DH388A0 型);处于锯齿波调频状态时,B 为示波器.

当用示波器观测速调管的振荡模时,对速调管进行锯齿波调频,并将锯齿波输到示波器的 X 输入端,终端的晶体检波接头输到 Y 输入端.

【实验内容】

(1) 利用示波器观测速调管的各个振荡模. 首先开启速调管电源,"谐振腔电压"调到 300 V 左右,工作种类开关打到"锯齿"挡. 然后改变反射极电压(要求:V_R 从 -30 V 变化到 -300 V),测出速调管各个振荡模的区间. 描绘草图,注明各个振荡模的始点、峰值和终点所对应的反射极电压值以及振荡模高度.

(2) 测量速调管最佳振荡模的功率 P 和反射极电压 V_R 的关系曲线,以及频率 f 和反射极电压 V_R 的关系曲线. 将晶体检波器接入微安表,工作种类由"锯齿"挡

转至"连续"挡.改变$|V_R|$,对于每个V_R值,利用晶体检波接头测量相对功率P,并用波长计测量频率.

【数据处理】

(1) 画出几个振荡模的草图.
(2) 画出最佳振荡模的P-V_R曲线和f-V_R曲线.
(3) 计算最佳振荡模的电子调谐范围和平均电子调谐率.

【思考题】

(1) 怎样使速调管工作在所需要的频率(例如$f=9\,000$ MHz)?
(2) 机械调谐和电子调谐的区别是什么?

实验 6 - 2　波导管的工作状态

　　微波在波导管中的传播情况,可以归结为 3 种状态:匹配状态、驻波状态和混波状态.观测这 3 种状态,有助于熟悉匹配、反射和驻波等概念.

　　波导中波传播的相速度大于光速c.通过测量波导波长和频率的方法来决定相速度、群速度和光速,不仅提供一种测量光速的简便方法(有 4 位有效数字),而且可以进一步明晰微波在波导管中传播的物理图像.

【实验目的】

　　(1) 熟悉微波在波导管的 3 种工作状态:匹配状态、驻波状态和混波状态,并掌握微波 3 种工作状态的基本测量方法.
　　(2) 掌握测量线的正确使用方法,并利用它测量驻波比和波导波长.

【实验原理】

一、波导管中波的传播特性

一般说,波导管中存在入射波和反射波.描述波导管中匹配和反射程度的物理量是驻波比或反射系数.由于终端情况不同,波导管中电磁场的分布情况也不同.可以把波导管的工作状态归结为 3 种状态:匹配状态、驻波状态和混波状态,它们的电场分布曲线如图 6 - 2 - 1 所示.

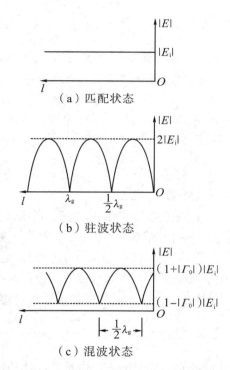

（a）匹配状态

（b）驻波状态

（c）混波状态

图 6 - 2 - 1 电场随 l 而变的分布曲线

在匹配状态,由于不存在反射波,所以电场 $|E_y|=|E_i|$;在驻波状态,终端发生全反射,$|E_i|=|E_r|$,所以在驻波波腹处 $|E|_{max}=|E_i|+|E_r|$,驻波波节处 $|E|_{min}=|E_i|-|E_r|=0$;在混波状态,终端是部分反射,$|E_r|<|E_i|$,所以 $|E|_{max}=|E_i|+|E_r|$,$|E|_{min}=|E_i|-|E_r|\neq0$.

我们知道,波导管中的波导波长 λ_g.大于自由空间波长 λ.由于 $c=\lambda f$,$v_g=\lambda_g f$,式中 c 为光速,v_g 为相速度.可见波在波导管中传播的相速度 v_g 大于光速 c.显然,任何物理过程都不能以超过光速的速度进行,理论分析表明,相速度只是相位变化的速度,并不是波导管中波能量的传播速度(即群速度),因此相速度可以大于光速.矩形波导管中 TE$_{10}$ 波的物理图像为:一个以入射角 $\theta(\theta=\arccos(\lambda/2a))$ 射向波导管窄壁的平面波,经过窄壁的往复反射后,由入射波和反射波叠加而成 TE_{10} 波. 由此可见,波沿波导管轴传播的相速度 v_g 自然要比斜入射的平面波传播速度 c 来得大. 由相速度 v_g、群速度 u 和光速 c 的关系式

$$v_g u = c^2 \qquad (6-2-1)$$

可以看出波能量沿波导管轴传播的速度(群速度 u)小于光速. 实验中,我们通过测量波导波长 λ_g 和频率 f 来决定光速 c、相速度 v_g 和群速度 u.

二、驻波测量线的调整、使用和驻波测量

驻波测量线是微波实验室不可缺少的基本仪器,可利用它来进行多种微波参量的测量. 因此,我们要熟悉驻波测量线的结构,掌握它的正确使用方法(如调整探针有合适穿伸度、调谐、晶体检波律等),并利用它来测量驻波比和波导波长.

我们说过,"调节匹配"是微波测试中必不可少的概念和步骤,怎样把微波系统调到匹配状态呢? 按照驻波比的定义

$$\rho = \frac{|E|_{\max}}{|E|_{\min}} \qquad (6-2-2)$$

要降低 ρ,须把 $|E|_{\max}$ 调小或把 $|E|_{\min}$ 调大.

在实验中,可把驻波测量线的探针放在驻波极小点或极大点处,采用把 $|E|_{\min}$ 调大或把 $|E|_{\max}$ 调小的方法进行调配. 如把探针放在极小点处,则调节接在测量线端点的调配元件,使探针的输出功率稍为增大(不要增大太多,否则会发生假象——波形移动,这时极小点功率并不增大),然后左右移动探针,看看极小功率是否真正增大. 这样反复调配元件,使极小点功率逐步增大,直至达到最佳匹配状态.

三、晶体的检波特性曲线和检波律的测定

在测量驻波比时,驻波波腹和波节的大小由检波晶体的输出信号测出. 晶体的检波电流 I 和传输线探针附近的高频电压 E 的关系必须正确测定. 根据检波晶体的非线性特征,可以写出

$$I = k_1 E^n \qquad (6-2-3)$$

如驻波测量线晶体检波律 $n=1$ 称为直线性检波,$n=2$ 称为平方律检波. n 的数值可按下法测定. 令驻波测量线终端短路,此时沿线各点驻波振幅与终端距离 l 的关系为

$$|E| = k_2 \left| \sin \frac{2\pi l}{\lambda} \right| \qquad (6-2-4)$$

设以线上 $l=l_0$ 处的电场驻波波节为参考点,将探针由参考点向左移动,线上驻波电场值 $|E|$ 由零增大,而检波电流 I 也相应地由零增大,每一驻波电场值便有一相

应的检波电流值. 如果测量时不必知道检波律 n, 我们由实验测 $I(l)$, 由式 (6-2-4)算出 $|E(l)|$, 直接画出 I-$|E|$ 的关系曲线, 利用它可以由实际测得的检波电流值找出相应的驻波电场相对值, 从而求出正确的驻波比(参看图 6-2-2).

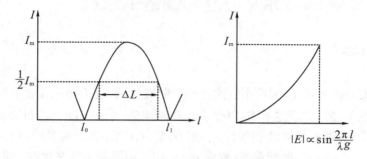

$$|E| \propto \sin\frac{2\pi l}{\lambda g}$$

图 6-2-2 晶体检波器特性的测定

如果需要知道检波律 n, 可以由实验测量在两个相邻波节之间的驻波曲线 $I(l)$, 再利用下列关系式定出 n,

$$n = \frac{-0.301\,0}{\lg \cos \dfrac{\pi \Delta l}{\lambda_{\mathrm{g}}}} \tag{6-2-5}$$

其中 Δl 为驻波曲线上 $I = I_{\mathrm{m}}/2$ 两点的距离, I_{m} 为波腹的检波电流.

【**实验装置**】

根据测量波导管工作状态的需要, 实验装置如图 6-2-3 所示.

速调管电源"工作种类"置于"连续", 谐振腔电压调到 300 V 左右, 反射极电压调至最佳振荡模峰制值对应的电压 V_{R}, 通电前预热 3 min.

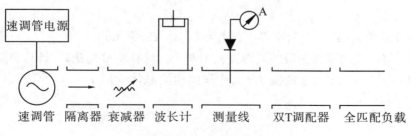

图 6-2-3 实验线路

速调管一般采用 K-27 型反射式速调管, 工作频率为 8 600~9 600 MHz. 整个微波测量线路由 3 cm 波段波导元件组成, 其主要元件为隔离器(GLX-2 型)、波长计和驻波测量线(DH364A00 型).

图 6-2-3 实验线路中,可以通过调节双 T 调配器来改变驻波测量线的终端情况,观测波导管的 3 种工作状态,也可以在驻波测量线终端接上可变电抗器(短路活塞)来观测驻波状态,或接上匹配负载来观测匹配状态.

【实验内容】

(1) 练习调节匹配,测量小驻波比和中驻波比. 把反射极电压调到最佳振荡模峰值对应的 V_R 值,并固定下来,以便在工作频率为 f_0 的情况下进行观测波导管工作状态的实验. 调整好驻波测量线. 利用双 T 调配器,改变测量线终端的状态,练习调节匹配,调到最佳匹配状态(要求 $\rho<1.10$). 用测量小驻波比的方法,测量这时的驻波比. 利用双 T 调配器,改变测量线终端的状态,调到混波状态(要求 $\rho=2\sim3$)后,测量中驻波比.

(2) 观察驻波图形. 在驻波测量线终端接上金属板,此时微波在波导中处于驻波状态. 观察驻波图形,并用平均值法测定波节的位置,要求测 3 个相邻波节(两个 $\lambda_g/2$ 之差 $\leqslant 0.01$ mm),确定波导波长. 利用波长计测量微波频率 f.

(3) (选做)测量两个相邻波节之间的驻波曲线 I-l.

【数据处理】

(1) 利用驻波比 ρ 和反射系数 Γ_0 的关系式 $|\Gamma_0|=(\rho-1)/(\rho+1)$ 分别计算测出的最小驻波比和中驻波比所对应的 $|\Gamma_0|$.

(2) 在小驻波状态下,用波长计测量自由空间波长 λ,并由公式

$$\lambda_g=\lambda\bigg/\sqrt{1-\left(\frac{\lambda}{\lambda_c}\right)^2}$$

计算波导波长 λ_g,式中 λ_c 为临界波长 $\lambda_c=2a(a=22.86$ mm$)$.

(3) 将驻波测量线测得的波导波长 λ_g' 与上式计算所得 λ_g 比较,计算误差.

(4) (选做)画出驻波曲线 I-l,并作出检波晶体管的 I-$|E|$ 曲线,求出检波律 n.

【思考题】

(1) 怎样才能使波导处于匹配状态?

（2）怎样准确、简便地测定检波晶体管的检波律?

（3）怎样用测量线测量自由空间波长 λ，并求光速 c、相速度 v_g?

实验 6 - 3　微波的干涉与衍射

微波有"似光性"，用可见光、X 光观察到的反射、干涉和衍射现象都可以用微波再现出来. 由于微波是波长为 0.01 m 量级的电磁波，用微波做波动实验会显得形象、直观，更容易理解，通过观测微波的反射、干涉、衍射等现象，能加深理解微波和光都是电磁波，都具有波动这一共同性.

【实验目的】

（1）用微波做波源，进行迈克尔逊干涉、布拉格衍射实验，以加深对微波的电磁波本性的认识.

（2）掌握微波的干涉、衍射实验的基本原理和实验方法.

【实验原理】

1. 微波的反射

微波遵从反射定律，如图 6 - 3 - 1 所示，一束微波从发射喇叭 A 发出，以入射角 i 射向金属板 MN，则在反射方向的位置上，置一接收喇叭 B，只有当 B 处在反射角 $\angle i' = \angle i$ 时，接收到的功率最大，即反射角等于入射角.

2. 微波的迈克尔逊干涉

用微波源做波源的迈克尔逊干涉与光学中的迈克尔逊干涉完全相似，其装置如图 6 - 3 - 2 所示，发射喇叭发出的微波，被 45° 放置的分光玻璃板 MN（也称半透射板）分成两束，一束由 MN 反射到固定反射板 A，另一束透过 MN 到达可移动反射板 B. 由于 A，B 为全反射金属板，两列波被反射再次回到半透射板. a 束透射，b 束反射，会聚于接收喇叭，于是接收喇叭收到两束同频率、振动方向一致的二束波. 如果这二束波的相位差为 π 的偶数倍，则干涉加强；相位差为 π 的奇数倍则干涉减弱.

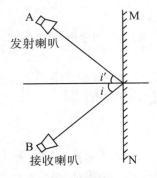

图 6-3-1 微波的反射

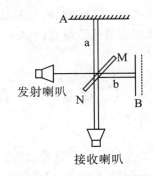

图 6-3-2 微波的迈克尔逊干涉仪

假设入射的微波波长为 λ, 经 A 和 B 反射后到达接收喇叭的波程差为 δ, 当

$$\delta = k\lambda, \quad k = 0, \pm 1, \pm 2, \pm 3, \cdots \qquad (6-3-1)$$

时, 接收喇叭后面的指示器有极大示数, 当

$$\delta = (2k+1)\lambda/2, \quad k = 0, \pm 1, \pm 2, \pm 3, \cdots \qquad (6-3-2)$$

时, 指示器显示极小示数.

当 A 不动, 将活动板 B 移动 L 距离, 则波程差就改变了 $2L$, 假设从某一级极大开始记数, 测出 n 个极大值, 则由 $2L = n\lambda$, 得到

$$\lambda = \frac{2L}{n} \qquad (6-3-3)$$

即可测出微波的波长.

3. 微波的布拉格衍射

X 光波与晶体的晶格常数属于同一数量级, 晶体点阵可以作为 X 射线衍射光栅, 而微波波长是 0.01 m 量级的电磁波, 显然实际晶体不能作为微波的三维衍射光栅. 本实验以立方点阵(点阵结点之间距离为 0.01 m 量级)的模拟晶体为研究对象, 用微波向模拟晶体入射, 观测不同晶面上点阵的反射波产生干涉应符合的条件, 即应满足布拉格(Bragg)在 1912 年导出的 X 射线衍射关系式——布拉格公式. 现对模拟立方晶体水平上的某一晶面加以分析. 如图 6-3-3 所示, 假设"原子"占据着点阵的结点, 两相邻"原子"之间的距离为

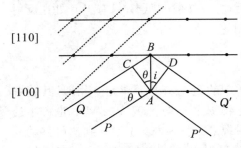

图 6-3-3 模拟晶体微波布拉格衍射

d(晶格常数). 晶体内特定取向的平面用密勒指数 (hkl) 标记, 图 6-3-3 中实线和

虚线分别表示[100]和[110]晶面与水平某一晶面的交线. 当一束微波以 0° 角掠射到[100]晶面,一部分微波将为表面层的"原子"所散射,其余部分的微波将为晶体内部各晶面上的"原子"所散射. 各层晶面上"原子"散射的本质是因"原子"在微波电磁场胁迫下做与微波同频率的受迫振荡,然后向周围发出电磁波. 由图 6-3-3 知入射波束 PA 和 QB 分别受到表层"原子"A 和第二层"原子"B 散射,散射束分别为 AP' 和 BQ',则 PAP' 和 QBQ' 的波程差 δ 为

$$\delta = CB + BD = 2d\sin\theta \qquad (6-3-4)$$

式中 $d = AB$ 为晶面间距,对立方晶体 $d = a$. 显然波程差为入射波波长 λ 的整数倍,即

$$2d\sin\theta = n\lambda \qquad (6-3-5)$$

时,两列波同相位,产生干涉极大值,式中 θ 表示掠射角(入射线与晶面夹角),称为布拉格角;n 为整数,称为衍射级次. 同样可以证明,凡是在此掠射角被[100]各晶面散射的微波均为干涉加强. 式(6-3-5)就是著名的布拉格公式. 布拉格公式不仅对于[100]晶面族成立,对于其他晶面族也成立,但晶面间距不同. 对于[110]晶面族 $d_{110} = a/\sqrt{2}$. 计算晶面间距的公式为

$$d = \frac{a}{\sqrt{h^2 + k^2 + l^2}} \qquad (6-3-6)$$

【实验装置】

本实验装置如图 6-3-4 所示. 微波分光计的结构,可分为 4 个部分. 一是发射部分,由固定臂 4 及其上端的发射喇叭 3 组成,称为发射天线,微波信号由 3 cm 固态源发出,经可变衰减器到发射喇叭 3;二是接收部分,由可绕中心轴转动的活动臂 7、接收喇叭 6 及其转动角度指示仪 15、晶体检波器 9 和指示器 10 组成;三是在两喇叭之间可绕中心轴自由转动的分度平台 11,平台一周分为 360 等份,其转动

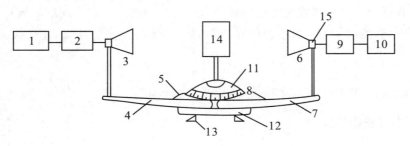

图 6-3-4　实验装置图

的角度可由固定臂指针 5 指示,平台上有定位销,定向坐标和固定被测部件 14 用的 4 个弹簧销钉;四是圆盘底座 12,底座上有做迈克尔逊干涉实验用的固定正交两个反射板(图中未画出)的定位螺纹孔和水平调节螺钉 13.

固态信号源发出的信号具有单一的波长($\lambda = 32.02$ mm),相当于光学实验中要求的单色光束.当选择"连续"时,指示器是微安表;当选择"方波"时,指示器为测量放大器.两个喇叭天线的增益大约为 20 dB,波瓣的理论半功率点宽度大约为:H 面是 20°,E 面是 16°.当发射喇叭口面宽边与水平面平行时,发射信号电矢量的偏振方向是垂直的.

实验前首先旋转分度平台(平台上不放被测部件 14),使 0°刻线与固定臂上指针对正,再转动活动臂上的指针 8 与分度平台 180°刻线对正,然后将安装在底座上的塑料头螺钉拧紧,销紧活动臂使之不自由摆动,读出指示器示数;然后,松开螺钉,移动活动臂向左右同样角度(如 20°)时,观察指示器读数左右移动时,偏转是否相同,如果不同,略微旋转接收喇叭,反复调节直至左右指示器偏转相等为止.

做迈克尔逊干涉实验时,14 为分光玻璃板,按图 6 - 3 - 4 安装,并安装 2 个正交反射板;做布拉格衍射实验时 14 为模拟立方晶体.

【实验内容】

1. 反射实验

在入射角分别等于 30°,35°,40°,45°,50°,55°,60°,65°时测出相应的反射角的大小,并在反射板的另一侧对称地进行测量,然后求其相应的反射角平均值,数据以列表形式给出.

2. 迈克尔逊干涉实验(干涉法测波长)

调整发射喇叭和接收喇叭彼此正交,且在同一高度上.将活动反射板从一端移动到另一端,测出第一个极小值位置 x_0 和最后一个极小值位置 x_n,用公式

$$\lambda = \frac{x_n - x_0}{n}$$

计算微波波长.重复 3 次取平均值,求出平均波长 $\bar{\lambda}$.

3. 布拉格衍射实验

测量[100]和[110]晶面衍射强度随入射角 θ 的变化,分别计算出晶面间距,并与模拟晶体的实际尺寸做比较,求出相对误差.转动模拟晶体,测量 I-θ 曲线,模

拟晶体每改变 2°测一读数. 数据以列表及画出 I-θ 关系曲线形式给出(为了避免两喇叭之间波的直接入射,入射角取值范围最好选在 10°到 70°之间).

【数据处理】

(1) 计算微波波长,并取平均值 $\bar{\lambda}$.

(2) 测出 I-θ 关系曲线,并画图.

(3) 已知晶格常数 d 和 $\bar{\lambda}$,用公式 $2d\sin\theta = n\lambda$,计算 $n = 1, 2$ 时的衍射角,与 I-θ 曲线中的衍射角比较,计算误差.

【思考题】

(1) 实验中用布拉格公式怎样计算晶格常数?

(2) 已经知道晶格常数和微波波长,怎样计算布拉格衍射角?

实验 6-4　微波铁氧体材料的介电常数与介电损耗角正切的测量

微波技术中广泛使用各种介质材料,其中包括电介质和铁氧体材料. 对微波材料的介质的特性测量,有助于获得材料的结构信息、研究材料的微波特性和设计微波器件.

【实验目的】

(1) 学会使用示波器观测速调管的振荡模和反射式腔的谐振曲线,了解谐振腔的工作特性.

(2) 掌握反射式腔测量微波材料的介电常数 ε 和介电损耗角正切 $\tan\delta$ 的原理和方法.

【实验原理】

根据电磁场理论,电介质在交变电场的作用下,存在转向极化,且在极化时存

在弛豫,因此它的介电常数为复数

$$\tilde{\varepsilon} = \varepsilon_r \varepsilon_0 = \varepsilon_0 (\varepsilon' - j\varepsilon'') \tag{6-4-1}$$

式中 $\tilde{\varepsilon}$ 为复介电常数,ε_0 为真空介电常数,ε_r 为介质材料的复相对介电常数,ε'、ε'' 分别为复介电常数的实部和虚部.又由于存在着弛豫,电介质在交变电场的作用下产生的电位移滞后电场一个相位 δ 角,且有

$$\tan \delta = \varepsilon'' / \varepsilon' \tag{6-4-2}$$

因为电介质的能量损耗与 $\tan \delta$ 成正比,因此 $\tan \delta$ 也称为损耗因子或损耗角正切.

微波介质材料(包括电介质和微波铁氧体)的介电常数和介电损耗角正切,是研究材料的微波特性和设计微波器件必须知道的重要参数.因此准确测量这两个参数是十分重要的.

下面以铁氧体为例来说明测量的原理和方法.

微波铁氧体的介电常数 ε 和介电损耗角正切 $\tan \delta$ 可由下列关系式表示

$$\begin{cases} \tilde{\varepsilon} = \varepsilon' - j\varepsilon'' \\ \tan \delta = \varepsilon'' / \varepsilon' \end{cases} \tag{6-4-3}$$

其中,ε' 和 ε'' 分别表示 $\tilde{\varepsilon}$ 的实部和虚部.

常见的谐振腔有矩形和圆柱形两种,本实验采用反射式矩形谐振腔作为测量腔.反射式谐振腔是一端封闭的金属导体空腔,具有储能、选频等特性.谐振腔有载品质因数可由

$$Q_L = \frac{f_0}{|f_1 - f_2|} \tag{6-4-4}$$

测定,其中 f_0 为谐振腔谐振频率,f_1、f_2 分别为半功率点频率.

选择一个 TE_{10p} 型矩形谐振腔(一般 p 为奇数),它的谐振频率为 f_0,将一根铁氧体细长棒(横截面为圆形或正方形均可)放到谐振腔中微波电场最大、微波磁场为零的位置.如图 6-4-1 所示,铁氧体的长轴与 y 轴平行,中心位置在 $x = a/2$,$z = l/2$ 处,圆棒的横截面足够小,可以认为样品内微波电场最大,微波磁场近似为零.

假设:

(1)铁氧体棒的横向尺寸 d(圆的直径或正方形的边长)与棒长 h 相比小得多(一般 $d/h < 1/10$),y 方向对电场的影响可以忽略.

(2)铁氧体棒的体积 V_s 和谐振腔的体积 V_0 相比小得多,可以把铁氧体棒看成一个微扰,则根据微扰法,可以得到下列关系式

$$\begin{cases} \dfrac{f_s - f_0}{f_0} = -2(\varepsilon' - 1)\dfrac{V_s}{V_0} \\ \Delta \dfrac{1}{Q} = 4\varepsilon'' \dfrac{V_s}{V_0} \end{cases} \tag{6-4-5}$$

由此可求得

$$\begin{cases} \varepsilon' = \dfrac{f_s - f_0}{2 f_0 V_s / V_0} + 1 \\ \varepsilon'' = \Delta(1/Q_L)/(4 V_s / V_0) \end{cases} \qquad (6-4-6)$$

其中 f_0、f_s 分别为谐振腔放入样品前后的谐振频率；V_0、V_s 分别为谐振腔体积和样品体积；$\Delta(1/Q_L)$ 为样品放入前后谐振腔有载品质因数的倒数的变化，即

$$\Delta\left(\frac{1}{Q_L}\right) = \frac{1}{Q_{Ls}} - \frac{1}{Q_{L0}} \qquad (6-4-7)$$

Q_{L0}、Q_{Ls} 分别为样品放入前后的谐振腔有载品质因数. 其中，f_0 和 f_s 分别表示谐振腔未放样品前和放进样品后的谐振频率，$\Delta(1/Q)$ 表示谐振腔放进样品前后的 Q 值倒数的变化.

　　如果所用样品体积远小于谐振腔体积，则可认为除样品所在处的电磁场发生变化外，其余部分的电磁场保持不变，因此可用微扰法处理. 选择 TE_{10p}（p 为奇数）的谐振腔，将样品置于谐振腔内微波电场最强而磁场最弱处，即 $x=a/2, z=l/2$ 处，且样品棒的轴向与 y 轴平行，如图 6-4-1 所示.

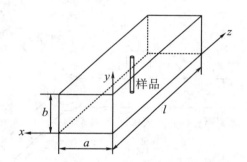

图 6-4-1　微扰法 TE_{10p}（p＝奇数）模式矩形腔示意图

　　采用反射式谐振腔作为测量腔，通过观测反射式腔在放进样品前后的谐振曲线，如图 6-4-2 所示，测定反射式腔在放样品前后的谐振频率和放样品前后谐振腔半功率点频率，其中放入样品前，测量谐振腔谐振频率 f_0 和半功率点频率 f_1 和 f_2，放入样品后，测量谐振腔谐振频率 f_s 和半功率点频率 f_1' 和 f_2'，则有

$$Q_{L0} = \frac{f_0}{f_2 - f_1}, \qquad Q_{Ls} = \frac{f_s}{f_2' - f_1'} \qquad (6-4-8)$$

再由式（6-4-6）可算出 ε'、ε''，从而 $\tan\delta = \varepsilon''/\varepsilon'$. 样品的体积 V_s 和腔体积 V_0 是容易测量的.

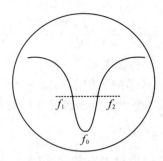

图 6-4-2　观测反射式谐振腔品质因数的有关频率示意图

【实验装置】

用反射式谐振腔测量介电常数和介电损耗角正切的线路如图 6-4-3 所示.

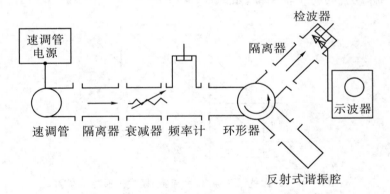

图 6-4-3　测量介电常数和介电损耗角正切的线路图

【实验内容和步骤】

一、实验方法

对速调管的反射极施加锯齿波调制,使用平方律检波的晶体管,在示波器上可以观测到反射式腔的谐振曲线如图 6-4-2 所示.借助于吸收式波长计的指示点(由于波长计吸收部分功率而造成"缺口"),可以在示波器上测定谐振频率 f_0 以及相应于半功率点的频率 f_1、f_2,即可由式(6-4-4)算出 Q_L.为了消除检波晶体管的非平方律带来的误差,在测量线路中放入一个精密衰减器(见图 6 - 4 - 4).首先将腔的谐振曲线调好,使它的幅度相当于示波器平板高度的一半,改变谐振曲线的垂直位置,如图 6 - 4 - 2,使它的顶点对准示波器屏板上某条合适的刻度线(作为标志线).其次将精密衰减器的衰减量减少到 3 dB,利用波长计的"指示点",测出在这条标志刻度线处谐振曲线的宽度,这就是半功率频宽(为什么?).这种方法可以不受波形的基底位置和峰位置的影响,也不管晶体检波管的检波特性是否满足平方律.

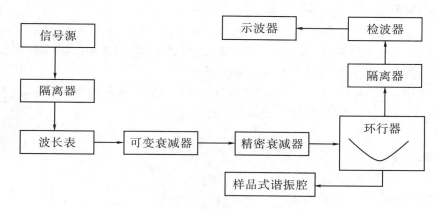

图 6 - 4 - 4　介质 ε 及 $\tan\delta$ 测试系统方框图

二、实验步骤

1. 用示波器观察速调管振荡模

开启微波信号源和低频信号发生器,调节速调管输出频率,使反射式谐振腔处于失谐状态,同时调节晶体检波器处于匹配状态,观察速调管振荡模曲线,并描下草图.

2. 观察空谐振腔的谐振曲线

在不插入铁氧体样品时,使谐振腔处于谐振状态(速调管的中心工作频率＝谐振腔的谐振频率),用示波器观测腔的谐振曲线,通过波长计测量腔的谐振频率 f_0 和半功率频率 f_1、f_2(利用平方律的检波晶体管,或者利用精密衰减器).

3. 测定介电常数的 ε',ε''

(1)放入样品前,测量谐振腔谐振频率 f_0 和半功率点频率 f_1 和 f_2.

(2) 放入样品后,测量谐振腔谐振频率 f_s 和半功率点频率 f_1' 和 f_2'(提示:调节速调管上的机械调谐旋钮,使谐振腔再次谐振).

(3) 测出样品体积 V_s 和谐振腔体积 V_0.

(4) 利用 $Q_L = \dfrac{f_0}{|f_2 - f_1|}$、$Q_L' = \dfrac{f_s}{f_1' - f_2'}$,算出 Q_L、Q_L',再利用式(6-4-6)算出 ε'、$\varepsilon''(\tan \delta = \varepsilon''/\varepsilon')$.

【数据处理】

(1) 计算放入样品前谐振腔的品质因数 Q_L 和放入样品后谐振腔的品质因数 Q_L'.

(2) 测量并记录样品体积 V_s 和谐振腔体积 V_0.

(3) 由公式(6-4-6)计算出铁氧体材料介电常数实部 ε' 和虚部 ε''.

(4) 计算材料的介电损耗角正切 $\tan \delta = \varepsilon''/\varepsilon'$.

【思考题】

(1) 说明用反射式腔测量 $\varepsilon = \varepsilon' - j\varepsilon''$ 的基本原理.

(2) 测量 $\varepsilon = \varepsilon' - j\varepsilon''$ 时要保证哪些实验条件? 说明实验步骤.

(3) 为保证测量 ε'、ε'' 有足够的精确度,要考虑哪些因素?

(4) 如何改变微波信号频率使反射式谐振腔发生谐振?

实验 6-5　微波衰减量测量

当前微波铁氧体被广泛应用到各个领域,其中包括微波器件和吸波材料. 对微波材料和微波器件的特性测量,有助于研究材料的微波特性和设计微波器件.

【实验目的】

(1) 熟悉与掌握微波衰减量测量的基本方法.

(2) 熟悉驻波、衰减、波长(频率)和功率的测量.

(3) 掌握用平方律检波法和高频替代法测得铁氧体隔离器、环行器的传输比和隔离比.

【实验原理】

衰减量测量就是微波能量的测量. 衰减量的基本定义为:在一个对信号源方向和负载方向都匹配(即无反射)的传输线中,插入待测器件前负载上所吸收的能量 P_0 与插入待测器件后负载上所吸收的能量 P_1 之比,即

$$A = 10\lg\frac{P_0}{P_1}\ (\text{dB}) \tag{6-5-1}$$

测量微波衰减量的方法很多,这里介绍目前常用的两种.

一、测量方法

1. 直接法

也称平方律检波法,它是根据衰减量的定义直接进行的. 假定微波线路中各个部分都调到匹配状态,首先不接入待测器件,而将方框图 6-5-1 中的 $1-1'$ 于 $2-2'$ 端直接相连,测量放大器的读数 P_0,然后将待测器件接入系统中,输出指示有一变化,读下此时测量放大器的读数 P_1,代入式(6-5-1),即得所求的衰减量,它也是待测器件的插入损耗.

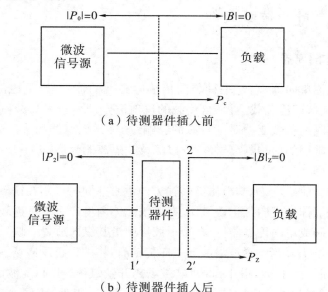

（a）待测器件插入前

（b）待测器件插入后

图 6-5-1　衰减量定义示意图

注意到这里实际上运用了晶体的平方律检波特性,这在小信号的情况下是正确的. 如果晶体工作特性偏离平方律,测量放大器的电表指示就不与功率相对应,用这种方法测量就会引入误差. 精确测量可用微瓦功率计.

2. 高频替代法

在测试系统中接入一个标准可变衰减器,利用其衰减量的变化来替代被测器件的衰减量,具体方法如下:

首先接入待测器件,将 $1-1'$ 和 $2-2'$ 端直接相接,标准的可变衰减器置于某一位置. 设此时的衰减量为 A_1(注意 A_1 须大于或等于待测器件的衰减量),这时测量放大器上有一读数 P_0;然后接入待测器件,则由于器件本身的衰减,输出指示变小,设为 P_0';逐渐减小可变衰减器的衰减量,使放大器指示最大,直至 P_0 为止,计下此时标准衰减器的衰减量 A_2. 假定待测衰减量为 A,由于两次测量时输出指示都相等,可知前后两次系统的总衰减量必然相等,即

$$A_1 = A + A_2 \tag{6-5-2}$$

由此求得待测器件衰减量为

$$A = A_1 - A_2 = \Delta A \tag{6-5-3}$$

ΔA 表示插入待测器件前后标准衰减量的变化. 这种方法简单、准确,它与晶体检波器和测量放大器的特性无关,它的精度主要取决于标准衰减器的标准精度.

二、隔离器和环形器的特性

1. 铁氧体隔离器

隔离器又称单向器,它是一种单向传输电磁波的器件,当电磁波沿正向传输时,可将功率全部馈给负载,对来自负载的反射波则产生较大衰减,这种单向传输特性可以用于隔离负载变动对信号源的影响. 场移式隔离器和法拉第旋转隔离器是微波系统中常用的两种隔离器件. 现以场移式隔离器为例,进一步讲述铁氧体隔离器的工作原理.

当将外加直流磁场 H_0 与电磁波传输方向垂直并同时作用在铁氧体中时,称这种被磁化的铁氧体为横向磁化铁氧体. 在该铁氧体内将产生不可逆场移效应,利用这一特性可以制成单向传输器件. 在矩形波导中沿其纵向放置一块铁氧体片,并外加横向直流磁场 H_0. 当电磁波沿波导正向传输时,将产生正反向场强的场移现象. 当波正面传输时,由于 u_r^+ 很小,将使电磁场离开铁氧体,使 TE_{10} 波的场强最大值位置向右略有偏移;而对反向传输的电磁波,由于 u_r^- 很大,将使电磁场能量集中于铁氧体附近,使 TE_{10} 波的场强分布向左产生偏移. 这种由横向磁化铁氧体引起

的场强分布偏移现象称场移效应. 利用这种效应做成的单向器, 称为场移式隔离器. 铁氧体隔离器, 利用铁氧体的旋磁性支撑, 为一种不可逆的微波衰减器, 它对正方向通过的电磁波能量几乎不衰减, 即插入损耗很小, 而在反方向上却衰减很大, 电磁波几乎不能通过, 也就是说它只能使电磁波在一个方向上传播, 因而又称为单向器. 它在微波测量中应用很广泛. 在微波振荡源后加上隔离器, 它对输出功率影响很小, 但对负载反射回来的能量衰减很大, 这就避免了负载反射对信号源的牵引, 使信号源工作稳定, 这样就在源和负载间起了隔离作用. 除此以外, 它由于能衰减反射波, 在要求不很高时, 可以作为匹配器, 在精密测量中也有很重要的作用.

隔离器的结构如图 6-5-2 所示.

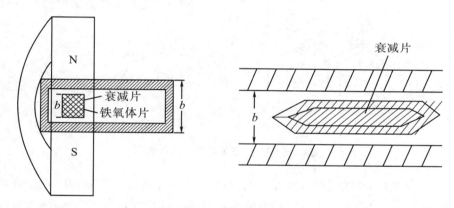

图 6-5-2 隔离器的结构

在一段矩形波导中放入铁氧体片, 波导外面有一 U 形永久磁铁, 供给铁氧体以恒定的磁场. 隔离器的主要技术指标有:

(1) 正向损耗. 定义为

$$\alpha_+ = 10\lg \frac{P_0}{P_+} \text{ (dB)} \qquad (6-5-4)$$

其中 P_0 为隔离器输入端的输入功率, P_+ 为正向通过隔离器的输出功率. 实用中要求 α_+ 越小越好, 一般要求 $\alpha_+ \leqslant 0.5$ dB.

(2) 反向损耗(亦称隔离度). 定义为

$$\alpha_- = 10\lg \frac{P_0}{P_-} \text{ (dB)} \qquad (6-5-5)$$

其中 P_1 为反向通过隔离器后的输出功率. 实用中要求 α_- 越大越好, 一般要求 20 dB 以上, 好的可达到 50 dB 以上.

(3) 输入驻波比. 亦即要求隔离器输入端的反射要小, 一般要求驻波系数小于 1.1 以下.

（4）频带宽度. 为满足上述指标要求的频带宽度范围.

2. 铁氧体环形器

环形器是使微波能量按一定顺序传输的铁氧体器件,它的种类很多.图
6-5-3(a)所示为波导三端环形器,主要结构为波导 Y 接头,在接头的中心放一铁
氧体圆柱(或三角形铁氧体块),在外边有一 U 形永久磁铁,供给铁氧体以恒定的
磁场.铁氧体环形器的示意图如图 6-5-3(b)所示.

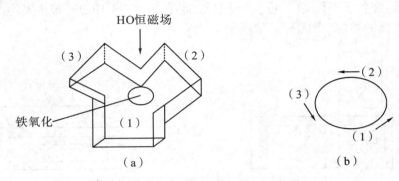

图 6-5-3   铁氧体环形器的示意图

当能量从(1)端输入时,(2)端有输出,(3)端没有输出,(1)端和(3)隔离;当从
(2)端输入时,(1)端无输出,(3)端有输出,(2)端与(1)隔离;当从(3)端输入时,(1)
端有输出,(2)端无输出,(3)端和(2)端相隔离.可见能量的传输方向为环形方向,
按照从(1)→(2)→(3)→(1)方向传输.

环形器的主要技术指标为:

（1）正向损耗(亦称传输比)α_+. 定义为(1)端输入功率 P_1 和(2)端输出功率
P_2 之比,即

$$\alpha_+ = 10\lg \frac{P_1}{P_2} \ (\text{dB}) \tag{6-5-6}$$

一般要求 α_+ 越小越好,一般要求 α_+ 在 0.3 至 0.5 dB 之间,最小可达到 0.1 dB.

（2）隔离损耗 α_-. 定义为输入端功率 P_1 与隔离输出端功率 P_2 之比,即

$$\alpha_- = 10\lg \frac{P_1}{P_2} \ (\text{dB}) \tag{6-5-7}$$

实用中要求 α_- 越大越好,一般要求 17～20 dB.

（3）输入驻波比. 为(2)端、(3)端均接入负载时,(1)端的输入驻波比,一般要
求驻波系数小于 1.1.

（4）频带宽度. 为满足上述指标要求的频带宽度范围.

【实验装置】

实验装置方框图如图 6-5-4 所示.

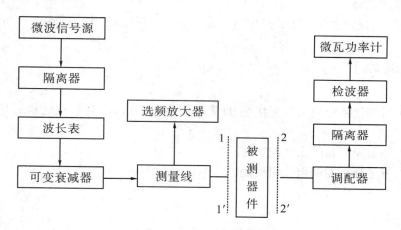

图 6-5-4　衰减器测量微波系统框图

【实验内容和步骤】

（1）按正确步骤调好微波信号源. 工作选择为方波调制, 通过反射极电压调节使速调管处于最佳振荡模状态(输出功率最大, 即选频放大器 1 的指示最大).

（2）调匹配. 将测量线探针放于波腹位置, 此时选频放大器 1 指示最大, 调节调配器使其变小;再将测量线探针移至波节处, 通过调节调配器使波节的指示最大;反复调节使波腹与波节的指示相近. 测出驻波比 $\rho = \sqrt{\dfrac{I_{\max}}{I_{\min}}}$, 若 $\rho < 1.1$, 则接近匹配状态.

（3）测量工作波长, 将测量线探针放于波腹位置, 缓慢调节波长计, 观察功率计的读数变化. 当读数突然减小, 记下此时波长计上的显示读数, 查表得到工作频率, 再换算成波长.

（4）不接待测器件, 记下微瓦功率计的读数 P_0.

（5）将隔离器正向接于测量线与单螺调配器之间, 此时微瓦功率计读数 P_+, 则有

$$A_+ = 10\lg \frac{P_0}{P_+} \qquad\qquad (6-5-8)$$

(6) 将隔离器反向接入,放大器读数 P_-,则有

$$A_- = 10\lg\frac{P_0}{P_-} \qquad\qquad (6-5-9)$$

(7) 环行器的特性测量. 仿照上述隔离器的测量方法,测出环行器的正向损耗和反向隔离损耗.

注:若选频放大器 1 和 2 改用微安表,则微波信号源工作应选在连续挡.

【数据处理】

(1) 将测量系统调至匹配状态,计算驻波比 ρ,要求 $\rho < 1.1$,在此状态下测量工作波长.

(2) 测量隔离器的正反向损耗.

(3) 测量环行器的正反向损耗.

【思考题】

(1) 为什么测试微波器件的衰减量之前,要求测试系统处于匹配状态?

(2) 用微瓦功率计测试器件的工作特性时,在什么情况下可降低误差? 为什么?

第 7 单元　X 光技术

引　言

　　X 射线是 1895 年德国科学家伦琴(W. C. Roentgen)研究阴极射线管时发现的,是人类揭开微观世界研究序幕的"三大发现"之一. 伦琴的这一划时代发现,使当时几乎处于沉寂的物理学科又重新活跃起来. 自 1901 年伦琴获得首届诺贝尔物理学奖,到 1927 年,劳厄(M. R. Laue)、布拉格父子(W. H. Bragg 和 W. L. Bragg)、贝克莱(C. G. Barkla)、曼·西格巴恩(M. Siegbahn)和康普顿(A. H. Compton)等 6 人由于在 X 射线方面的研究成果而获得了诺贝尔物理学奖,X 射线学作为物理学的一个分支,在物理学的发展史上占有光辉的一页. 目前 X 射线学已经渗透到物理学、化学、地理学、生物学、天文学、材料学以及工程科学许多学科中. 工业上用于非破坏性材料的检查,如 X 射线探伤;在基础科学和应用科学领域内,被广泛用于晶体结构分析,以及通过 X 射线光谱和 X 射线吸收进行化学分析和原子结构的研究;医学上用来帮助人们进行医学诊断和治疗,如 CT 检查. 有关的实验非常丰富,其内容十分广泛而深刻.

　　X 射线是一种波长很短的电磁辐射,具有很强的穿透本领,能透过许多对可见光不透明的物质,如纸、木料、人体等. 这种肉眼看不见的射线经过物质时会产生许多效应,如能使很多固体材料发出荧光,使照相底片感光以及使空气电离等. 波长越短的 X 射线能量越大,叫做硬 X 射线;波长长的 X 射线能量较低,称为软 X 射线. 当在真空中,高速运动的电子轰击金属靶时,靶就放出 X 射线,这就是 X 射线管的结构原理. X 射线发射谱分为两类:① 连续光谱,是由高速入射电子受靶原子电场连续减速而产生的;② 特征光谱,一种不连续的线状光谱,是原子中最靠内层的电子跃迁时发出来的. 连续光谱的性质和靶材料无关,而特征光谱和靶材料有关,不同的材料有不同的特征光谱,这就是为什么称之为"特征"的原因. X 射线是电磁波,能产生干涉、衍射等现象.

　　X射线和可见光一样,具有明显的波粒二象性,都会产生干涉、衍射、吸收和光电效应等现象,两者的差别主要是波长值不同. X射线波长比可见光波长小得多,其范围一般定为 $10^{-3} \sim 10$ nm,同步辐射的 X射线波长定为 $5 \times 10^{-4} \sim 2.5 \times 10$ nm,常用于衍射技术的 X射线波长是 $0.05 \sim 0.25$ nm. 1973 年测得最准的 Cu K_α 辐射 $\lambda_{K\alpha} = 0.154\,059\,81$ nm. 在 X射线诸多性质中,衍射这一性质用途最广,这是由于各种固体材料中的原子或原子团之间的距离跟 X射线的波长值相当的缘故.

　　X光技术包括 X射线形貌技术、X射线光谱技术、X射线衍射技术. 其中,X射线衍射技术是目前应用最广泛的一项技术. 它是利用 X射线在晶体、非晶体中衍射与散射效应,进行物相的定性和定量分析、结构类型和不完整性分析的技术. X衍射技术中常用的实验仪器称为 X射线衍射仪. 在这一单元中,我们将学习使用 X射线衍射仪采集衍射数据,同时掌握 X射线衍射仪的基本构造、工作原理和实验数据的采集方法,并学会利用衍射数据进行指数标定、定性和定量物相分析.

实验 7-1　德拜-谢乐粉末法

　　粉末法是用单色 X射线入射多晶体(或粉末)试样而产生衍射的一种方法,是德拜(P. Debye)、谢乐(Scherrer)与荷尔(A. W. Hull)分别于 1916 年和 1917 年独立设想的,目前已有了很大发展,应用范围非常广泛. 它可用来鉴别物质,测定物相及其分量(定性及定量分析),测定精确的点阵常数、晶胞大小、晶粒大小及晶体的残余应力等. 因此,粉末法已成为材料科学研究中常用的实验手段.

　　根据照相机构造原理的不同,粉末法一般分为德拜-谢乐法(德拜法)、聚焦法和针孔法等几种. 其中德拜法应用较广,本实验即采用此种方法.

　　X射线衍射仪从 20 世纪 50 年代开始使用,到现在已发展成由计算机控制,进行衍射测量并进行数据处理的完善的系统. 其中结构较为简单的粉末衍射仪在大部分 X射线实验室已取代了粉末照相机的地位. 本实验中将作简单的介绍,有条件的实验室可使用粉末衍射仪进行本实验.

【实验目的】

　　(1) 学习 X射线衍射仪和德拜相机的使用.

　　(2) 用德拜法测定一立方晶系样品的晶格常数.

【实验仪器】

本实验主要仪器是 X 射线衍射仪和德拜照相机. X 射线衍射仪主要包括 X 射线管、高压发生器、电器控制等 3 部分.

【实验原理】

1. 粉末样品的 X 射线衍射

粉末法所用样品,不管原来是否为多晶,通常都制成粉末. 粉末的粒度以通过 $250\sim350$ 目的筛子为度,以使小晶粒在样品中完全随机排列,有各种可能的晶面取向. 单色 X 射线与样品相遇时,总有一些面间距为 d_{hkl} 的晶面族满足布拉格定律的要求产生衍射. 由于这些晶面与入射线和衍射线皆成 θ 角,故其衍射如图 $7-1-1$ 所示,是以入射线方向为轴、圆锥角为 4θ 的圆锥面. 而面间距为 d_{hkl} 的其他晶面族只要符合布拉格定律的要求,均可产生类似的圆锥形的衍射线组. 图 $7-1-1(c)$ 中左边的两组圆锥形衍射线对应于入射线与晶面之间的夹角 θ 大于 $45°$ 的情况,右边的圆锥对应于 θ 小于 $45°$ 的情况.

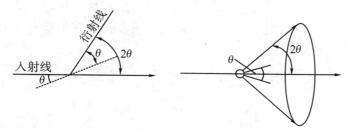

（a）单个晶粒中某一晶面的衍射　　（b）多晶体中不同晶面的衍射

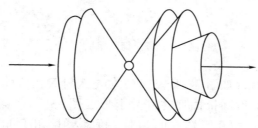

（c）多晶体中的衍射

图 7 - 1 - 1　粉末法衍射圆锥的形成

2. 德拜法

德拜相机的示意图见图 7-1-2,它由带盖圆筒相盒、样品夹、夹片机构、入射光阑(又称为准直器)、出射光阑(又称为吸收锥)、荧光屏等部分组成.

样品夹与圆筒相盒中心轴相连,可以手动或电动旋转,配合调节圆筒侧面的调节细杆能使样品与圆筒相盒同轴,夹片机构的作用是使底片紧贴于相盒内壁.入射光阑的作用是限制入射 X 射线束的发散度,光阑的孔径规格可根据需要选择,通常使入射束的宽度大于样品柱的直径;出射光阑的作用是吸收直射 X 射线和透过样品的透射 X 射线,以减弱底片的背底.入射光阑和出射光阑的轴线应在同一直线上,且与相机圆筒相盒的轴线垂直相交.光阑还附有带放大镜的镜头罩,套上后供调节样品柱位置时观察用.在吸收锥后部的荧光屏(后面装有防护用的铅玻璃)供对光时观察用.

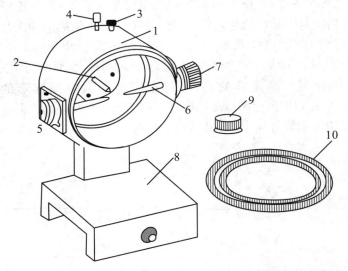

1—圆筒相盒　2—样品夹　3—底片卡　4—调节细杆　5—入射光阑　6—出射光阑(吸收锥)　7—荧光屏　8—底座　9—放大镜
10—相盒盖

图 7-1-2　德拜相机

当一圆筒状照相底片如图 7-1-3(a)那样与入射 X 射线处于正交位置时,图7-1-3(a)中的各组衍射圆锥面便在底片上形成图7-1-3(b)所示的一对对弧线,称为德拜衍射花样.由几何关系可得,对于围绕X射线出射口(透射区,$2\theta=0°$)

的底片上的某一对弧线,θ_i 与弧线间沿赤道线的距离 $2l_i$ 的关系为

$$4\theta_i = \frac{2l_i}{R} \quad \text{或} \quad \theta_i = \frac{l_i}{2R} \tag{7-1-1}$$

这些弧线是由低角度($\theta_i < 45°$)衍射产生的. 对于围绕入射口(背散射区,$2\theta = 180°$)的各弧线(这些弧线为高角度散射,$\theta_i > 45°$),则有

$$4\theta_i = 2\pi - \frac{2l_i}{R} \quad \text{或} \quad \theta_i = \frac{\pi}{2} - \frac{l_i}{2R} \tag{7-1-2}$$

德拜法通常用金属靶产生的 K 系标识谱滤去 K_β 线后作为入射 X 射线. 可根据 K_{α_1},K_{α_2} 这两条谱线产生的衍射来判断底片哪头是高角度衍射区. 在底片上,这两条标识谱线产生的衍射线条总是同时出现的,在低角度区,它们分不开,合成一条线,在高角度处它们才分开,2θ 角越大,分得越开,而且靠近 $2\theta = 180°$ 的那一条的颜色浅一半左右. 根据这一现象就可以判断一张粉末相哪一头是高角度区.

高低角的辅助判据是样品的影子. 入射光束被样品遮住,在低角度处产生较淡的样品影子,此处 $2\theta = 0°$.

如果粉末相上只有一个洞附近有衍射线条而且都是单线,另一洞附近没有衍射线或线条较宽而模糊,则明锐线条附近的洞是 X 射线出射的洞,此处 $2\theta = 0°$.

德拜相机的相盒直径 $2R$ 通常为 57.30 mm(或 114.6 mm),若 l 以 mm 为单位,θ 以度为单位,则有

$$\theta_i = \frac{l_i}{2R} \cdot \frac{360°}{\pi} = l_i$$

这就是说从德拜相上测得 l_i 的毫米数在数值上即为布拉格角的度数. 这样,在测出 l 后不用计算就可以粗略地确定 θ 值.

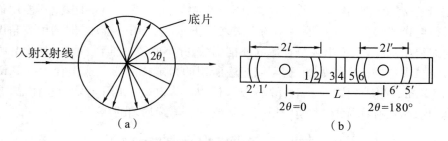

图 7-1-3　德拜相图的形成

对于精确测量,如本实验的晶格常数的测定,必须准确地定出 R,才能算出 θ. 使用不对称法安装底片时(本实验采用这一方法),在底片上打两个孔洞,分别安装入射光阑,从而得出如图 7-1-3 所示的不对称衍射花样. L 是可以准确测定的量,$L = \pi R$,它准确地对应于 180° 角,按比例关系,我们有

$$\frac{l_i}{L} = \frac{2\theta_i}{180°}$$

或

$$\theta_i = 90° \cdot \frac{l_i}{L} \tag{7-1-3}$$

在这里只需测出 l 与 L 就可以准确算出 θ 了.

将求得的 θ_i 值和所用的标识谱线波长 λ 直接代入布拉格公式,对 1 级衍射,可得

$$d_i = \frac{\lambda}{\sin\theta_i} \tag{7-1-4}$$

对于立方晶格系,由面间距 d_i 和它的面指数 $(h_i k_i l_i)$ 之间的关系,可得

$$\sin^2\theta_1 : \sin^2\theta_2 : \cdots = (h_1^2 + k_1^2 + l_1^2) : (h_2^2 + k_2^2 + l_2^2) : \cdots$$

考虑到 h_i, k_i, l_i 均为整数,因此我们只需把各衍射线条相应的 $\sin^2\theta_1, \sin^2\theta_2, \cdots,$ $\sin^2\theta_n$ 化成互质的整数比

$$\sin^2\theta_1 : \sin^2\theta_2 : \cdots : \sin^2\theta_n = H_1 : H_2 : \cdots : H_n \tag{7-1-5}$$

那么

$$h_i^2 + k_i^2 + l_i^2 = H_i \tag{7-1-6}$$

令 $h_i \geqslant k_i \geqslant l_i$,即可定出晶面指数 $(h_i k_i l_i)$. 又由于每一立方结构都具有一组 $\sin^2\theta_i / \sin^2\theta_1$ 的特征数列,例如体心立方为 $1, 2, 3, 4, 5, 6, 7, \cdots$,面心立方为 $1, 1.33,$ $2.67, 4.5, 5.33, \cdots$,因此根据计算的 $\sin^2\theta_i / \sin^2\theta_1$ 值并借助于表 7-1-1 就可以很容易地对德拜衍射花样进行指数标定(亦称为指数化)及确定样品的点阵类型.

求得了各对衍射谱线相对应的 h_i, k_i, l_i 值,代入布拉格公式,即可求出晶格常数 a. 由于高角区测量误差小,且实验误差主要来源于系统误差,因此不能用通过各对衍射谱线得出的 a 值取平均的方法来得出 a. 一般用外推法,即利用高角度衍射谱线得出的 a 值,定出一个合适的外推函数,并将曲线外推到 $\theta = 90°$ 时求出 a,或用最小二乘法进行数据处理. 德拜照相法所用的粉末样品要做成直径为 0.3 mm、长约 10 mm 的圆柱棒. 照相时样品不动,但也可以转动. 如用多晶细丝样品,常因为其内部晶粒有择优取向,使所得衍射线条不是连续均匀的.

表 7-1-1　立方结构的 hkl 和 $\sin^2\theta_i / \sin^2\theta_1$ 值

hkl	H	简单立方		体心立方		面心立方	
		hkl	$\dfrac{\sin^2\theta_i}{\sin^2\theta_1}$	hkl	$\dfrac{\sin^2\theta_i}{\sin^2\theta_1}$	hkl	$\dfrac{\sin^2\theta_i}{\sin^2\theta_1}$
100	1	100	1	—	—	—	—
110	2	110	2	110	1	—	—

hkl	H	简单立方		体心立方		面心立方	
		hkl	$\dfrac{\sin^2\theta_i}{\sin^2\theta_1}$	hkl	$\dfrac{\sin^2\theta_i}{\sin^2\theta_1}$	hkl	$\dfrac{\sin^2\theta_i}{\sin^2\theta_1}$
111	3	111	3	—	—	111	1
200	4	200	4	200	2	200	1.33
210	5	210	5	—	—	—	—
211	6	211	6	211	3	—	—
220	8	220	8	220	4	220	2.67
300	9	300	9	—	—	—	—
310	10	310	10	310	5	—	—
311	11	311	11	—	—	311	3.67
222	12	222	12	222	6	222	4
320	13	320	13	—	—	—	—
321	14	321	14	321	7	—	—
400	16	400	16	400	8	400	5.33
410	17	410	17	—	—	—	—
411	18	411	18	411	9	—	—
331	19	331	19	—	—	331	6.33
420	20	420	20	420	10	420	6.67
421	21	421	21	—	—	—	—
332	22	332	22	332	11	—	—
422	24	422	24	422	12	422	8
500	25	500	25	—	—	—	—
511	27	511	27	—	—	511.333	9
520	29	520	39	—	—	—	—
440	32	440	32	440	16	440	10.67

$H = h^2 + k^2 + l^2$.

—表示面族不衍射 X 射线.

对体心立方,当 $(h+k+l)$ 为奇数时,无衍射.

对面心立方,当 h,k,l 有奇有偶时,无衍射.

【实验步骤与要求】

1. 样品的制备和安装

将粉末样品用树胶均匀地粘在直径为 0.1 mm 的玻璃丝上,制成直径 0.3 mm、长约 10 mm 的坚实圆柱棒. 亦可直接用多晶细丝(直径应不大于 0.3 mm)作为样品.

用橡皮泥将样品棒固定在相盒中的样品夹头上,然后校直. 反复旋转试样,调整试样棒位置使之与相盒轴线重合,直至样品在旋转时无偏斜扭摆现象.

2. 光路调整

按照 X 射线机操作程序(通冷却水,开启低压预热,开启高压逐步升高管压、管流)使机器正常工作. 在调光路时,X 射线功率应尽量小.

将调好同轴的相机安装到相机座轨道上,并推至 X 射线管窗口闸门(注意:当不需要 X 射线时随时关上窗口闸门,以减少辐射,需要时再打开). 调整相机俯仰和机架的左右、高低,将出射光阑的荧光屏上的光点移到中心,使其最亮,并看到光点中部有样品的影子. 这时相机、样品和 X 射线束已准直.

取下相盒到暗室装底片. 在装片过程中注意不要碰歪样品. 将装好底片的相盒重新架到相机上并核查相机、样品、入射 X 射线束是否准直.

3. 曝光拍摄

根据所用 X 射线管的靶材、样品的性质和实验的具体要求,选定管压、管流(应小于管的额定功率),并确定相应的曝光时间,计时照相. 用 1 kW 的 Cu 靶 X 射线管,一般需要 1~2 小时.

曝光结束后以相反程序关闭 X 射线机,但冷却水必须延长 5 min 方可关闭.

4. 冲洗底片

5. 测量衍射线位置

将所得的德拜相底片放在比长仪上,并将底片上一对弧线自低角度向高角度(如何确定底片的哪一头是高角度区?)成对地编号. 对选定的参考点 O,定出每条衍射线(弧)在赤道线(各弧线中点的连线)上的位置 b_i、b_i'(低角区)和 b_j、b_j'(高角区). 对于高角区,K_{α_1} 和 K_{α_2} 的衍射线已分开,应分别测量并代入各自的波长 λ_{α_1}、λ_{α_2}

进行计算；对于 K_{α_1} 和 K_{α_2} 双线未分开的低角区，则应取波长的加权平均值 $\lambda_\alpha = \frac{1}{3}(2\lambda_{\alpha_1} + \lambda_{\alpha_2})$ 进行计算．

6. 数据处理

（1）德拜相机有效半径的准确值

由测得的衍射线位置，比长仪的出射孔与入射孔的中心分别为

$$\frac{1}{2m}\sum_{i=1}^{n}(b_i + b_i') \quad \text{和} \quad \frac{1}{2n}\sum_{j=m+1}^{m+n}(b_j + b_j')$$

m 和 n 分别为低角度区和高角度区衍射线的对数，因而

$$L = \frac{1}{2n}\sum_{j=m+1}^{m+n}(b_j + b_j') - \frac{1}{2m}\sum_{i=1}^{n}(b_i + b_i') \tag{7-1-7}$$

$$R = \frac{L}{\pi} \tag{7-1-8}$$

（2）计算出每对衍射线对应的布拉格角 θ_i，将衍射线条指标化，确定样品的点阵类型，算出晶格常数．

7. 误差与误差的修正

分析实验的系统误差，用直线外推法或最小二乘法求出 a 的准确值．

（1）德拜法的误差

为了获得高准确度的晶格常数，就要对所有可能引起误差的因素，包括全部的几何因素和物理因素都加以考虑并消除它们的影响．如果某些系统误差没有考虑，测量的准确度必会受到限制．若测得的晶格常数准确度不够，则尽管精确度很高，它的实际意义也是有限的．

德拜法的系统误差主要有下列 3 个来源：

① 底片的收缩和相机半径测不准．实验中我们已采用不对称装片法，并由式（7-1-7）得出 L，由式（7-1-3）计算 θ_i，能有效地消除这一误差．

② 试样轴偏离中心．试样轴偏心是指德拜相机的试样轴偏离圆筒暗盒的中心轴，它引起 θ 的系统误差．这一误差可用更换更精密的相机或进行更精确的数据处理来消除．可以推导出试样轴偏心产生的系统误差为

$$\Delta\theta = D\sin(2\theta) \tag{7-1-9}$$

式中 D 是由相机结构确定的与 θ 无关的常数．

③ 试样的吸收．X 射线射入试样后由于吸收其强度逐渐减弱．在吸收严重时，只有面向入射线的一层样品产生衍射，而其他部分没有衍射．这种情况有点与试样轴偏心类似，可以推导出试样吸收产生的系统误差为

$$\Delta\theta = \frac{K}{R}\left(\frac{1}{\sin\theta} + \frac{1}{\theta}\right)\sin(2\theta) = E\Theta\sin(2\theta) \qquad (7-1-10)$$

式中 K 是一个由吸收系统确定的与 θ 无关的常数.

综上所述,德拜法的误差主要是试样轴偏心和吸收引起的系统误差,把两者加在一起,有

$$\Delta\theta = (D+E\Theta)\sin(2\theta) \qquad (7-1-11)$$

对立方晶系而言,

$$\frac{\Delta a}{a} = -\frac{\Delta\theta}{\tan\theta} = -2(D+E\Theta)\cos^2\theta \qquad (7-1-12)$$

或

$$a = a_c - 2(D+E\Theta)a_c\cos^2\theta \qquad (7-1-13)$$

（2）图解外推法

若偏心误差远大于吸收误差（对一般相机,样品的吸收不严重时）,E 可忽略不计,则 a 是 $\cos^2\theta$ 的线性函数.把每对衍射线求得的 a 对 $\cos^2\theta$ 作图,并将所得直线外推到 $\cos^2 90°$ 即可获得 a 的准确值 a_c.

若吸收误差远大于偏心误差（吸收严重时或使用精密相机时）,a 为 $\Theta\cos^2\theta$ 的线性函数,用与上面类似的直线外推法即可得出 a_c.

如果偏心误差和吸收误差的重要性差不多,则可用 a 对 $\cos^2\theta$ 或 $\Theta\cos^2\theta$ 作曲线外推至 $\theta = 90°$ 求出 a_c. 两种方法所得结果相近.

图解外推法直观易做,但由人作图也引入了新的误差.在有条件的实验室,可用计算机对实验数据进行曲线拟合,求出最佳的外推曲线.

（3）最小二乘法

选取适当的系统误差修正公式,应用最小二乘法求最佳外推直线,可给出经过系统误差修正的结果.

考虑到高角度衍射数据较高的情况,可给高角度数据加权重或只选高角度区的数据进行计算.

对高角度区,在计算 $\sin^2\theta$ 及 δ 时,必须将非 K_{α_1} 的衍射线全部归一化至 K_{α_1} 衍射时的情况.转换关系由布拉格公式导出,为

$$(\sin^2\theta)_{\alpha_1} = (\sin^2\theta)_{\alpha_2}\left(\frac{\lambda_{\alpha_1}}{\lambda_{\alpha_2}}\right)^2 \qquad (7-1-14)$$

8. 粉末衍射法

实验也可以用粉末衍射仪进行.试样做成平板状.衍射峰的位置,即布拉格角 θ,可直接由衍射强度-衍射角曲线 $I(\theta)$ 的峰值位置确定.在精确测量中必须认真调整仪器以减小系统误差.在 $I(\theta)$ 曲线上确定峰位置前,先要对 $I(\theta)$ 曲线进行必要的

角度校正(考虑偏振因子、体积因子、洛伦兹因子等与角度 θ 有关的因子),然后用抛物线法或其他方法确定峰位,再将衍射峰指标化,用与德拜法相同的方法算出晶格常数 a.

考虑到试样平面对衍射仪测角台中心轴的偏离、试样的吸收、平板试样对聚焦条件的近似,以及 X 射线轴向发散度等因素,系统误差可归纳为

$$\Delta d / d = k\cos^2\theta$$

可用德拜法中的图解外推法或最小二乘法进行系统误差修正,求出晶格常数的准确值 a_c.

【思考题】

(1) X 射线在晶体上产生衍射的条件是什么?

(2) 立方晶系中晶面间距与晶格常数有何关系?

(3) 德拜法所用样品是多晶还是单晶? 所用 X 射线是单色光还是白光(连续谱)? 为什么?

(4) 如何由德拜相图计算出立方晶体的晶格常数?

(5) 对同一样品来说,X 射线波长 λ 变大或变小时衍射花样如何变化? 怎样才能在高角区得到较多的衍射线,以提高晶格常数 a 的测量精度?

(6) 在测量过程中,怎样才能测准各对衍射线的间距 $2l$? 若有差错,如何检查?

实验 7-2　劳厄照相法测定单晶取向

劳厄照相法是劳厄(M. R. Laue)和弗里德里希(W. Friedrich)、尼平(E. P. Knipping)于 1912 年发明的用来证明晶体的 X 射线衍射作用的一种实验方法. 它用连续谱 X 射线射入固定的单晶体,并由平板照相底片来记录衍射花样的全貌. 因劳厄法设备简单,又可说明 X 射线衍射和晶体中原子周期排列的内在关系,所以成为研究晶体的完整性、对称性及取向的重要实验方法. 利用劳厄斑点内部的精密结构,还可以研究晶体的亚结构. 利用同步辐射连续谱作光源,劳厄法有可能成为研究动态过程的重要方法.

【实验目的】

(1) 学习劳厄照相法的基本原理和方法.

(2) 用透射劳厄照相法进行单晶定向.

【实验仪器】

(1) 劳厄照相机,主要包括光栏、样品和平板照相匣.

(2) 光阑.常用针孔光阑,直径有 1 mm,0.5 mm,0.1 mm 等多种.光孔直径愈小,所得斑点愈小,衍射花样质量越高,但 X 射线总强度大大降低,因此必须增长曝光时间.实验中可根据具体要求选择.

(3) 样品架.样品架用来固定晶体样品,它是一个三角测角器,样品可以用石蜡、橡皮泥或弹性压片固定在 3 个相互垂直的转轴交点支架上.根据实验要求循 3 个方向旋转一定角度,使晶体处于一定取向.样品架可以在通用照相机座导轨上移动,以调节底片与样品之间的距离.

(4) 平板照相匣.通常有长方形和圆形两种.拍摄背射劳厄相的相匣中心多一个小圆孔,用以安装光阑.而透射法劳厄相匣,其中心处常贴有一片涂有荧光物质的一小圆铜片,以防透射 X 射线束在底片上产生很大的黑斑.在调节光路时,亦可作荧光屏用,使 X 射线透过样品后正好落在该荧光屏上.

【实验原理】

劳厄法单晶定向就是用劳厄照相法来确定单晶轴[100],[010],[001]与外坐标轴 x,y,z 的夹角 α,β,γ. 通常选入射线方向、水平方向、竖直方向分别为外坐标(在底片上标定)的 x,y,z 方向.对于有规则外形的单晶,可令某些晶棱平行于坐标轴,没有规则外形的单晶体刻上记号.

图 7-2-1 是劳厄照相法的实验装置图和所得的衍射花样.连续谱 X 射线经光阑后成为近似的平行光束射到样品上,用与入射光束垂直的 X 射线底片记录单晶体样品的衍射花样.平板装的照相底片垂直于投射线束来安放,底片安放在投射线束穿过样品后的区域的称为透射法,底片安放在投射线束未射到样品之前的光路上某一位置的称为背射法.背射劳厄法对样品的厚度及吸收都没有特殊的限制,故应用较广.本实验采用透射劳厄法.为便于调节位置与取向,通常将样品安装在

测角头上.测角头能使样品分别沿 3 个互相垂直的方向平移和分别绕 3 个互相垂直的轴转动.

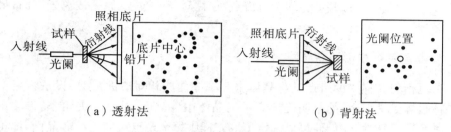

图 7-2-1　劳厄法实验装置与衍射花样

1. 劳厄相形成的原理

当连续谱 X 射线射到单晶体上时,如晶面间距为 d 的某个晶面与入射线成 θ 角,则在连续谱中总可以找到合适的波长使其满足布拉格方程 $2d\sin\theta=\lambda$. X 射线在此晶面上将发生反射(衍射),衍射线在底片上感光而得到一个斑点,此斑点就称为劳厄斑点.晶体的一个晶面族对应于一个劳厄斑点.劳厄衍射花样就是由很多这样的劳厄斑点所构成的.

当入射线与样品单晶体中某一晶带轴的夹角为 α 时,同一晶带中的各个晶面族所产生的衍射线束都位于一个以该晶带轴为轴、以 α 角为半顶角的圆锥面上,如图 7-2-2 所示.显然,底片平面与此圆锥面的交线为二次曲面,而圆面上的一条母线与入射线重合.

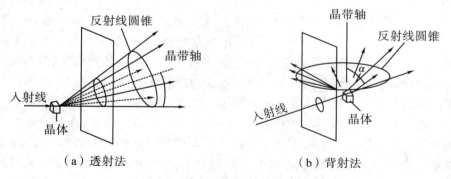

图 7-2-2　劳厄衍射花样的形成

对透射光而言,当 $\alpha<45°$ 时,其交线为一椭圆;$\alpha=45°$ 时,为抛物线;$45°<\alpha<90°$ 时,为双曲线;$\alpha=90°$ 时,则成一条直线.而在背射法中,$\alpha\leqslant45°$ 时圆锥面不可能与底片相交;$45°<\alpha<90°$ 时,与底片相交成一条双曲线;$\alpha=90°$ 时,也为一条直线.

由此可见,同一晶带内各晶面族产生的劳厄斑点,在透射法中可以连成一系列过入射线与底片交点的椭圆、抛物线、双曲线或直线;在背射法中可连成一系列双曲线或直线. 衍射花样中那些最亮的劳厄斑点,往往对应着粒子(原子或离子)分布最密的晶面族.

2. 极射赤面投影和乌氏网

劳厄衍射花样中的斑点是与晶体中某一晶面族相对应的. 如果设法将一个立方晶体投影到平面上,简单明确地表示出晶体中各晶面的取向、夹角、晶带关系以及对称情况等特性,我们便可以确定劳厄花样中每个斑点对应的一族晶面,即可标出各斑点所对应的晶面指数,这样就能对所研究的晶体的对称形态、晶向等作出结论.

对于一族晶面,它们在空间的取向由其法线表征. 要在一个平面上表示出各晶面族的方向,也就是要作这些晶面法线方向的投影. 在劳厄法中,通常采用极射赤面投影. 作极射赤面投影的方法是:

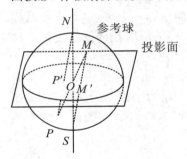

图 7-2-3　极射赤面投影作图法

(1) 以晶体的中心 O 为中心,任意半径作参考球,如图 7-2-3 所示,再由球心作晶面的法线,法线与球面的交点称为极点,如图中的 M, P. 此时晶面之间的夹角可以用极点所在的大圆上的圆心角或弧段来度量. 球面上诸极点相对应的位置可以用来表示晶体之间的相对取向,这就是球投影.

(2) 以球的赤道面为投影面,以球的南极 S 或北极 N 为观察点($SN\perp$赤道面),连接 S 与上半球面的极点(例如 M)及 N 与下半球面上的极点(例如 P),连接与赤道面的交点(例如图中的 $M'P'$)即为晶面的极射赤面投影. 全部极射赤面投影点分布在一个参考球与赤道面相交形成的基圆内. 遮阳镜体内各晶面间的相对取向就由基圆内各极射赤面投影点的相对位置来表征.

乌氏网是一种坐标网,如图 7-2-4 所示. 它可以这样得到:在刻有经纬度的球的赤道面上选取新的极点 $N'S'$,将垂直 $N'S'$ 的子午面作为新的赤道面,然后将球对新的赤道面作极射赤道投影. 乌氏网是由苏联物理学家乌尔夫(G. Wulff)首先发明并用来研究晶体的. 乌氏网上的纬线是自一边画向另一边的小圆弧,而经线(子午线)则是连接南北极的大圆弧,它们分别对应球面上的经线(大圆)与纬线(小圆)的极射赤面投影. 网的周围即为基圆. 结构分析工作中使用的乌氏网有直径 100 mm,200 mm 和 300 mm 等数种,间隔为 $2°$ 或 $1°$.

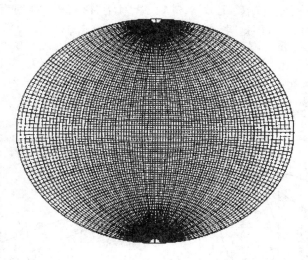

图 7 - 2 - 4　乌氏网

前面已指出,两个晶面的夹角可以在球面投影的大圆上测量. 在乌氏网上,经线为大圆的极射赤面投影. 因此只要设法将两个晶面的投影点搬到这样的同一条"线"上,就可以应用乌氏网量出它们的夹角. 具体方法如下:用透明纸画一个直径与所用乌氏网相等的基圆,并在上面标出晶面的极射赤面投影点. 将透明纸盖于乌氏网上,并使两圆圆心始终重合. 转动透明纸,使所测两点落在乌氏网的同一经线(包括基圆)上,这时这两点的纬度差即等于晶面夹角(应注意:不能将两个投影点转动到某一纬线上去测量).

3. 劳厄相的衍射几何及劳厄尺

在透射法中衍射斑点 B 和反射晶面的极射赤面投影点 B' 的几何关系见图 7 - 2 - 5. 很容易得出

$$OB = OC\tan(2\theta) = D\tan(2\theta) \tag{7-2-1}$$

$$CB' = SC\tan\left(45° - \frac{\theta}{2}\right) = R\tan\left(45° - \frac{\theta}{2}\right) \tag{7-2-2}$$

因此

$$CB' = R\tan\left(45° - \frac{1}{4}\arctan\frac{OB}{D}\right) \tag{7-2-3}$$

其中 R 为投影球(参考球)半径, D 是晶体到底片的距离,一般取 $30\sim50$ mm, OB 是劳厄斑点离底片中心(入射线与底片的交点)的距离. 对于固定的 R 和 D, OB 和 OB' 是一一对应的. 我们对所有可能的 OB 进行计算,求出相应的 CB' 值,将 OB, CB' 同时刻到一根尺上,这个尺就称为劳厄尺,如图 7 - 2 - 6 表示. 用它可直接从底

片上测量 OB 而在另一端确定 B' 点的位置. 对于背射法可得到与式(7-2-1)、(7-2-2)同样的关系,但这时

$$\frac{OB}{D}=\tan(180°-2\theta)$$

于是式(7-2-3)变为

$$CB'=R\tan\left[45°-\frac{1}{4}\arctan\left(-\frac{OB}{D}\right)\right] \qquad (7-2-4)$$

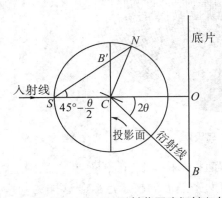

图 7-2-5　透射劳厄法衍射斑点的极射赤面投影

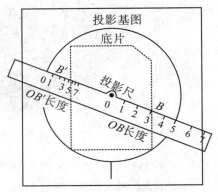

图 7-2-6　劳厄尺

4. 标准图谱

利用劳厄尺得到极射赤面投影后,还不能立即对投影点指标化,也就是不能确定晶轴[100],[010],[001]与外坐标 x,y,z 的夹角,必须使用一套备好的标准图谱.

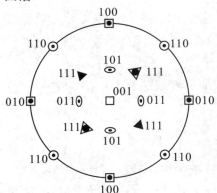

图 7-2-7　标准图立方晶系(001)

标准图谱是选取一些特定方向作为单晶体极射赤面投影图,如图 7-2-7 所示,在这些图上标记着最重要的晶面的投影. 选择做投影面的晶面通常是低指数的,这样能更好地反映出晶体的对称特征. 对于立方晶系,常用的有[001],[011],[111],[112]等标准图. 所用标准图谱的投影圆半径应与乌氏网的投影半径相同.

【实验步骤与要求】

一、拍摄劳厄相图

1. 样品晶体

样品尺寸只要大于入射 X 射线束和样品相交的截面即可,它可以是单晶或多晶中一个较大的晶粒.

在透射法中,衍射光束要透过样品,故样品厚度应适当.吸收系数小的轻元素,如铝等,样品厚度可以大些;系数大的较重的元素(如铜)样品,其厚度必须要小,但也不应太薄,否则衍射光过弱.在背射法中,样品厚度无任何限制.

将样品固定于样品架上,并调节样品与照相底片相对位置,记下测角器各个刻度,以便由衍射花样求晶体取向时作为参考基准.样品晶体与底片间的距离 D,可由机座导轨上的刻度读出,通常背散射法为 3 cm,透射法为 5 cm.

2. 光路调节

调节导轨上的水平、垂直、仰俯螺丝,使从窗口射出的 X 射线,经过光阑垂直入射到样品晶体上.调节中可由荧光屏来检查 X 射线是否正好落在样品上.对于透射法,须使 X 射线落在相匣中心的荧光屏上.调节光路时,X 射线管的管压和管流可适当降低一些,使 X 射线打在荧光屏上能看到显光点.

装片时须将底片的某一角(由样品方向看去的左上角)剪去,或在底片上标以其他符号,并于相匣前过中心处悬一金属细丝,以便曝光后在底片上留一铅垂直痕迹,供分析底片时参考.

注意在底片与单晶体上作必要的记号以供分析时判定外坐标方向.如单晶样品装在测角头上时,应记下调整好光路后测角头的各个刻度.

注意调整好光路,使入射 X 射线对准样品和底片中心并与底片垂直.X 射线光路可用荧光屏检查.

劳厄照相要求强的连续谱,通常用 W 靶.按照使用功率为 X 射线管额定功率的 $70\% \sim 80\%$ 来确定管压和管流.选择适当的曝光时间,一般为几十分钟到一小时.

3. 拍摄

将 X 射线管压和管流调到适当数值进行曝光拍摄.为了能在较短的时间内获

得清晰的衍射花样,X 射线应具有足够的强度. 提高管压可以增加衍射强度. 不过对于原子序数 Z 较低的靶材,当管压超过了相应的激发电压后,就有标识谱线产生. 如果样品中某一晶面族和该标识谱线恰好符合衍射条件,则与此晶面族对应的斑点强度就显得特别高,分析时应注意. 若电压太低,连续谱中短波移向长波,短波辐射谱线减少,相应的衍射斑点将消失. 例如,在透射法中,当电压太低时,不论曝光时间多长,靠近衍射花样中心区域的斑点均不会出现;电压愈低,则该区域愈大. 背射法的曝光时间要比透射法长好几倍,通常需 2~3 h.

二、测量与分析

1. 准备工作

取一张透明相图纸,在其上画一与乌氏网半径相同的基圆,过圆心作两条相互垂直的直线与基圆相交. 根据底片上事先所作的符号,将由入射线束反向看的那一面朝上,放置在描图纸的基圆下,使基片的中心斑、直线痕迹分别与基圆的圆心、基圆的一直径相重合. 描下基片上诸斑点,标以不同的号数.

如果在拍片前,晶体样品的外坐标为 Z 轴垂直于基片,并于入射 X 射线束反向,Y 轴是底片上留下的直线痕迹,方向向上,则它们在基圆上的极射赤面投影点是:X 轴为水平直径右端与基圆的交点,Y 轴为垂直直径上端与基圆的交点,Z 轴过基圆圆心.

2. 把衍射斑点转换为极射赤面投影点

在一般的晶体定向工作中不要求作出所有劳厄斑点的极射赤面投影,而只需选一个最清楚的晶带曲线和几个(通常取 5~10 个)突出的斑点(指两晶带曲线的交点或强度较大的斑点). 把选定的斑点连同外坐标和底片中心描到透明纸上,利用劳厄尺把劳厄斑点转换成极射赤面投影.

3. 极射赤面投影点指标化

常用下列两种方法:

(1)与计算值比较

将劳厄相图的极射赤面投影图放到乌氏网上,同心地转动乌氏网或投影图,分别使两个不同投影点落在乌氏网的同一条经线上,则它们代表的晶面之间的角距离就是沿该条经线量得的纬度差. 投影图中各投影点的相互间角距离可由此全部求得.

在立方晶系中,晶面族(或晶向)间夹角 φ 可以由下式求得

$$\cos \varphi=(h_1h_2+k_1k_2+l_1l_2)/[(h_1^2+k_1^2+l_1^2)(h_2^2+k_2^2+l_2^2)]^{\frac{1}{2}}\quad(7-2-5)$$

表 7-2-1 是按此计算给出的各晶面族间的夹角,表中 $\{h_1k_1l_1\}$ 表示 $(h_1k_1l_1)$ 的所有等效点阵平面,对其他晶系也可算得类似的表.

将所得的各投影点间的角距离与表 7-2-1 进行对比,考察 3 个以上投影点相互间角距离,并仔细查对它们之间的角距离和应具有的面指数,如互不矛盾,则可确定晶面指数.

表 7-2-1　立方晶系晶体面间的夹角

ξ	[100]	[110]	[111]	[210]	[211]	[310]
[100]	90°					
[110]	45° 90°	0° 60° 90°				
[111]	54.7°	35.3° 90°	0° 70.5° 109.6°			
[210]	26.6° 63.4° 90°	18.4° 50.8° 71.6°	39.2° 75.0°	0° 36.9° 53.1°		
[211]	35.3° 65.9°	30° 54.7° 73.2° 90°	19.5° 61.9° 90°	24.1° 43.1° 56.8°	0° 33.6° 48.2°	
[221]	48.2° 70.5°	19.5° 45° 76.4° 90°	15.8° 54.7° 78.9°	26.6° 41.8° 53.4° 63.4° 72.7° 90°	5° 27.3° 38.9° 63.6° 83.6° 90°	32.5° 42.5° 58.2° 65.1° 84°

(2) 对标准图

将投影图放到乌氏网上,同心地转动乌氏网或投影图,使所选晶带的投影点与乌氏网上某一经线重合(只能有一条重合),然后将该经线上各投影点沿各自纬线外推相同角度 φ 至基圆上,此时相当于将投影面转过 φ 角,从而使该晶带的晶带轴与投影面垂直. 外推时,其他投影点和外坐标的投影点也同时外推 φ 角. 如果某一投影点外推到基圆上后还需要继续移动时,应把基圆的上(下)半球的点移到中心对称的下(上)半球相同纬线的基圆上,再继续沿纬线同方向移动,使其沿纬线共计移动了 φ 角.

利用尝试法依次与[001],[011],[111],[112]等标准图比较. 比较时,同心地转动标准图或投影图,直至外推后的投影点在标准图上同时都找到对应点为止. 如与手头上有的标准图谱均不能对上,则应在底片上重新找一晶带再重复上述步骤,直至描在透明纸上的投影点全对上(与标准图上点的偏差应小于 2°). 将透明纸上的劳厄斑点指标化,并从标准图上找出[100],[010],[001] 3 点指数标在透明纸上.

4. 测定晶轴与外坐标轴间的夹角

利用乌氏网求出[100],[010],[001]与外坐标 x,y,z 的夹角 α,β,γ. 所得结果,要满足 $|1-(\cos^2\alpha+\cos^2\beta+\cos^2\gamma)|\leqslant0.01$ 的精度要求.

根据实验具体要求,同心地转动投影图或乌氏网,使某一待定晶轴分别与外坐标 X,Y,Z 轴的投影点落在乌氏网的一条经线上,读出两投影点间的纬度差,即为两轴间夹角. 由此结果,利用测角器,改变样品晶体的方向,实验者可以将单晶样品安置于任意选定的取向. 若令其某晶轴平行于入射 X 射线,此时所得劳厄衍射花样,便可反映此晶轴的对称性.

【思考题】

(1) 何谓极射赤面投影方法? 它与球面投影有什么关系?

(2) 劳厄衍射花样中的椭圆或双曲线是如何形成的? 为什么位于同一椭圆或双曲线上的斑点,其极射赤面投影点必定落在乌氏网上的同一条经线上?

(3) 劳厄法中[111]面的衍射和[222]面的衍射是否落在底片上同一点? 为什么?

(4) 测定晶体内某一晶带轴与外坐标夹角的实际意义是什么?

(5) 晶体点阵结构对称形态为什么会在劳厄衍射花样中反映出来?

实验7-3　X射线衍射法测定多晶材料的晶格常数

X射线物相定性分析的任务是利用X射线衍射方法,鉴别出待测试样是由哪些物相所组成,即确定试样是由哪些具有固定结构的化合物(其中包括单质元素、固溶体和化合物)形成的.

【实验目的】

(1) 学习了解X射线衍射仪的结构和工作原理.
(2) 学习和掌握用X射线衍射谱计算多晶体的晶格常数.

【实验仪器】

X射线衍射仪,主要由X射线发生器(X射线管)、测角仪、X射线探测器、计算机控制处理系统等组成,如图7-3-1所示.

图7-3-1　X射线衍射仪

1. X射线管

X射线管主要分密闭式和可拆卸式两种. 广泛使用的是密闭式,由阴极灯丝、阳极、聚焦罩等组成,功率大部分在 $1\sim2$ kW. 可拆卸式X射线管又称旋转阳极靶,其功率比密闭式大许多倍,一般为 $12\sim60$ kW. 常用的X射线靶材有 W,Ag,Mo,Ni,Co,Fe,Cr,Cu 等. X射线管线焦点为 1×10 mm^2,取出角为 $3°\sim6°$.

选择阳极靶的基本要求是:尽可能避免靶材产生的特征X射线激发样品的荧光辐射,以降低衍射花样的背底,使图样清晰.

测角仪是粉末法X射线衍射仪的核心部件,主要由索拉光阑、发散狭缝、接收狭缝、防散射狭缝、样品座及闪烁探测器等组成.

(1) 衍射仪一般利用线焦点作为X射线源 S. 如果采用焦斑尺寸为 1×10 mm^2 的常规X射线管,出射角 $6°$ 时,实际有效焦宽为 0.1 mm,成为 0.1×10 mm^2 的线状X射线源.

(2) 从 S 发射的X射线,其水平方向的发散角被第1个狭缝限制之后,照射试样,这个狭缝称为发散狭缝(DS). 生产厂供给 $\left(\frac{1}{6}\right)°$,$\left(\frac{1}{2}\right)°$,$1°$,$2°$,$4°$ 的发散狭缝和测角仪调整用的 0.05 mm 宽的狭缝.

(3) 从试样上衍射的X射线束,在 F 处聚焦,放在这个位置的第2个狭缝,称为接收狭缝(RS). 生产厂供给 0.15 mm,0.3 mm,0.6 mm 宽的接收狭缝.

(4) 第3个狭缝是防止空气散射等非试样散射X射线进入计数管,称为防散射狭缝(SS),SS 和 DS 配对. 生产厂供给与发散狭缝的发射角相同的防散射狭缝.

(5) S1,S2 称为索拉狭缝,是由一组等间距、相互平行的薄金属片组成的,它限制入射X射线和衍射线的垂直方向发散. 索拉狭缝装在叫做索拉狭缝盒的框架里. 这个框架兼作其他狭缝插座用,即用于插入 DS,RS 和 SS.

2. X射线探测记录装置

衍射仪中常用的探测器是闪烁计数器(SC),它是利用X射线能在某些固体物质(磷光体)中产生波长在可见光范围内的荧光,这种荧光再转换为能够测量的电流. 由于输出的电流和计数器吸收的X光子能量成正比,因此可以用来测量衍射线的强度.

闪烁计数管的发光体一般是用微量铊活化的碘化钠(NaI)单晶体. 这种晶体经X射线激发后发出蓝紫色的光. 将这种微弱的光用光电倍增管来放大. 发光体的蓝紫色光激发光电倍增管的光电面(光阴极)而发出光电子(一次电子). 光电倍增管电极由 10 个左右的联极构成. 由于一次电子在联极表面上激发二次电子,经联极放大后电子数目按几何级数剧增(约 106 倍),最后输出几个毫伏的脉冲.

3. 计算机控制、处理装置

Y-2000 衍射仪主要操作都由计算机控制自动完成,扫描操作完成后,衍射原始数据自动存入计算机硬盘中供数据分析处理. 数据分析处理包括平滑点的选择、背底扣除、自动寻峰、d 值计算、衍射峰强度计算等.

【实验原理】

1. 布拉格方程

波在晶体上的衍射遵从布拉格方程. 多晶体中各晶粒的取向虽然是混乱的,但它们的晶格结构都是一样的. 设此晶格的平面间距为 $d_1, d_2, d_3, \cdots$,在各晶粒中平面间距为 d_i 的晶面指数为 (hkl) 中,只有与原射线(波长为 λ)方向的夹角 θ_i 满足布拉格方程,即

$$2d_i \sin \theta_i = \lambda \qquad\qquad (7-3-1)$$

那些晶面会产生衍射. 不同指数的界面间距不同,所得衍射峰的位置也将不同.

2. X 射线物相分析法

根据晶体对 X 射线的衍射特征——衍射线的位置、强度及数量来鉴定结晶物质的物相的方法,就是 X 射线物相分析法.

每一种结晶物质都有各自独特的化学组成和晶体结构. 没有任何两种物质,它们的晶胞大小、质点种类及其在晶胞中的排列方式是完全一致的. 因此,当 X 射线被晶体衍射时,每一种结晶物质都有自己独特的衍射花样,它们的特征可以用各个衍射晶面间距 d 和衍射线的相对强度 I/I_0 来表征. 其中晶面间距 d 与晶胞的形状和大小有关,相对强度则与质点的种类及其在晶胞中的位置有关. 所以任何一种结晶物质的衍射数据 d 和 I/I_0 是其晶体结构的必然反映,因而可以根据它们来鉴别结晶物质的物相.

3. X 射线衍射仪的结构原理

X 射线衍射仪是一种大型精密的机械、电子仪器,它由 X 射线发生器系统、测角仪系统、X 射线衍射强度测量记录系统、衍射仪控制与衍射数据采集分析系统四大部分所组成.

X 射线发生器是衍射仪的 X 光源,它配有衍射分析专用的 X 光管,具有一套自动调节和自动稳定 X 光管工作高压、管电流的电路和各种保护电路等. 测角仪系

统是 X 射线衍射仪的核心,是衍射仪的最精密的机械部分,用来精确测量衍射角.它由计算机控制的两个互相独立的步进电机驱动样品台轴(θ 轴)与检测器转臂旋转轴(2θ 轴),依预定的程序进行扫描工作,另外还配有光学狭缝系统、驱动电源等电气部分,其光路布置如图 7-3-2 所示. X 射线衍射强度测量记录系统是由 X 射线检测器、脉冲幅度分析器、计数计及 X-Y 函数记录仪组成的. 衍射仪控制与衍射数据采集分析系统是通过一个配有"衍射仪操作系统"的计算机系统以在线方式来完成的.

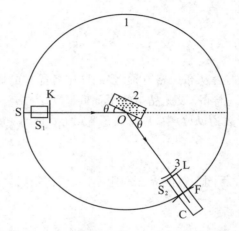

1—测角仪圆 2—样品 3—滤波片 S—光源 S_1,S_2—索拉狭缝
K—发散狭缝 L—防散射狭缝 F—接收狭缝 C—计数管

图 7-3-2 测角仪光路布置简图

衍射仪在进行正常工作之前,要进行一系列的调整工作,选好 X 光管,做好测角仪的校直和选好 X 射线强度记录系统的工作条件,这些确定好的仪器条件,在以后日常工作时一般不再改变. 在实际进行衍射测量时,一些具体的实验条件,需操作者根据样品的衍射能力和实验目的,临时选定. 通常实验所用的工作条件如下:

辐射:Cu K_α,(λ_{K_α} =0. 154 059 81 nm),30 kV,20 mA;

扫描方式:定速连续扫描;

扫描速度:2°~8°/min;

记录仪走纸速度:1~4 cm/min.

4. 注意事项

(1) 安全防护

X 射线(X 光)对人体是非常有害的,因此使用 X 光设备时必须十分注意安全,避免受到 X 射线的辐射,绝对不可受到 X 射线的直接照射.更换样品时必须注意

X 射线的出射窗口是否关闭,实验时防护罩必须四周关严.

此外,X 光机也是一种高压设备,因而要注意安全防护. 开机时不允许打开 X 光机的防护门,维修时必须切断电源并使高压电容放电.

（2）仪器保养

X 射线衍射仪是大型精密的机械、电子仪器,每一位操作者都应注意对它的爱护及保养. 首先必须保证冷却水的畅通,注意最大衍射角不可超过 160°,最低起始角不得小于 2°. 各个开关要轻开轻关,要严格按照操作规程进行,实验完毕要将样品台上的粉末处理干净,以防粉末掉入轴孔损坏轴及轴承等.

【实验步骤与要求】

1. 样品制备

X 射线衍射分析的样品主要有粉末样品、块状样品、薄膜样品、纤维样品等. 样品不同,分析目的的不同(定性分析或定量分析),则样品制备方法也不同.

（1）粉末样品

X 射线衍射分析的粉末试样必须满足这样两个条件:晶粒要细小,试样无择优取向(取向排列混乱). 所以,通常将试样研细后使用,可用玛瑙研钵研细. 定性分析时粒度应小于 44 μm(350 目),定量分析时应将试样研细至 10 μm 左右. 较方便地确定 10 μm 粒度的方法是,用拇指和中指捏住少量粉末并碾动,两手指间没有颗粒感觉的粒度大致为 10 μm.

常用的粉末样品架为玻璃试样架,在玻璃板上蚀刻出试样填充区为 20 × 18 mm^2. 玻璃样品架主要用于粉末试样较少时(约少于 500 mm^3)使用. 充填时,将试样粉末一点一点地放进试样填充区. 重复这种操作,使粉末试样在试样架里均匀分布并用玻璃板压平实. 要求试样面与玻璃表面齐平. 如果试样的量少到不能充分填满试样填充区,可在玻璃试样架凹槽里先滴一薄层用醋酸戊酯稀释的火棉胶溶液,然后将粉末试样撒在上面,待干燥后测试.

（2）块状样品

先将块状样品表面研磨抛光,大小不超过 20×18 mm^2,然后用橡皮泥将样品粘在铝样品支架上. 要求样品表面与铝样品支架表面平齐.

（3）微量样品

取微量样品放入玛瑙研钵中将其研细,然后将研细的样品放在单晶硅样品支架上,滴数滴无水乙醇使微量样品在单晶硅片上分散均匀,待乙醇完全挥发后即可测试.

（4）薄膜样品制备

将薄膜样品剪成合适大小,用胶带纸粘在玻璃样品支架上即可.

2. 样品测试

（1）开机前的准备和检查

将制备好的试样插入衍射仪样品台,盖上顶盖关闭防护罩.开启水龙头,使冷却水流通.X 光管窗口应关闭,管电流、管电压表指示应在最小位置.接通总电源.

（2）开机操作

开启衍射仪总电源,启动循环水泵.待数分钟后,打开计算机 X 射线衍射仪应用软件,设置管电压、管电流至需要值,设置合适的衍射条件及参数,开始样品测试.

（3）停机操作

测量完毕,关闭 X 射线衍射仪应用软件,取出试样. 15 min 后关闭循环水泵,关闭水源,关闭衍射仪总电源及线路总电源.

3. 测量与计算

（1）布拉格角的计算

利用样品的 X 衍射谱可以查出该样品发生衍射的布拉格角 θ_1,即衍射峰的位置.

（2）平面间距的计算

可用简化的布拉格方程 $\lambda = 2d'\sin\theta$ 计算平面间距,式中

$$d' = \frac{a}{\sqrt{(h')^2 + (k')^2 + (l')^2}}$$

波长是已知的,θ 角为发生衍射的布拉格角. 为方便起见以下将 d' 和 h'、k'、l' 的上标"'"全部省略. 但是必须记住它们的含义.

（3）指标化

我们已经知道了每一族晶面 (hkl),现在就来确定各晶面族的面指数——指标化.

布拉格方程可写成

$$\sin\theta = \frac{\lambda}{2a}\sqrt{h^2 + k^2 + l^2} \tag{7-3-2}$$

以 $\sin\theta$ 为纵坐标,λ/a 为横坐标作图,则对应于 $\sqrt{h^2+k^2+l^2}$ 的每一值可得一斜率为 $\sqrt{h^2+k^2+l^2}/2$ 的直线,如图 7-3-3 所示,直线端点的数字为各自相应的 $h^2+k^2+l^2$ 的值.

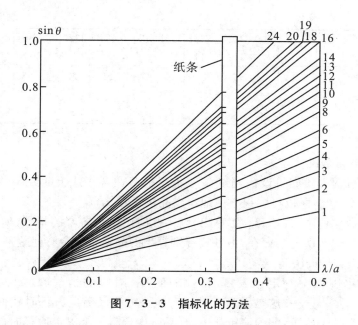

图 7-3-3　指标化的方法

由于在同一张谱上各衍射峰的 λ 和 a 都一样，即 λ/a 为一常量，所以如果我们已知晶格常数 a，就可以在横坐标为 λ/a 处作一垂线，此线与各对应直线的交点的纵坐标就是对应峰的 $\sin\theta$ 值. 现在的情况相反，是已经算出各环的 $\sin\theta$ 值，只需按上述相反的过程就可以定出各 $\sin\theta$ 对应的 $\sqrt{h^2+k^2+l^2}$ 和 λ/a 值. 方法如下：将计算所得的 $\sin\theta$ 值按与图 7-3-3 的纵坐标相同的尺度标示在纸条上，零点对齐沿横轴移动，并保持纸条与纵轴平行. 当纸条移至某一横坐标值（λ/a）时，如图 7-3-3 中的 $\lambda/a=0.33$ 处，若各 $\sin\theta$ 点都分别落在其中一条 $\sin\theta$-λ/a 直线上，则此时可得到各 $\sin\theta$ 所在直线的 $\sqrt{h^2+k^2+l^2}$ 值，如图 7-3-3 中的 3，4，8，11，12，…，并可由表 7-3-1 查出其相应的晶面指数 (hkl).

表 7-3-1　衍射峰与衍射面的指数

衍射面指数 （hkl）	100	110　111	200	210　211	220	221　310　311 300	222	320
$h^2+k^2+l^2$	1	2　3	4	5　6	8	9　10　11	12	13
面心立方		—				—	—	
体心立方		—		—		—	—	

衍射面指数 (hkl)	230	400 322 410	330 411	321 420	421	332 422 430 500	431 510	333 511
$h^2 + k^2 + l^2$	14	16 17	18	19 20	21	22 24 25	26	27
面心立方	—	—				—	—	—
体心立方	—	—	—	—				

有"—"者为出现衍射峰.

（4）晶格常数的决定

指标化过程中我们可读出当纸条上各点都落在各直线上时纸条所在位置的 λ/a 值. 由于 θ 已知, 所以可以很方便地定出晶格常数 a.

晶格常数也可由式（7 - 3 - 2）算出, 因为此时已定出各峰的指数 (h, k, l). 但由于系统误差及偶然误差的存在, 由各峰分别算出的晶格常数会有些差别.

（5）晶格类型的决定

在指标化过程中一定会发现有些晶面没有对应的衍射峰, 如铜的 [100], [110], [210], [211], ···. 这是因为在推导布拉格方程及劳厄方程时我们假设每一个阵点上只有一个原子, 即为简单晶胞. 当晶胞中含有一个以上原子时即为复式晶胞, 如面心立方每个晶胞含有 4 个原子, 体心立方每个晶胞含有两个原子. 晶体中周期性点阵的每一个阵点为以晶胞为单位的一组原子所占据. 晶体的衍射是各阵点散射波的相干叠加. 当阵点为复式晶胞占据时, 晶体衍射为各复式晶胞中所有原子的散射波的相干叠加. 这可能使某些衍射峰消失. 衍射峰消失的情况与晶体结构有关, 所以我们可以根据某些环不出现来判断晶体是面心立方还是体心立方. 计算表明, 晶格类型与消失峰的指数有以下关系: 对于面心立方晶体, 仅当衍射面指数 h, k, l 都是偶数或都是奇数时才有衍射环出现, 其他的情形衍射峰都消失; 体心立方晶体则只有衍射面指数之和 $h+k+l$ 为偶数时才有衍射峰出现. 参见表 7 - 3 - 1.

【思考题】

（1）X 射线衍射仪由哪几部分组成？各有什么作用？

（2）简述 X 射线衍射谱的形成机理.

（3）如何确定样品的布拉格角？

（4）晶格常数的计算过程中, 应注意什么问题？

（5）3 个狭缝光阑的作用是什么？

（6）衍射图指标化中, 最重要的是什么数据的准确性？如何进一步提高指标化的准确度？

第 8 单元　低温物理

引　言

　　低温物理学是物理学的分支之一,是一门主要研究物质在低温状况下的物理性质的科学,同时也涵盖低温条件下获得的生成物和相关低温测量技术.目前,低温物理学中的低温定义为-150 ℃(123 K)以下的温度.低温技术的发展源于19世纪英国物理学家法拉第的一次实验,在该次实验中,法拉第无意间液化了氯气,从而使他认为一切气体在低温高压的情况下都应该被液化.经过多年的努力,到了19世纪40年代,法拉第成功液化了除氧气、氮气、氢气、一氧化碳、二氧化碳和甲烷之外的已知气体,并获得了-110 ℃(163 K)的极低温度.随着低温设备的不断改进,逐级降温和定压气体膨胀技术的广泛应用,1908年荷兰莱顿大学的物理学家昂内斯成功液化了液氦,并获得新的低温纪录(-269 ℃,4 K).

　　在低温状态下,物质的物理性质将发生变化:空气会变成液体或固体;生物细胞或组织可以长期贮存而不死亡;导体出现零电阻现象——超导现象;导体内部没有磁力线通过——完全抗磁性现象;液体氦出现超流体现象——黏滞性几乎为零,同时还具有很好的导热性能等等.基于这些神奇的性能变化,低温物理技术在很多领域得到了广泛的应用:在航空航天领域可以利用低温技术来获得火箭燃料液氢、液氧,模拟宇宙空间的真空和低温环境等;利用低温技术可以较长时间保存人体或生物组织,为生物和生命科学领域的研究开辟新的途径;利用低温技术可以为高能物理以及超导物理的发展提供技术支持.

　　在这一单元中,我们将研究低温状态下物质物理性能的变化,并对普通制冷技术进行简单学习,使同学们对低温物理知识有一定的了解,并能很好地应用在实际工作中.

实验 8 – 1　变温霍尔效应

1879 年,霍尔在研究通有电流的导体在磁场中受力的情况时,发现在垂直于磁场和电流的方向上产生了电动势,这个电磁效应称为"霍尔效应". 在半导体材料中,霍尔效应比在金属中大几个数量级,从而引起人们对它的深入研究. 霍尔效应的研究在半导体理论的发展中起了重要的推动作用. 直到现在,霍尔效应的测量仍是研究半导体性质的重要实验方法.

利用霍尔效应,可以确定半导体的导电类型和载流子浓度;利用霍尔系数和电导率的联合测量,可以用来研究半导体的导电机制(本征导电和杂质导电)和散射机制(晶格散射和杂质散射),进一步确定半导体的迁移率、禁带宽度、杂质电离能等基本参数;测量霍尔系数随温度的变化,可以确定半导体的禁带宽度、杂质电离能及迁移率的温度特性;根据霍尔效应原理制成的霍尔器件,可用于磁场和功率测量,也可制成开关元件,在自动控制和信息处理等方面有着广泛的应用.

【实验目的】

(1) 了解半导体中霍尔效应的产生原理,霍尔系数表达式的推导及其副效应的产生和消除.

(2) 掌握霍尔系数和电导率的测量方法. 通过测量数据处理判别样品的导电类型,计算室温下所测半导体材料的霍尔系数、电导率、载流子浓度和霍尔迁移率.

(3) 掌握动态法测量霍尔系数(R_H)及电导率(σ)随温度的变化,了解霍尔系数和电导率、温度的关系.

(4) 了解霍尔器件的应用,理解半导体的导电机制.

【实验原理】

1. 半导体内的载流子

根据半导体导电理论,半导体内载流子的产生有两种不同的机制:本征激发和杂质电离.

(1) 本征激发

半导体材料内共价键上的电子有可能受热激发后跃迁到导带上成为可迁移的电子,在原共价键上却留下一个电子缺位——空穴,这个空穴很容易因为邻键上的电子跳过来填补而转移到邻键上. 因此,半导体内存在参与导电的两种载流子:电子和空穴. 这种不受外来杂质的影响由半导体本身靠热激发产生电子-空穴的过程,称为本征激发. 显然,导带上每产生一个电子,价带上必然留下一个空穴. 因此,由本征激发的电子浓度 n 和空穴浓度 p 应相等,并统称为本征浓度 n_i,由经典的玻尔兹曼统计可得.

(2) 杂质电离

在纯净的第Ⅳ族元素半导体材料中,掺入微量第Ⅲ或第Ⅴ族元素杂质,称为半导体掺杂. 掺杂后的半导体在室温下的导电性能主要由浅杂质决定.

如果在硅材料中掺入微量第Ⅲ族元素(如硼或铝等),这些第Ⅲ族原子在晶体中取代部分硅原子组成共价键时,从邻近硅原子价键上夺取一个电子成为负离子,而在邻近失去一个电子的硅原子价键上产生一个空穴. 这样满带中电子就激发到禁带中的杂质能级上,使硼原子电离成硼离子,而在满带中留下空穴参与导电,这种过程称为杂质电离. 产生一个空穴所需的能量称为杂质电离能. 这样的杂质叫作受主杂质,由受主杂质电离而提供空穴导电为主的半导体材料称为 p 型半导体. 当温度较高时,浅受主杂质几乎完全电离,这时价带中的空穴浓度接近受主杂质浓度.

同理,在第Ⅳ族元素半导体(如硅、锗等)中,掺入微量Ⅴ族元素,例如磷、砷等,那么杂质原子与硅原子形成共价键时,多余的一个价电子只受到磷离子的微弱束缚,在室温下这个电子可以脱离束缚使磷原子成为正离子,并向半导体提供一个自由电子. 通常把这种向半导体提供一个自由电子而本身成为正离子的杂质称为施主杂质,以施主杂质电离提供电子导电为主的半导体材料叫作 n 型半导体.

2. 霍尔效应和霍尔系数

设一块半导体的 x 方向上有均匀的电流 I_x 流过,在 z 方向上加有磁场 B_z,则在这块半导体的 y 方向上出现一横向电势差 U_H,这种现象被称为"霍尔效应",U_H 称为"霍尔电压",所对应的横向电场 E_H 称为"霍尔电场". 见图 8-1-1.

实验指出,霍尔电场强度 E_H 的大小与流经样品的电流密度 J_x 和磁感应强度 B_z 的乘积成正比

$$E_H = R_H \cdot J_x \cdot B_z \qquad (8-1-1)$$

式中比例系数 R_H 称为"霍尔系数".

下面以 p 型半导体样品为例,讨论霍尔效应的产生原理并推导、分析霍尔系数的表达式.

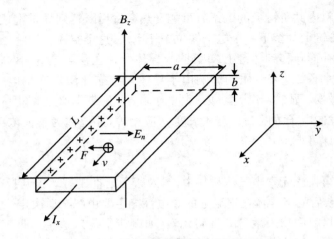

图 8-1-1　霍尔效应产生原理图

半导体样品的长、宽、厚分别为 L,a,b,半导体载流子(空穴)的浓度为 p,它们在电场 E_x 作用下,以平均漂移速度 v_x 沿 x 方向运动,形成电流 I_x. 在垂直于电场 E_x 方向上加一磁场 B_z,则运动着的载流子要受到洛伦兹力的作用

$$F = q \cdot v \cdot B \tag{8-1-2}$$

式中 q 为空穴电荷电量. 该洛伦兹力指向 $-y$ 方向,因此载流子向 $-y$ 方向偏转,这样在样品的左侧面就积累了空穴,从而产生了一个指向 $+y$ 方向的电场——霍尔电场 E_y. 当该电场对空穴的作用力 $q \cdot E_y$ 与洛伦兹力相平衡时,空穴在 y 方向上所受的合力为零,达到稳态. 稳态时电流仍沿 x 方向不变,但合成电场 $E=E_x+E_y$ 不再沿 x 方向,E 与 x 轴的夹角称"霍尔角". 在稳态时,有

$$q \cdot E_y = q \cdot v_x \cdot B_z \tag{8-1-3}$$

若 E_y 是均匀的,则在样品左、右两侧面间的电位差

$$U_H = E_y \cdot a = v_x \cdot B_z \cdot a \tag{8-1-4}$$

而 x 方向的电流强度

$$I_x = q \cdot p \cdot v_x \cdot a \cdot b \tag{8-1-5}$$

将式(8-1-5)的 v_x 代入式(8-1-4)得霍尔电压

$$U_H = \frac{1}{qp} \frac{I_x B_z}{b} \tag{8-1-6}$$

由式(8-1-1)、(8-1-3)和(8-1-5)得霍尔系数

$$R_H = \frac{1}{qp} \tag{8-1-7}$$

对于 n 型样品,载流子(电子)浓度为 n,同理可以得出其霍尔系数为

$$R_H = -\frac{1}{qn} \tag{8-1-8}$$

　　上述模型过于简单. 根据半导体输运理论,考虑到载流子速度的统计分布以及载流子在运动中受到散射等因素,在霍尔系数的表达式中还应引入一个霍尔因子 A,则(8-1-7)、(8-1-8)式应修正为

$$\text{p 型}: R_H = A\frac{1}{qp} \tag{8-1-9}$$

$$\text{n 型}: R_H = -A\frac{1}{qn} \tag{8-1-10}$$

　　A 的大小与散射机理及能带结构有关. 由理论算得,在弱磁场条件下,对球形等能面的非简并半导体,在较高温度(此时,晶格散射起主要作用)情况下,$A = \frac{3\pi}{8} = 1.18$;一般地,Si、Ge 等常用半导体在室温下属于此种情况,A 取 1.18;在较低温度(此时,电离杂质散射起主要作用)情况下,$A = \frac{315\pi}{512} = 1.93$;对于高载流子浓度的简并半导体以及强磁场条件,$A = 1$;对于晶格和电离杂质混合散射情况,一般取文献报道的实验值.

　　上面讨论的是只有电子或只有空穴导电的情况. 对于电子、空穴混合导电的情况,在计算 R_H 时应同时考虑两种载流子在磁场下偏转的效果. 对于球形等能面的半导体材料,可以证明

$$R_H = \frac{A(p\mu_p^2 - n\mu_n^2)}{q(p\mu_p + n\mu_n)^2} = \frac{A(p - nb'^2)}{q(p + nb')^2} \tag{8-1-11}$$

式中 $b' = \mu_n/\mu_p$,μ_n 和 μ_p 分别为电子和空穴的迁移率.

　　从霍尔系数的表达式可以看出:由 R_H 的符号(也即 U_H 的符号)可以判断载流子的类型,正为 p 型,负为 n 型;R_H 的大小可确定载流子的浓度;还可以结合测得的电导率 σ 算出如下定义的霍尔迁移率 μ_H,

$$\mu_H = |R_H| \cdot \sigma \tag{8-1-12}$$

μ_H 的量纲与载流子的迁移率相同,通常为 $\text{cm}^2/(\text{V} \cdot \text{s}^{-1})$,它的大小与载流子的电导迁移率有密切的关系.

　　霍尔系数 R_H 可以在实验中测量出来,若采用国际单位制,由式(8-1-6)、(8-1-7)可得

$$R_H = \frac{U_H b}{I_x B_z} \ (\text{m}^3 \cdot \text{C}^{-1}) \tag{8-1-13}$$

但在半导体学科中习惯采用实用单位制(其中,b:厘米,B_z:高斯或 Gs),则

$$R_H = \frac{U_H b}{I_x B_z} \times 10^8 \, (\text{cm}^3 \cdot \text{C}^{-1}) \tag{8-1-13'}$$

3. 霍尔系数与温度的关系

　　R_H 与载流子浓度之间有反比关系,因此当温度不变时,R_H 不会变化;而当温

度改变时,载流子浓度发生变化,R_H 也随之变化. 图 8 − 1 − 2 是 R_H 随温度 T 变化的关系图. 图中纵坐标为 R_H 的绝对值,曲线 A 和 B 分别表示 n 型和 p 型半导体的霍尔系数随温度的变化曲线.

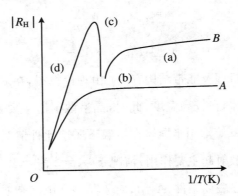

图 8 − 1 − 2   霍尔系数与温度的关系图

下面简要地讨论曲线 B:

(1) 杂质电离饱和区. 在曲线 (a) 段,所有的杂质都已电离,载流子浓度保持不变. p 型半导体中 $p \gg n$,式(8 − 1 − 11)中 nb'^2 可忽略,可简化为

$$R_H = A\frac{1}{qp} = A\frac{1}{qN_A} > 0 \qquad\qquad (8 - 1 - 11')$$

式中 N_A 为受主杂质浓度.

(2) 温度逐渐升高,价带上的电子开始激发到导带,由于 $\mu_n > \mu_p$,所以 $b' > 1$,当温度升到使 $p = nb'^2$ 时,$R_H = 0$,出现了图中 (b) 段.

(3) 温度再升高时,更多的电子从价带激发到导带,$p < nb'^2$ 而使 $R_H < 0$,式(8 − 1 − 11)中分母增大,R_H 减小,将会达到一个负的极值(图中 c 点). 此时价带的空穴数 $p = n + N_A$,将它代入式(8 − 1 − 11),并对 n 求微商,可以得到当 $n = \dfrac{N_A}{b' - 1}$ 时,R_H 达到极值 $(R_H)_M$.

$$R_H = A\frac{1}{qp} = A\frac{1}{qN_A} \qquad\qquad (8 - 1 - 14)$$

由此式可见,当测得 $(R_H)_M$ 和杂质电离饱和区的 R_H,就可定出 b' 的大小.

(4) 当温度继续升高,到达本征范围时,半导体中载流子浓度大大超过受主杂质浓度,所以 R_H 随温度上升而呈指数下降,由本征载流子浓度 N_i 来决定,此时杂质含量不同或杂质类型不同的曲线都将聚在一起,见图中(d)段.

4. 半导体的电导率

在半导体中若有两种载流子同时存在,则其电导率 σ 为

$$\sigma = qp\mu_p + qn\mu_n \tag{8-1-15}$$

实验得出 σ 与温度 T 的关系曲线如图 8-1-3.

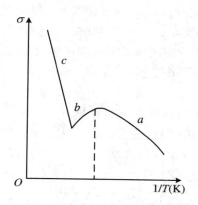

图 8-1-3　电导率与温度的关系图

现以 p 型半导体为例分析:

(1) 低温区. 在低温区杂质部分电离,杂质电离产生的载流子浓度随温度升高而增加,而且 μ_p 在低温下主要取决于杂质散射,它也随温度升高而增加. 因此,σ 随 T 的增加而增加,见图的 a 段. 室温附近,此时,杂质已全部电离,载流子浓度基本不变,这时晶格散射起主要作用,使 μ_p 随 T 的升高而下降,导致 σ 随 T 的升高而下降,见图的 b 段.

(2) 高温区. 在这区域中,本征激发产生的载流子浓度随温度升高而指数地剧增,远远超过 μ_p 的下降作用,致使 σ 随 T 而迅速增加,见图的 c 段.

实验中电导率 σ 可由下式计算出:

$$\sigma = \frac{1}{\rho} = \frac{I \cdot l}{U_\sigma \cdot ab} \tag{8-1-16}$$

式中 ρ 为电阻率,I 为流过样品的电流,U_σ、l 分别为两测量点间的电压降和长度. 对于不规则形状的半导体样品,常用范德堡法测量,它对电极对称性的要求较低,在半导体新材料的研究中用得较多.

5. 霍尔效应中的副效应及其消除

在霍尔系数的测量中,会伴随一些热磁副效应、电极不对称等因素引起的附加电压叠加在霍尔电压 U_H 上,下面作些简要说明:

(1) 爱廷豪森效应. 在样品 x 方向通电流 I_x,由于载流子速度分布的统计性,大于和小于平均速度的载流子在洛伦兹力和霍尔电场力的作用下,沿 y 轴的相反两侧偏转,其动能将转化为热能,使两侧产生温差. 由于电极和样品不是同一种材

料,电极和样品形成热电偶,这一温差将产生温差电动势 U_E,而且有

$$U_E \propto I_x \cdot B_z \qquad (8-1-17)$$

这就是爱廷豪森效应. U_E 方向与电流 I 及磁场 B 的方向有关.

（2）能斯脱效应. 如果在 x 方向存在热流 Q_x(往往由于 x 方向通以电流,两端电极与样品的接触电阻不同而产生不同的焦耳热,致使 x 方向两端温度不同),沿温度梯度方向扩散的载流子将受到 B_z 作用而偏转,在 y 方向上建立电势差 U_N,有

$$U_N \propto Q_x \cdot B_z \qquad (8-1-18)$$

这就是能斯脱效应. U_N 方向只与 B 方向有关.

（3）里纪-勒杜克效应. 当有热流 Q_x 沿 x 方向流过样品,载流子将倾向于由热端扩散到冷端,与爱廷豪森效应相仿,在 y 方向产生温差,这温差将产生温差电势 U_{RL},这一效应称里纪-勒杜克效应.

$$U_{RL} \propto Q_x \cdot B_z \qquad (8-1-19)$$

U_{RL} 的方向只与 B 的方向有关.

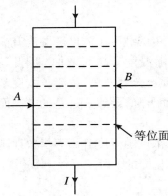

图 8-1-4 电极位置不对称产生的电压降

（4）电极位置不对称产生的电压降 U_0. 在制备霍尔样品时,y 方向的测量电极很难做到处于理想的等位面上,见图 8-1-4. 即使在未加磁场时,在 A,B 两电极间也存在一个由于不等位电势引起的欧姆压降 U_0:

$$U_0 = I_x \cdot R_0 \qquad (8-1-20)$$

其中 R_0 为 A,B 两电极所在的两等位面之间的电阻,U_0 方向只与 I_x 方向有关.

样品所在空间如果沿 y 方向有温度梯度,则在此方向上产生的温差电势 U_T 也将叠加在 U_H 中,U_T 与 I、B 方向无关.

要消除上述诸效应带来的误差,应改变 I 和 B 的方向,使 U_N、U_{RL}、U_0 和 U_T 从计算结果中消除,然而 U_E 却因与 I,B 方向同步变化而无法消除,但 U_E 引起的误差很小,可以忽略.

实验时在样品上加磁场 B 和通电流 I,则 y 方向两电极间产生电位差 U,自行定义磁场和电流的正方向,改变磁场和电流方向,测出四组数据

加 $+B$,$+I$ 时, $U_1 = +U_H + U_E + U_N + U_{RL} + U_0 + U_T$

加 $+B$,$-I$ 时, $U_2 = -U_H - U_E + U_N + U_{RL} - U_0 + U_T$

加 $-B$,$-I$ 时, $U_3 = +U_H + U_E - U_N - U_{RL} - U_0 + U_T$

加 $-B$,$+I$ 时, $U_4 = -U_H - U_E - U_N - U_{RL} + U_0 + U_T$

由以上四式可得

$$U_{\mathrm{H}} + U_{\mathrm{E}} \cong U_{\mathrm{H}} = \frac{U_1 - U_2 + U_3 - U_4}{4} \qquad (8-1-21)$$

将实验时测得的 U_1、U_2、U_3 和 U_4 代入上式,就可消除 U_{N}、U_{RL}、U_0、U_{T} 等附加电压引入的误差.

【实验步骤与要求】

1. 样品制备

在霍尔系数的测量中样品的制备是一个重要环节,样品电极位置的对称性、电极接触电阻的大小以及对称性等都直接影响到测量结果. 此外,为了避免两电流电极的少数载流子注入和短路作用对测量结果的影响,两个端面要磨毛,并做成长度比宽度及厚度大得多的矩形样品. 实验中把一定厚度的硅、锗单晶片或外延硅薄层(外延层和衬底的掺杂浓度不一样)样品采用切割或腐蚀方法做成如图 8-1-5 所示的 1-5 矩(或桥)形样品,在 1、2、3、4、5、6 电极处用蒸发、光刻、合金化等平面工艺技术制成欧姆接触电极. 对于硅、锗半导体,电极金属材料可用铝、金铟合金(对 p-Si)、金锑合金(对 n-Si)、镍等. 也有更为简单的四头样品,即纵向有 5、6 电极,横向只有位于中部的 1、3 电极. 也可购买商品化的四头带有锗、硅、砷化镓的样品. 样品尺寸为锗材料(n 型),长 $L = 6$ mm,宽 $a = 4$ mm,厚 $b = 0.6$ mm.

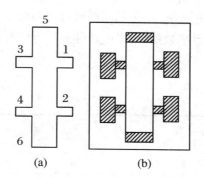

图 8-1-5   霍尔效应实验用样品形状及电极布置示意图

2. 实验仪器

实验仪器包括电磁铁、变温设备、测量线路、特斯拉计、可自动换向恒流电源、计算机数据采集系统及软件等.

3. 实验步骤

（1）打开实验仪器及电脑程序，单击"数据采集".

（2）将样品放入机座，对好槽口固定.

（3）将"测量方式"拨至"稳态"，"样品电流换向方式"拨至"手动"，"磁场测量和控制仪换向转换开关"拨至"手动"，调节电流至磁场为设定值（200 mT）（用磁场测量探头测量）.

（4）测量选择拨至"R_H"，测得分别正向磁场$+H$、样品正向电流$+I$时霍尔电压U_1；$+H$、$-I$时U_2；$-H$、$-I$时U_3；$-H$、$+I$时U_4.

（5）将电磁铁电流调到零，"测量选择"拨至"σ"，测得$+I$时U_5，$-I$时U_6值.

（6）将样品架拿出放入液氮中（装有液氮的保温杯或杜瓦瓶）降温.

（7）测量选择拨至"R_H"，样品电流换至"自动"，测量方式换至"动态"，磁场控制换至"自动"并调节电流至磁场设定值（200 mT）. 温度显示为 77 K 时，将样品架放回电磁铁中，单击"数据采集"和"电压曲线". 当温度接近室温时，调节温度设定至加热指示灯亮，并继续调大，升温至 420 K 时，保存数据.

（8）将调节温度设定调至最小（逆时针），将样品再放入液氮中降温.

（9）测量选择拨至"σ"，单击"数据采集"和"电压曲线". 当温度接近室温时，调节温度设定至加热指示灯亮，并继续调大，升温至 420 K 时，保存数据. 最后将调节温度设定调至最小（逆时针）.

（10）打开保存的霍尔数据，单击霍尔曲线可得霍尔系数随温度变化的曲线.

（11）打开保存的电导率数据，单击电导曲线可得电导率随温度变化的曲线.

4. 实验内容

（1）霍尔系数测量

温度	霍尔系数	电导率	载流子浓度	霍尔迁移率

并给出 $1/T$ 与霍尔系数的关系图.

（2）电导率测量

电导电压(+)	电导电压(一)	温度	电导率

并分别给出 $1/T$ 与电导率以及电阻率的关系图.

（3）判断样品的导电类型.

【思考题】

（1）分别以 p 型、n 型半导体样品为例，说明如何确定霍尔电场的方向？

（2）霍尔系数的定义及其数学表达式是什么？从霍尔系数中可以求出哪些重要参数？

（3）霍尔系数测量中有哪些副效应，通过什么方式消除它们？你能想出消除爱廷豪森效应的方法吗？

实验 8 - 2 小型制冷机及其制冷技术

小型制冷装置通常指家用电冰箱、冷藏箱以及小型空调器等. 利用半导体热电效应制冷的装置，因其制冷功率一般地说比较小，也可看作是小型制冷装置. 由于小型制冷装置与人们的日常生活及工作密切相关，已经形成需求量很大的产业. 另一方面，目前广泛用于小型制冷装置中压缩式制冷循环的制冷剂主要是卤代烃类（氟利昂），这类制冷剂对大气层的臭氧层有破坏作用. 特别是普遍用于家用电冰箱的氟里昂-12（R12）对大气臭氧层的破坏以及由之而产生的温室效应相当严重. 为保护大气环境，1985 年 3 月有关缔约国政府签订了《保护臭氧层维也纳公约》. 1989 年 5 月，由联合国环境规划署召集有 56 个国家全权代表参加的会议上通过了《关于消耗臭氧层物质的蒙特利尔议定书》. 随后，1990 年 6 月在英国伦敦召开了有 55 个缔约国、41 个非缔约国、8 个国际组织以及 44 个非政府组织的代表参加的会议，对该议定书进行了全面修订，并于 1992 年 1 月 1 日生效. 因此，从节能的角度看,小型制冷装置制冷功率和效率的测量,对其制冷性能的检测及改进无疑是至关重要的. 而从各国为执行蒙特利尔议定书而努力探索新的制冷原理及寻求新的制冷剂这一发展趋势看,各种新型制冷循环的设计与制冷剂的开发,最终都离不开对不同条件下制冷机制、制冷功率及制冷效率的检测.

【实验目的】

(1) 利用加热补偿法测量不同温度下小型制冷机模拟系统的制冷功率.

(2) 通过对制冷系统压缩机排气口和回气口温度及压力的测量估测制冷效率.

(3) 通过以上测量学习和掌握不同制冷剂及不同灌注量的制冷剂对制冷功率与效率的影响.

【实验原理】

1. 热力学第二定律

在自然界中,热量是可以互相传递的. 把两个温度不同的物体放在一起,原来温度高的物体,温度将逐渐下降,而原来温度低的物体,温度将逐渐升高,最终两物体的温度趋于相等. 这就是说,热量能从温度较高的物体传给温度较低的物体,但是不能自发地由低温物体流向高温物体而不引起其他变化,这即是热力学第二定律的克劳修斯说法. 这里我们只是说热量不能自发地反向流动,也就是说,要使热量能从低温物体流向高温物体必须要对环境留下某些不能消除的影响,即外界对系统做功. 例如利用一台水泵可以把水从低处提升到高处. 对于热量,道理也类似于水,消耗一定的能量,通过某种逆向热力学循环,就能使热量从低温的物体流向高温物体(图 8-2-1). 随着对这种循环的应用目的不同,可以把这样的过程称为热泵或制冷. 如果是对系统热端的利用,就称之为热泵;反之对系统冷端进行利用,称之为制冷.

2. 制冷原理

制冷的方法很多,常见的有液体汽化制冷、气体膨胀制冷、涡流管制冷和热电制冷等. 其中液体汽化制冷的应用最为广泛,它是利用液体汽化时的吸热效应实现制冷的. 蒸汽压缩式、吸收式、蒸汽喷射式和吸附式制冷都属于液体汽化制冷. 其制冷循环的共同点是都由制冷剂汽化、蒸汽升压、高压蒸汽液化和高压液体降压四个过程组成.

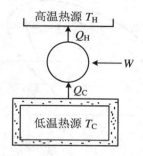

图 8-2-1　逆向热力学循环

图 8-2-2 为单级蒸汽压缩式制冷系统. 它由压缩机、冷凝器、膨胀阀和蒸发器组成. 目前市售的电冰箱、空调器等小型制冷机大多采用这种制冷模式. 其工作原理如下: 制冷剂在压力 P_0、温度 t_0 下沸腾, t_0 低于被冷却物体的温度. 压缩机不断地抽吸蒸发器中的制冷剂蒸汽, 并将它压缩至冷凝压力 P_k, 然后送往冷凝器, 在压力 P_k 下等压冷凝成液体, 制冷剂冷凝时放出热量 Q_k 传给冷却介质, 与冷凝压力 P_k 相对应的冷凝温度 t_k 一定要高于冷却介质的温度, 冷凝后的液体通过膨胀阀或节流元件进入蒸发器. 当制冷剂通过膨胀阀时, 压力从 P_k 降到 P_0, 部分液体汽化, 剩余液体的温度降至 t_0, 于是离

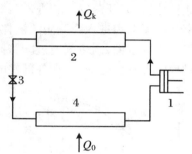

1—压缩机　2—冷凝器
3—膨胀阀　4—蒸发器

图 8-2-2　单级蒸汽压缩式制冷

开膨胀阀的制冷剂变成温度为 t_0 的汽液两相混合物. 混合物中的液体在蒸发器中蒸发, 从被冷却的物体中吸取它所需要的蒸发热. 混合物中的蒸汽通常称为闪发蒸汽, 在它被压缩机重新吸入之前几乎不再起吸热作用.

在制冷循环的分析和计算中, 压焓图起着十分重要的作用, 其结构如图 8-2-3 所示. 图中临界点 K 左边的粗实线为饱和液体线, 线上的任何一点代表一个饱和液体状态, 干度 $x=0$. 右边的粗实线为干饱和蒸汽线, 线上任何一点代表一个饱和蒸汽状态, $x=1$. 饱和液体线的左边为过冷液体区, 该区域内的液体称为过冷液体, 过冷液体的温度低于同一压力下饱和液体的温度; 干饱和蒸汽线的右边是过热蒸汽区, 该区域内的蒸汽称为过热蒸汽, 它的温度高于同一压力下饱和蒸汽的温度; 两条线之间的区域为两相区, 制冷剂在该区域内处于汽、液混合状态. 图中共有六种等参数线簇: 等压线 P 为水平线, 等焓线 h 为垂直线, 其余标有 t、S、v 和 X 的线簇分别为等温线、等熵线、等容线和等干度线.

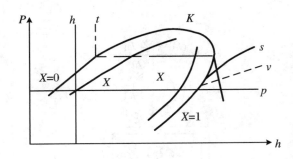

图 8-2-3　压焓图

图 8-2-2 所示的制冷循环可以在压焓图上进行简化分析(图 8-2-4),虽然这种分析与实际循环有一定的偏离,但是可以作为实际循环的基础进行修正. 按此种分析,离开蒸发器和进入压缩机的制冷剂蒸汽是处于蒸发压力下的饱和蒸汽;离开冷凝器和进入膨胀阀的液体是处于冷凝压力下的饱和液体;压缩机的压缩过程为等熵压缩;制冷剂通过膨胀阀节流时其前、后焓值相等;制冷剂在蒸发和冷凝过程中没有压力损失;在各部件的连接处制冷剂不发生状态变化;制冷剂的冷凝温

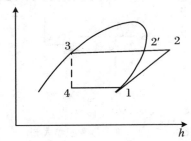

图 8-2-4　简化了的制冷循环

度等于外部热源温度,蒸发温度等于被冷却物体的温度. 图 8-2-4 中点 1 表示制冷剂进入压缩机的状态,它对应于蒸发温度 t_0 的饱和蒸汽. 该点位于与 t_0 相应的压力 P_0 的等压线与饱和蒸汽线的交点上. 点 2 为制冷剂出压缩机的状态,1-2 为等熵过程压力由 P_0 增大至冷凝压力 P_k. 点 3 表示制冷剂出冷凝时的状态,它是与冷凝温度 t_k 对应的饱和液体. 2-2′-3 表示制冷剂在冷凝器内的冷却和冷凝过程,这是一个等压过程,

等压线与饱和液体线的交点即为点 3 的状态. 点 4 表示制冷剂出节流阀的状态,亦即进入蒸发器时的状态. 3-4 表示等焓节流过程,制冷剂压力由 P_k 降至 P_0,相应地温度亦由 t_k 降为 t_0,这即是说由点 3 作等焓线与等压线 P_0 的交点即为点 4 的状态. 过程线 4-1 表示制冷剂在蒸发器中的汽化过程,这是一个等温等压过程,液态制冷剂吸取被冷却物体的热量而不断汽化,最终又回到状态 1.

3. 制冷功率

制冷功率 Q_c 表示单位时间内制冷剂通过蒸发器吸收的被冷却物体的热量. 为准确测量一定温度下的制冷功率,可以采用热补偿的方法. 即利用电加热器馈送热量至被冷却物体,使得被冷却物体单位时间内从电加热器获得的热量 Q_c 正好等于制冷剂吸收的热量 Q_c, 在排除其他各种漏热途径的情况下, 当被冷却物体维持温度不变时, $Q_c = Q_e$. Q_e 为流过加热器的电流与加热器两端电压降的乘积.

4. 制冷系数

制冷机的制冷系数定义为

$$\varepsilon = \frac{Q_c}{W} \qquad (8-2-1)$$

式中 W 为制冷机消耗的机械功, Q_c 为从被冷却物体吸收的热量, 它是衡量制冷循环经济性的指标. 制冷系数愈大, 循环愈经济.

如果把制冷机视作逆向的卡诺循环热机, 并用 ε_c 表示其制冷系数, 则

$$\varepsilon_c = \frac{T_c}{T_H - T_c} = \frac{1}{(T_H/T_c) - 1} \qquad (8-2-2)$$

该式表明, 只要 T_H/T_c 的值小于 2, ε_c 即大于 1 而且随着 T_c 接近 T_H, ε_c 的数值迅速上升. 实际制冷机的制冷系数 ε 低于 ε_c, 但它们随 T_H、T_c 变化的趋势有一定的类似性.

在工程上, 常用压缩机的实际启动时间与接通电源的总时间之比定义制冷效率, 取 ε' 表示, 则

$$\varepsilon' = \frac{压缩机的实际启动时间}{接通电源的总时间} \times 100\% \qquad (8-2-3)$$

例如, 对家用电冰箱, 规定在 32 ℃ 的环境温度中工作的单门冰箱, ε' 应小于 30%. 理论上, 根据热力学第一定律, 如果忽略位能和动能的变化, 稳定流动的能量方程可以表示为

$$Q + W = \dot{m}(H_i - H_j) \qquad (8-2-4)$$

式中 Q 和 W 是单位时间内加给系统的热量和机械功, $\dot{m}$ 是系统内稳定的质量流率, H 是比焓, 下标表示状态点, 分别对应于图 8-2-4 中各点.

对节流阀, 制冷剂通过节流孔口时绝热膨胀, 对外不做功, 则有

$$h_3 = h_4 \qquad (8-2-5)$$

表明这是等焓过程.

对压缩机, 如果忽略压缩机与外界环境所交换的热量, 则式 (8-2-4) 变为

$$W = Q(h_2 - h_1) \qquad (8-2-6)$$

对蒸发器, 被冷却的物体通过蒸发器向制冷剂传递热量 Q_c, 因蒸发器不做功, 故有

$$Q_c = \dot{m}(h_1 - h_4) = \dot{m}(h_1 - h_3) \qquad (8-2-7)$$

这样制冷系数可以表达为

$$\varepsilon = \frac{Q_c}{W} = \frac{h_1 - h_3}{h_2 - h_1} \qquad (8-2-8)$$

　　因而,只要根据图 8-2-4 所示地简化了的制冷循环,测量出制冷剂在压缩机进气口和出气的温度与压力,从制冷剂的压焓图上查出 h_1 和 h_2 值并按简化制冷循环推算出 h_3,即可得到理论上估算的制冷系数.

【实验装置】

　　图 8-2-5 给出实验的制冷装置和测量示意图,其中压缩机、冷凝器、过滤器、毛细管和进气管直接采用电冰箱的部件. 这里的毛细管起着节流阀的作用,它的最后一段与压缩机的进气管组合成热交换器,使毛细管中即将流入蒸发器的液态制冷剂被进气管中的低温气态制冷剂进一步冷却,以达到提高制冷效率的目的. 过滤器内填充了干燥的分子筛颗粒,用以吸附制冷机内可能存在的水分,避免在毛细管内或出口处出现冰堵现象. 蒸发器用直径 6 mm 壁厚 0.5 mm 的紫铜管模拟电冰箱蒸发器管道制成直径约 60 mm 的盘管,放入绝热良好的真空杯内. 真空杯内充灌适量的乙二醇、乙醇与水的三元溶液,以浸没蒸发器为宜. 搅拌器是为了使乙二醇、乙醇与水的三元溶液在蒸发器内制冷液的吸热和加热器的放热之间迅速达到平衡而设. 压缩机的排气口、进气口以及冷凝器末端分别接有压力表以测量各相关点的压力. 另外,三支铜—康铜热电偶分别接至排气口、进气口以及冷凝器末端测量这三点的温度. 电加热器及其测量回路是为了产生焦耳热并通过电功率换算成单位时间馈送的热量,当此热量与制冷量相等时,杜瓦瓶溶液维持温度不变. 若电加热量大于制冷量,杜瓦瓶升温,反之降温. 监视和检测温度升降情况由插入真空杯内的铂电阻温度传感器及与之相连的测量电路完成. 制冷机内充灌约 80 g 左右 R12(视具体情况作适当调整),它是目前电冰箱尚在使用的制冷剂,为无色无味透明的液体或气体,常温下无毒,高温下火焰呈蓝色并分解成有毒气体.

【实验步骤与要求】

1. 实验步骤

　　(1) 检查仪器,将实验仪上加热功率调节旋钮按逆时针旋至最小.

　　(2) 接通实验仪电源,记录蒸发器内温度值,同时观察并记录压缩机排气口,进气口及冷凝器末端的压力.

　　(3) 打开压缩机开关,压缩机启动,观察并记录各压力点的变化.

　　(4) 观察并记录蒸发器温度下降情况,按分钟记录直至最低温度附近.

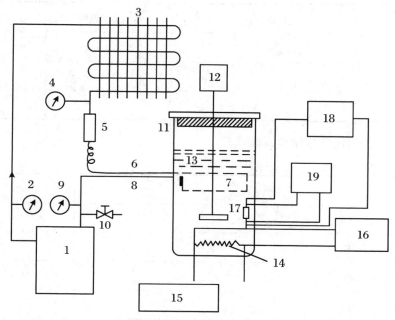

1—压缩机 2—排气压力表 3—冷凝器 4—冷凝器末端压力表 5—过滤器 6—毛细管 7—蒸发器
8—进气管 9—进气压力表 10—抽空灌液阀 11—真空保温杯 12—电动搅拌器 13—乙二醇、乙
醇水溶液 14—加热器 15—数字电压表 16—大功率直流稳流电源 17—铂电阻传感器 18—恒流
电源 19—数字电压表

图 8-2-5   制冷装置和测量示意图

（5）调节加热器输出功率,使蒸发器升温至－6 ℃附近,微调输出功率使加热
功率和制冷量相当,温度保持不变,记录此温度下的加热功率.

（6）改变电流使得蒸发器内的温度平衡于－3 ℃附近,记录该温度点的加热
功率.

（7）在进行上述各点加热功率测量的同时,分别记录压缩机排气口,进气口及
冷凝器末端的压力和温度,并记录压缩机功率.

（8）如时间充分可增加 0 ℃附近测量点.

（9）按实验讲义进行数据处理分析.

2. 实验内容

（1）绘制蒸发室温度随时间变化曲线.（每隔一分钟记录一个数据点）

（2）理想卡诺循环的制冷系数测量（动态）

$$\varepsilon = T_c/(T_H - T_c)$$

T_c（蒸发室温度）	进气口温度	排气口温度	冷凝口温度（T_H）	ε

（3）热补偿法测量制冷系数（静态）

$$\varepsilon = Q_c / W$$

	−6 ℃	−3 ℃	0 ℃
加热功率（Q_c）			
压缩机功率（W）			
进气口温度			
排气口温度			
冷凝口温度			
ε			

【思考题】

（1）在一定的环境温度下，随着被冷却液温度的降低，预计制冷机的制冷功率和制冷系数将增加还是降低？为什么？

（2）为什么测量时一定要使被冷却液温度充分稳定后才记录数据？

（3）本制冷系统能否作逆向的卡诺热机考虑，其误差主要来自何处？

实验 8-3　超导材料的电阻-温度特性测量

人们在 1877 年液化了氧，获得−183 ℃的低温后就发展低温技术．随后，氮、氢等气体相继液化成功．1908 年，荷兰莱顿大学的翁纳斯成功地使氦气液化，达到了 4.2 K 的低温．三年后，即在 1911 年，翁纳斯发现，将水银冷却到 4.15 K 时，其电阻急剧地下降到零. 他认为,这种电阻突然消失的现象,是由于物质转变到了一种新的状态,并将此以零电阻为特征的金属态,命名为超导态. 1933 年,迈斯纳和奥森菲尔德发现超导电性的另一特性:超导态时磁通密度为零或叫完全抗磁性,即 Meissner 效应. 电阻为零及完全抗磁性是超导电性的两个最基本的特性. 超导体从具有一定电阻的正常态,转变为电阻为零的超导态时,所处的温度叫作临界温度,常用 T_C 表示. 直至 1986 年,人们经过 70 多年的努力才获得了最高临界温度为 23 K 的 Nb_3Ge 超导材料. 1986 年 4 月,贝德诺兹和缪勒创造性地提出了在 La-Ba-Cu-O 系化合物中存在高 T_C 超导的可能性. 1987 年初,中国科学院物理研究所赵忠贤等在这类氧化物中发现了 $T_C=48$ K 的超导电性. 同年 2 月份,美籍华裔科学家朱经武在 Y-Ba-Cu-O 系中发现了 $T_C=90$ K 的超导电性. 这些发现使人们梦寐以求的高温超导体变成了现实,是科学史上又一次重大的突破. 1988 年 1 月,日本科学家 Hirashi Maeda 研制出临界温度为 106K 的 Bi-Sr-Ca-Cu-O 系新型高温超导体. 同年 2 月,美国阿肯萨斯大学的 Allen Hermann 等发现了临界温度为 106 K 的 Tl-Ba-Ca-Cu-O 系超导体. 一个月后,IBM 的 Almaden 又将这种体系的超导临界温度提高到了 125 K. 1989 年 5 月,中国科学技术大学的刘宏宝等通过 Pb 和 Sb 对 Bi 的部分取代,使 Bi-Sr-Ca-Cu-O 系超导材料的临界温度提高到了 130 K. 高温超导材料的发现,为超导应用带来了新的希望.

【实验目的】

（1）利用动态法测量高临界温度氧化物超导材料的电阻率随温度的变化关系.

（2）通过实验掌握利用液氮容器内的低温环境改变氧化物超导材料温度、测温及控温的原理和方法.

（3）学习利用四端子法测量超导材料电阻和热电势的消除等基本实验方法以及实验结果的分析与处理.

（4）选用稳态法测量高临界温度氧化物超导材料的电阻率随温度的变化关系并与动态法进行比较.

【实验原理】

1. 临界温度 T_C 的定义及其规定

超导体具有零电阻效应,通常把外部条件(磁场、电流、应力等)维持在足够低值时电阻突然变为零的温度称为超导临界温度. 实验表明,超导材料发生超导转变时,电阻的变化是在一定的温度间隔中发生,而不是突然变为零的,如图 8-3-1 所示. 起始温度 T_s 为 R-T 曲线(电阻随温度变化关系曲线)开始偏离线性所对应的温度;中点温度 T_m 为电阻下降至起始温度电阻 R_s 的一半时的温度;零电阻温度 T 为电阻降至零时的温度. 而转变宽度 ΔT 定义为 R_s 下降到 90% 及 10% 所对应的温度间隔. 高 T_C 材料发现之前,对于金属、合金及化合物等超导体,长期以来在测试工作中,一般将中点温度定义为 T_C,即 $T_C = T_m$. 对于高 T_C 氧化物超导体,由于其转变宽度 ΔT 较宽,有些新试制的样品 ΔT 可达十几 K,再沿用传统规定容易引起混乱. 因此,为了说明样品的性能,目前发表的文章中一般均给出零电阻温度 $T(R=0)$ 的数值,有时甚至同时给出上述的起始温度、中点温度及零电阻温度. 而所谓零电阻在测量中总是与测量仪表的精度、样品的几何形状及尺寸、电极间的距离以及流过样品的电流大小等因素有关,因而零电阻温度也与上述诸因素有关,这是测量时应予注意的.

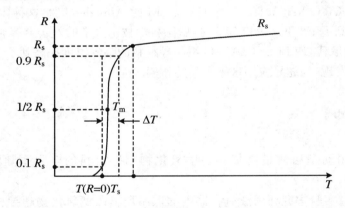

图 8-3-1　超导材料的电阻温度曲线及特征温度参数的定义

2. 样品电极的制作

目前所研制的高 T_C 氧化物超导材料多为质地松脆的陶瓷材料,即使是精心制作的电极,电极与材料间的接触电阻也常达零点几欧姆,这与零电阻的测量要求显然是不符合的. 为消除接触电阻对测量的影响,常采用图 8-3-2 所示的四端子法. 两根电流引线与直流恒流电源相连,两根电压引线连至数字电压表或经数据放大器放大后接至 X-Y 记录仪,用来检测样品的电压. 按此接法,电流引线电阻及电极 1、4 与样品的接触电阻与 2、3 端的电压测量无关. 2、3 两电极与样品间存在接触电阻,通向电压表的引线也存在电阻,但是由于电压测量回路的高输入阻抗特性,吸收电流极小,因此能避免引线和接触电阻给测量带来的影响. 按此法测得

电极 2、3 端的电压除以流过样品的电流,即为
样品电极 2、3 端间的电阻. 本实验所用超导样
品为商品化的银包套铋锶钙铜氧(Bi-Sr-Ca-Cu-
O)高 T_C 超导样品,四个电极直接用焊锡焊接.

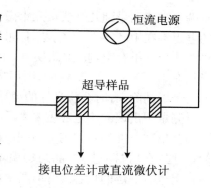

3. 温度控制及测量

临界温度 T_C 的测量工作取决于合理的温
度控制及正确的温度测量. 目前高 T_C 氧化物
超导材料的临界温度大多在 60 K 以上,因而冷
源多用液氮. 纯净液氮在一个大气压下的沸点

图 8 - 3 - 2 四端子接线

为 77. 348 K,三相点为 63. 148 K,但在实际使用中由于液氮的不纯,沸点稍高而三
相点稍低(严格地说,不纯净的液氮不存在三相点). 对三相点和沸点之间的温度,
只要把样品直接浸入液氮,并对密封的液氮容器抽气降温,一定的蒸汽压就对应于
一定的温度. 在 77 K 以上直至 300 K,常采用如下两种基本方法.

(1) 普通恒温器控温法

低温恒温器通常是指这样的实验装置. 它利用低温流体或其他方法,使样品
处在恒定的或按所需方式变化的低温温度下,并能对样品进行一种或多种物理量
的测量. 这里所称的普通恒温器控温法,指的是利用一般绝热的恒温器内的锰铜
线或镍铬线等绕制的电加热器的加热功率来平衡制冷量,从而控制恒温器的温度
稳定在某个所需的中间温度上. 改变加热功率,可使平衡温度升高或降低. 由于样
品及温度计都安置在恒温器内并保持良好的热接触,因而样品的温度可以被严格
控制并被测量. 这种控温方式的优点是控温精度较高,温度的均匀性较好,温度的
稳定时间长. 用于电阻法测量时,可以同时测量多个样品. 由于这种控温法是点控
制的,因此普通恒温器控温法应用于测量时又称定点测量法.

(2) 温度梯度法

这是指利用贮存液氮的杜瓦容器内液面以上空间存在的温度梯度来自然获取
中间温度的一种简便易行的控温方法. 样品在液面以上不同位置获得不同温度.
为正确反映样品的温度,通常要设计一个紫铜均温块,将温度计和样品与紫铜均温
块进行良好的热接触. 紫铜块连接至一根不锈钢管,借助于不锈钢管进行提拉以
改变温度.

本实验的恒温器设计综合上述两种基本方法,既能进行动态测量,也能进行定
点的稳态测量,以便进行两种测量方法和测量结果的比较.

4. 热电势及热电势的消除

用四端子法测量样品在低温下的电阻时常会发现,即使没有电流流过样品,电

压端也常能测量到几微伏至几十微伏的电压降. 而对于高 T_C 超导样品,能检测到的电阻常在 $10^{-5}\sim10^{-1}$ Ω 之间,测量电流通常取 $1\sim100$ mA 左右,取更大的电流将对测量结果有影响. 据此换算,由于电流流过样品而在电压引线端产生的电压降只在 $10^{-2}\sim10^{-3}$ μV 之间,因而热电势对测量的影响很大,若不采取有效的测量方法予以消除,有时会将良好的超导样品误作非超导材料,造成错误的判断.

测量中出现的热电势主要来源于样品上的温度梯度. 为什么放在恒温器上的样品会出现温度的不均匀分布呢? 这取决于样品与均温块热接触的状况. 若样品简单地压在均温块上,样品与均温块之间的接触热阻较大. 同时样品本身有一定的热阻也有一定的热容. 当均温块温度变化时,样品温度的弛豫时间与上述热阻及热容有关,热阻及热容的乘积越大,弛豫时间越长. 特别在动态测量情形,样品各处的温度弛豫造成的温度分布不均匀不能忽略. 即使在稳态的情形,若样品与均温块之间只是局部热接触(如不平坦的样品面与平坦的均温块接触),由引线的漏热等因素将造成样品内形成一定的温度梯度. 样品上的温差 ΔT 会引起载流子的扩散,产生热电势 E.

$$E = S \cdot \Delta T \qquad (8-3-1)$$

其中 S 是样品的微分热电势,其单位是 μV·K^{-1}.

对高 T_C 超导样品热电势的讨论比较复杂,它与载流子的性质以及电导率在费密面上的分布有关,利用热电势的测量可以获知载流子性质的信息. 对于同时存在两种载流子的情况,它们对热电势的贡献要乘以权重,满足所谓 Nordheim-Gorter 法则.

$$S = \frac{\sigma_A}{\sigma}S_A + \frac{\sigma_B}{\sigma}S_B \qquad (8-3-2)$$

式中 S_A、S_B 是 A、B 两种载流子本身的热电势,σ_A、σ_B 分别为 A、B 两种载流子相应的电导率. $\sigma = \sigma_A + \sigma_B$,材料处在超导态时,$S=0$.

为消除热电势对测量电阻率的影响,通常采取下列措施:

(1) 对于动态测量,应将样品制得薄而平坦. 样品的电极引线尽量采用直径较细的导线,例如直径小于 0.1 mm 的铜线. 电极引线与均温块之间要建立较好的热接触,以避免外界热量经电极引线流向样品. 同时样品与均温块之间用导热良好的导电银浆粘接,以减少热弛豫带来的误差. 另一方面,温度计的响应时间要尽可能小,与均温块的热接触要良好,测量中温度变化应该相对地较缓慢. 对于动态测量中电阻不能下降到零的样品,不能轻易得出该样品不超导的结论,而应该在液氮温度附近,通过后面所述的电流换向法或通断法检查.

(2) 对于稳态测量. 当恒温器上的温度计达到平衡值时,应观察样品两侧电压电极间的电压降及叠加的热电势值是否趋向稳定,稳定后可以采用如下方法.

① 电流换向法:将恒流电源的电流 I 反向,分别得到电压测量值 U_A、U_B,则超导材料测电压电极间的电阻为

$$R = \frac{|U_A - U_B|}{2I} \qquad (8 - 3 - 3)$$

② 电流通断法:切断恒流电源的电流,此时测量到的电压即是样品及引线的积分热电势,通电流后得到新的测量值,减去热电势即是真正的电压降. 若通断电流时测量值无变化,表明样品已经进入超导态.

【实验装置】

如图 8 - 3 - 3 所示,测量装置由安装了样品的低温恒温器,测温、控温仪器,数据采集、传输和处理系统以及电脑组成,既可进行动态法实时测量,也可进行稳态法测量. 动态法测量时可分别进行不同电流方向的升温和降温测量,以观察和检测因样品和温度计之间的动态温差造成的测量误差以及样品及测量回路热电势给测量带来的影响. 动态测量数据经测量仪器处理后直接进入电脑 $X - Y$ 记录仪显示、处理或打印输出. 稳态法测量结果经由键盘输入计算机作出 $R - T$ 特性供分析处理或打印输出.

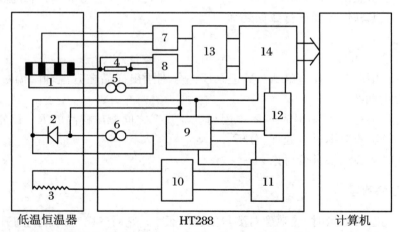

低温恒温器　　　　　　　　HT288　　　　　　　计算机

1—超导样品 2—PN结温度传感器 3—加热器 4—参考电阻 5—恒流源 6—恒流源
7—微伏放大器 8—微伏放大器 9—放大器 10—功率放大器 11—PID 12—温度设定
13—比较器 14—数据采集、处理、传输系统

图 8 - 3 - 3 高 T_C 超导体电阻-温度特性测量仪工作原理示意图

【实验步骤与要求】

1. 实验步骤

（1）打开仪器和超导测量软件.

（2）仪器面板上"测量方式"选择"动态"，"样品电流换向方式"选择"自动"，"温度设定"逆时针旋到底. 在计算机界面启动"数据采集".

（3）调节"样品电流"至 80 mA.

（4）将恒温器放入装有液氮的杜瓦瓶内，降温速率由恒温器的位置决定，直至泡在液氮中.

（5）仪器自动采集数据，画出正反向电流所测电压随温度的变化曲线，最低温度到 77 K.

（6）点击"停止采集"，点击"保存数据"，给出文件名保存，测量结束.

（7）重新点击"数据采集"将样品杆拿出杜瓦瓶，做升温测量，测出升温曲线.

（8）根据软件界面进行数据处理.

2. 实验内容

（1）利用动态法在电脑 X - Y 记录仪上分别画出样品在升温和降温过程中的电阻－温度曲线.

（2）利用稳态法，在样品的零电阻温度与 0 ℃之间测出样品的 R - T 分布.

（3）对实验数据进行处理、分析.

（4）对实验结果进行讨论.

3. 注意事项

（1）动态法测量时，热弛豫对测量的影响很大. 它对热电势的影响随升降温速度变化以及相变点的出现可能产生不同程度的变化. 应善于利用实验条件观察热电势的影响.

（2）动态法测量中样品温度与温度计温度难以一致，应观察不同的升降温速度对这种不一致的影响.

（3）进行稳态法测量时可以选择样品在液面以上的合适高度作为温度的粗调值，而以电脑给定值作为温度的细调值.

【思考题】

（1）超导样品的电极为什么一定要制作成如图 8 - 3 - 2 所示的四端子接法？假定每根引线的电阻为 0.1 Ω，电极与样品间的接触电阻为 0.2 Ω，数字电压表内阻为 10 MΩ，试用等效电路分析当样品进入超导态时，直接用万用表测量与采用图 8 - 3 - 2 接法测量有何不同？

（2）设想一下，本实验适宜先做动态法测量还是稳态法测量？为什么？

实验 8 - 4　巨磁电阻效应的测量

磁电阻是指导电物体的电阻在磁场作用下发生改变的现象. 早在 1857 年，Thomson 等人在研究铁磁金属中电子的运输过程时，就发现了铁磁多晶休由于外磁场与晶体中自旋电子相互作用而产生的各向异性磁电阻（AMR）效应，其数最级在 2%～3% 左右. 但由于当时科学发展水平和技术条件的限制，此效应在相当长的时间内并未引起人们的太多关注. 直到 1971 年 Hunt 提出利用 AMR 效应来制作计算机磁盘系统的读出磁头，在随后的二十多年时间里，磁电阻效应研究的发展，推动了计算机硬盘存储量的不断提高，但这种提高速度不是很显著.

直至 1996 年利用巨磁电阻效应制作的具有每平方英寸 50 亿位面密度的计算机硬盘问世时，巨磁电阻效应在计算机系统的应用研究也仅仅经过了从 1988 年问世到 1996 年投入实际应用的短短八年时间. 1988 年 Baibich 等人首先在 Fe/Cr 交替生长的金属磁性多层膜中发现了该样品的电阻随磁场的增加而下降可达 50% 数量级，由于它远远超过了各向异性磁电阻，所以这一负磁电阻效应被称为巨磁电阻效应（GMR）. 巨磁电阻效应的发现立刻引起了各国凝聚态物理工作者和电子技术人员的高度关注，同时一门新兴的研究领域或学科也随之诞生，即磁电子学. 为表彰在该领域作出的突出成绩，2007 年 Nobel 物理学奖被授予法国科学家 Fert 和德国科学家 Grünberg 两人. 当前各式各样的存储介质的微型化和高容量化都与此有直接关联.

【实验目的】

（1）在固定温度下，利用四端子法测量金属磁性多层膜的电阻随磁场的变化关系.

（2）在固定磁场下,利用四端子法测量金属磁性多层膜的电阻随温度的变化关系.

（3）学会控温和控磁场等基本实验方法以及实验结果的分析与处理.

【实验原理】

1. 巨磁电阻效应产生的机制

磁性金属多层膜的巨磁阻效应与磁场的方向无关,它仅仅依赖于相临铁磁层磁化强度矢量 M 的相对取向. 而外磁场的作用不过是改变相临铁磁层磁化强度矢量之间的相对取向,这说明了电子的输运与相邻铁磁层内部的磁化强度矢量的相对取向密切相关. 我们知道,电子除了具有静止质量之外,还具有两种根本的属性:一是带电,即带有最小的电荷单位,正是由于带电,在电场的作用下做定向移动形成电流,而在定向移动过程中会遇到各种各样的阻力从而形成电阻. 此时如果外加磁场,电子还会受到洛伦兹力的影响,从而电阻增大,导致 AMR 效应,与磁场方向有关;其第二属性就是自旋. 与自旋对应,为玻尔磁子的磁矩. 该磁矩可以和磁场发生作用也可以和铁磁材料内部的磁化强度矢量 M 发生作用. 但电子在非磁性材料中运动时,外加电场使之定向运动,形成电流,而外加磁场使之受到洛伦兹力作用导致电阻有个较小的上升,即前文所指的 AMR 效应. 但电子的自旋具有两种取向,如图 8 - 4 - 1 所示,电子从外界电路中输入左边铁磁层(Fe)前,自旋朝上和自旋朝下的数量相等,但进入 Fe 层后,Fe 具有磁化强度矢量 M,它将对不同自旋的电子进行选择性通过,使得与 M 方向一致的电子容易通过,而与其相反的不容易通过,这个过程叫作自旋极化,相当于光学里所讲的"起偏". 极化后的电子进入中间非磁性层(Cr),由于该层的磁化强度矢量为零,则电子自由通过,只不过是极化后的电子极化率有一定的衰减. 但当该层厚度不是很大时,大量的电子仍然保持原先较高的自旋极化状态. 当它们再进入右边的铁磁层后,由于没有加磁场,右边的铁磁层的磁化强度矢量 M 与左边的反平行排列,这样,原本极化后的电子由于其具有与左边铁磁层的 M 方向一致的自旋,就非常难以穿过右边的铁磁层了,导致高电阻状态. 当外加磁场后,可以使得右边的铁磁层 M 方向和左边铁磁层 M 方向一致,这样极化后的电子就很容易在样品中穿过,样品呈现低电阻状态,这样就会出现巨磁电阻效应. 从物理上看,就是电子自旋散射相关. 在与自旋散射相关的 $s-d$ 散射中,当电子的自旋与铁磁金属自旋向上的 $3d$ 子带平行时,其平均自由程长,相应的电阻率低. 因此当相邻铁磁层的磁化强度矢量反铁磁耦合(反向)时,在一个铁磁层中受散射较弱的电子进入另外一铁磁层后必定遭遇较强的散射. 所以从整体上来说,所有的电子都遭到了较强的散射;而相邻铁磁层的磁化强度在磁场的作用下趋于平行时,自旋向上的电子在所有的铁磁层中均受到较弱的散射,相当于自旋向上的电子构成了短路的状态,这就是基于 Mott 二流体模型对巨磁阻效应的解释.

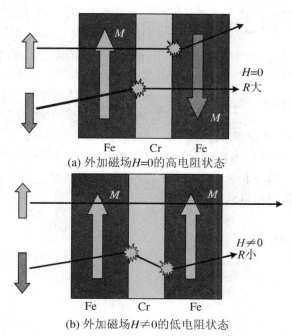

(a) 外加磁场$H=0$的高电阻状态

(b) 外加磁场$H\neq0$的低电阻状态

图 8-4-1 巨磁电阻效应的机制示意图

可见,要想产生巨磁电阻效应,金属磁性多层膜必须具有以下特征:至少要有两个铁磁层和一个非磁性层,其次两个铁磁层的磁化强度矢量在自由状态下应该反向排列,并且在外加磁场的作用下,它们都应该容易地转向外加磁场方向而平行排列. 从电路结构来看,要想获得较高的 MR,则必须保持有闭合电路,形成电流,电流最好是横穿金属多层膜;外加磁场要足够大,即励磁电流要足够大. 但由于金属膜很薄,一般是纳米量级,在我们的实验中很难实现电子横越金属多层膜. 作为演示,也可以将电极全部做在某一个铁磁层上进行测量,我们这里就采取这种办法. 其效果也接近,原理还是相同的.

2. 样品电极的制作

目前所研制的金属磁性多层膜都是在衬底材料上通过溅射沉积的方法制备

的. 由于其厚度很薄,在制备电极过程中很容易划坏样品,所以严格上需要采用光

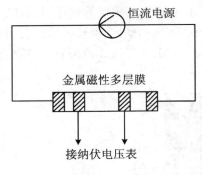

图 8 - 4 - 2 四端子接线

刻的办法引出电极. 当然,在要求不是很高的场合,用银浆点在样品表面形成四个电极即可. 为消除接触电阻对测量的影响,常采用图 8 - 4 - 2 所示的四端子法. 两根电流引线与直流恒流电源相连,两根电压引线连至数字纳伏电压表或经数据放大器放大后接至 X - Y 记录仪,用来检测样品的电压. 按此接法,电流引线电阻及电极 1、4 与样品的接触电阻与 2、3 端的电压测量无关. 2、3 两电极与样品间存在接触电阻,通向电压表的引线也存在电阻,但是由

于电压测量回路的高输入阻抗特性,吸收电流极小,因此能避免引线和接触电阻给测量带来的影响. 按此法测得电极 2、3 端的电压除以流过样品的电流,即为样品电极 2、3 端间的电阻. 本实验所用样品为科学研究用金属磁性多层膜(Co/Cu/Co),四个电极直接用银浆点上引线.

【实验步骤与要求】

1. 实验内容

(1) 固定温度(室温 300 K 和液氮温度 77 K),从 0~0.15 T 扫描磁场,获得电阻磁场曲线;

(2) 固定磁场(0 T 和 0.1 T),从 77~300 K 变温测量样品的电阻.

(3) 数据处理,获得 1、2 两种情况下的 MR 值.

2. 实验步骤

(1) 打开实验仪器及电脑程序,单击"数据采集".

(2) 将样品放入机座,对好槽口固定.

(3) 将电磁铁电流调到零,将"方式"按钮拨打到"扫描"挡.

(4) 设定程序,使之工作在恒温和磁场扫描状态,设定磁场扫描范围.

(5) 在室温开始测量.

(6) 将样品降温至液氮温度再测量一次.

(7) 对比室温和液氮温度磁电阻效应的大小.

(8) 将电磁铁电流调到零,将"方式"按钮拨打到"固定值"挡.

（9）设定程序，使之工作在变温和恒磁场状态，并设定变温范围和磁场大小．

（10）在样品降至液氮温度开始加磁场，待磁场达到稳定值（0 T）后，开始变温测量．

（11）再将样品降到液氮温度，开始加磁场到 0.1 T，待稳定后，再测量一次．

（12）计算两种变温条件下的 MR 值．

3. 注意事项

实验过程中，外加磁场的励磁电流不能调得过高，固定外加磁场值不能取很高的值，容易使线圈发烧而烧毁．

【思考题】

（1）为什么样品要做成金属磁性多层膜的形式？为什么必须使得两个铁磁层要具有反向的磁化强度矢量？

（2）没有磁性层或没有非磁性层能否观察到磁电阻效应，能否观察到巨磁电阻效应？

（3）为什么要等样品温度稳定后或者磁场稳定后再进行相应的后续测量？

（4）为什么需要高精度的数值纳伏电压表？